普通高等教育“十三五”规划教材

采场地压控制

李俊平　编著

北　京
冶金工业出版社
2019

内 容 提 要

本书应用矿山岩石力学的基本原理，系统介绍了露天采场及地下矿山充填法、空场法（包房柱法、浅孔留矿法、阶段矿房法、分段矿房法和极薄矿体开采的进路掏槽采矿法、掏槽式削壁充填采矿法、极薄脉群开采法）、崩落法（包有底柱和无底柱崩落法、自然崩落法）、长壁后退采矿法的地压控制原理及现场地压监测方法，以便科学地组织采矿设计与施工。这是采矿专业的一门专业课程。

本书为高等院校固体矿床开采专业教材，还可用于矿山企业的继续教育培训，也可供采矿工程、岩土工程专业技术人员参考。

图书在版编目(CIP)数据

采场地压控制/李俊平编著.—北京：冶金工业出版社，2019.8

普通高等教育“十三五”规划教材

ISBN 978-7-5024-8170-4

Ⅰ.①采… Ⅱ.①李… Ⅲ.①矿山开采—地压控制—高等学校—教材 Ⅳ.①TD31

中国版本图书馆 CIP 数据核字(2019)第 144243 号

出 版 人 谭学余

地　　址 北京市东城区嵩祝院北巷 39 号 邮编 100009 电话 (010)64027926

网　　址 www.cnmip.com.cn 电子信箱 yjcbs@cnmip.com.cn

责任编辑 宋 良 美术编辑 吕欣童 版式设计 孙跃红

责任校对 郑 娟 责任印制 李玉山

ISBN 978-7-5024-8170-4

冶金工业出版社出版发行；各地新华书店经销；三河市双峰印刷装订有限公司印刷

2019 年 8 月第 1 版，2019 年 8 月第 1 次印刷

787mm×1092mm 1/16；10.25 印张；250 千字；156 页

25.00 元

冶金工业出版社 投稿电话 (010)64027932 投稿信箱 tougao@cnmip.com.cn

冶金工业出版社营销中心 电话 (010)64044283 传真 (010)64027893

冶金工业出版社天猫旗舰店 yjgycbs.tmall.com

前　言

自1956年矿山岩石力学学科诞生以来，国内外采矿业都经历了蓬勃、高速发展。目前露天开采成为铁矿、有色矿山的必选开采方法之一，建材矿山常用露天开采。大规模深部开采已成为国内外地下开采的必然趋势。

尽管新工科背景下的无人开采、智能开采、绿色开采将逐步成为采矿业发展的方向，但在未来几十年内，采场人工凿岩爆破、人工或半机械化、自动化出矿仍将是我国采矿业的主要作业方式。因此，在深部地下开采、深凹或大型露天开采中，采场地压控制显得尤为重要。它是未来确保安全、高效开采的关键技术。

尽管以前出版过《矿山岩石力学》或《矿山应用岩石力学》等教材，但除了介绍露天采场及地下矿山充填法、空场法、崩落法和长壁后退采矿法等几个大类的共性地压控制方法及特点外，还没有一部教材专门系统地介绍各种常用采矿方法地压控制的具体原理和方法。

基于这样的背景，读者在学完工程地质或地质学、金属矿床地下开采方法或采煤方法、露天开采、井巷工程、矿山岩石力学等专业或专业基础课后，有必要系统地掌握露天采场及地下矿山充填法、空场法、崩落法和长壁后退采矿法等各种具体方法的地压控制原理和方法，以便科学地组织设计与施工。

本教材定名《采场地压控制》，将系统介绍如何应用矿山岩石力学的基本原理，采用技术可行、经济合理、简便易行的各种具体方法控制采场地压。本书共分6章，分别介绍露天开采边坡稳定性分析与控制、充填法采矿的采场地压控制、空场法采矿的采场地压控制、崩落法采矿的采场地压控制、长壁后退法采矿的采场地压控制，以及现场地压监测与分析。

本书的主要指导思想和定位是：强调理论联系实践，着重地压控制的基本原理、基本知识和基本方法的阐述，构建读者终身学习的学科基础知识，培养创新思维能力、实践动手能力和工程分析素养。针对专科生教学，只求能够应用书中介绍的各原理及方法；针对本科生教学，要求掌握书中介绍的各原理及方法的推理过程；针对研究生教学，还要结合方法及原理的发现发明，启发学生如何发展各原理及方法。为了便于教学和读者自学，本书每章后附有习题，并特意配备了教学课件，有需求者可通过冶金工业出版社网站下载。

为了确保学习效果，建议紧密结合各采矿方法的现场及空间结构开展课内教学，建议 32 学时完成本书的课堂教学任务。

在嵩县金牛有限责任公司的工程实践中，作者与段建民、王政超、张华涛、龚益材、窦志明等管理人员和工程技术人员共同提出了充填法及各种空场法的地压控制思路，并在企业的实践和培训中进行检验；张莉鹏结合上述思路，参与了第 2 章、第 3 章的编写，独立编写字数达 4.5 万字；西安建筑科技大学矿业工程一级学科建设基金及嵩县金牛有限责任公司对本书的出版给予了资助。在此一并表示衷心感谢。

书中如有不妥之处，诚请读者批评指正。

作 者

2019 年 3 月于西安

目　录

露天开采边坡稳定性分析与控制

【**本章基本知识点（重点▼，难点◆）**】：边坡变形及破坏形式与分类▼；影响边坡稳定性的主要因素；边坡稳定性分析方法◆；露天矿边坡加固措施▼。

1.1 概 述

20世纪以来，国内外露天开采迅速发展。我国近年来采用露天开采方式的矿山占比也较大，其中露天开采的铁矿占80%~90%，有色金属矿占40%~50%，化工矿占70%，建筑矿占100%。

1.1.1 露天矿边坡的概念和特点

倾斜的地面称为坡或斜坡。典型的边坡（斜坡）如图1.1所示。边坡与坡顶面相交的部位称为坡肩，与坡底面相交的部位称为坡趾或坡脚，坡面与水平面的夹角称为坡面角或坡倾角，坡肩与坡脚间的高差为坡高。

露天矿开采形成的采坑、台阶和露天沟道的总和，称为露天矿场。由结束的开采工作台阶平台、坡面和出入沟底组成的露天矿场的四周表面称为露天矿场的非工作帮或最终边帮（见图1.2中的*AC*、*BF*）。位于矿体下盘一侧的边帮叫作底帮；位于矿体上盘一侧的边帮叫作顶帮；位于矿体走向两端的边帮叫作端帮。正在进行开采和将要进行开采的台阶组成的边帮叫作露天矿场的工作帮（见图1.2中*DF*）。工作帮的位置是不固定的，它随开采工作的推进而不断改变。

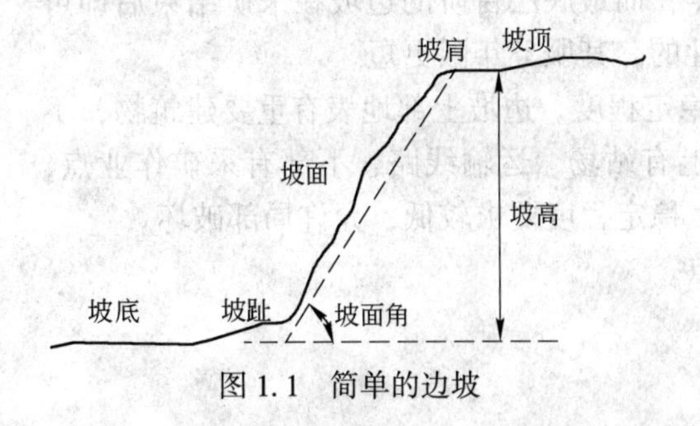

图1.1 简单的边坡

图1.2 露天矿边坡构成要素

通过非工作帮最上一个台阶的坡顶和最下一个台阶的坡底线所作的假想斜面，叫作露天矿场非工作帮坡面或最终帮坡面（见图1.2中*AG*、*BH*）。最终帮坡面与水平面的夹角叫作最终帮坡角或最终边坡角（见图1.2中的β、γ）。

通过工作帮最上一台阶坡底线和最下一个台阶坡底线所做的假想斜面叫作工作帮坡面（见图1.2中的*DE*）。工作帮坡面与水平面的夹角叫作工作帮坡角（见图1.2中的φ）。工作帮的水平部分叫做工作平盘（见图1.2中的3），它是用以安置设备进行穿爆、采装和运输工作的场地。

非工作帮上的平台，按其用途可分为安全平台、清扫平台和运输平台。安全平台（见图1.2中的1）的作用是缓冲和阻截边坡上滑落下来的岩石，其宽度一般约为台阶高度的1/3。运输平台（见图1.2中的4）是为工作平台与出入沟之间的运输联系提供通路。清扫平台（见图1.2中的2）用于阻截滑落岩石并清扫设备进行清扫。每隔2~3个安全平台设置一个清扫平台，其宽度依所用清扫设备而定。

露天矿边坡稳定问题是露天开采中的重要课题。

边坡，作为一种岩土工程构筑物，为许多工业部门所共有，例如水库岸坡、坝肩、引水渠道、铁路路堑、山区挖方工程的边坡等。露天矿边坡与这些边坡相比，具有如下特点：

（1）露天矿边坡的规模大。边坡高度一般为200~300m，最高可达500~700m，边坡走向延伸可达数千米，因而边坡揭露的地层多，边坡各部分的地质条件差异大，变化复杂。

（2）煤矿边坡易发生顺层滑动，金属矿边坡多沿不连续面滑动。煤矿岩体主要是沉积岩，层理明显、弱面夹层较多、岩石的强度较低，一般容易发生顺层滑动。磷矿等非金属露天矿边坡也具有与煤矿类似的滑动特征。金属矿岩体主要是火成岩、变质岩，岩石强度较高，但断层、节理发育，破坏多沿这些不连续面发生；另外，在开挖卸荷或爆破震动长期作用下，边坡岩体内的受拉区也会逐步发展成不连续的滑动面。

（3）露天矿边坡一般不需维护。露天矿通常采用机械或爆破开挖边坡，尽管边坡岩体较破碎，易受风化作用的影响，但边坡一般不需维护。

（4）露天矿边坡频繁地受动荷载作用。露天矿频繁的爆破作业和车辆运行，使边坡经常受动载荷的作用，且随着采掘、运输及其他设备重量日益增大，边坡台阶上的负载有日益增加的趋势。

（5）露天矿边坡的服务年限各不相同。露天矿的最终边坡由上至下逐渐形成，上部边坡服务年限可达几十年，下部则为十几年或几年，而最底层台阶的边坡在采矿结束后即可报废，工作帮边坡或其他未到界的边坡是临时性的，其服务年限更短。

（6）露天矿边坡的不同地段要求有不同的稳定程度。边坡上部地表有重要建筑物，不允许发生变形时，要求的稳定程度最高；边坡上有站场、运输线路，下部有采矿作业点，要求的稳定程度也较高；对生产无影响的地段，稳定程度要求较低，允许局部破坏。

研究露天矿边坡稳定性时，应考虑上述特点。

1.1.2 边坡工程对国民经济建设的影响

1.1.2.1 边坡工程对露天矿建设的影响

采用露天采矿法进行矿床开采时，圈入开采范围内的矿石和围岩被划分为一系列等厚的分层，按下行顺序进行逐层开挖。

露天采矿工程是一种大规模的开挖工程。据估计，采矿工程完成的挖方量约占人类各种开挖挖方量总和的 4/5。采矿开挖的目的是开采有用矿物，但为了保证边坡的稳定性，需要超挖大量的废石。以图 1.3 所示的 L 盘为例，设采深为 H，坡段长为 L，坡角为 α，α 的极限值为 90°，则图 1.3 所示的废石挖方量 Q 为：$Q=LH^2\cot\alpha/2$。于是，当坡角从 α_1 减少为 α_2 时，挖方量的增量为：$Q=LH^2(\cot\alpha_2-\cot\alpha_1)/2$。

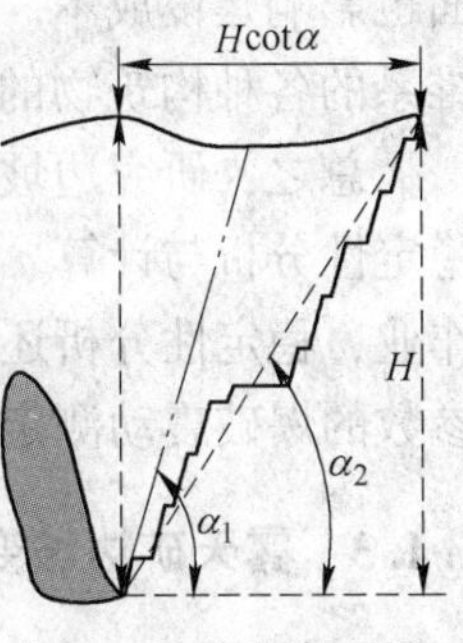

图 1.3　上盘废石挖方量 Q 计算示意图

据此，如果坡角从 $\alpha_2=35°$增加到 $\alpha_1=36°$，那么，对深度 400m 的矿坑，每千米长的坡段可减少剥离量 4.15Mm³；如果坑深为 100m，则剥离量减少 0.26Mm³。

由此可见，随坡高的增加，加陡边坡成为减少废石开挖和运输量且提高矿山经济效益的一个关键问题。但是，随着矿坑边坡的加陡，边坡的稳定性问题随之而显现，在给定坡高条件下能够稳定的边坡究竟能陡到什么程度，显然取决于场地的工程与水文地质条件、施工技术以及边坡的服务年限，等等。

我国某大型露天矿，根据试验研究成果调整有关边坡设计后，不但安全性比以前更加可靠，而且在减少废石剥离量的同时，还能多产矿石；相反，有些矿山由于设计不合理或管理不完善，造成边坡岩体移动和破坏，干扰了矿山正常生产的顺利进行。例如：(1) 中钢集团内蒙古金鑫矿业有限公司从 2011 年至今将最终边坡角从 40°~42°提高到 48°~50°，年节省剥离费 800 多万元。(2) 武钢大冶铁矿 1967~1979 年间曾发生 25 次不同规模的滑坡，总滑落量达 120 万立方米，其中 1973 年 1 月 6 日狮子山北帮西口 84~156m 水平，发生了一次长达 117m、高 72m（六个台阶）的大滑坡，滑落量达 36469m³，影响了其下部四个台阶的正常推进，滑坡清理过程达 2 年之久，清理量达 59 万立方米。(3) 甘肃白银露天矿先后发生 8 次滑坡，其中 1971 年 3 月 26 日在一采场南邦Ⅱ~Ⅳ勘探线 1763~1833m 水平发生滑坡，滑落量达 3 万立方米，严重影响了生产运输，1793m 水平掘沟被迫停止；后来在 1763m 水平留 40m 宽的平台，导致积压金属量 2.65 万吨，使露天矿开采境界被缩小，缩短寿命 2 年。(4) 1981 年 6 月，攀钢石灰石矿发生了国内罕见的大滑坡，使正常的采矿生产中断。上述事例，在露天煤矿和国外露天矿山也大量存在。例如：(1) 抚顺西露天矿，1927~1948 年间共清理滑落物 2100 万立方米，1949~1958 年间从滑坡区共清理出岩石量近 1000 万立方米；(2) 美国宾汉·康诺露天矿在采深 467m 时发生滑坡，掩埋了露天矿一半以上的深度和大部分宽度，滑落量达 608 万立方米。

实践和理论证明，从减少剥离量和降低开采成本等经济性来看，边坡角应尽量陡些，而从生产安全性考虑，则边坡角缓些为好，所以，研究边坡稳定性的实质就是确定最优的边坡角。更全面地说，露天矿边坡稳定问题可归纳为设计与形成一个使露天矿生产既安全又经济的最优边坡角问题。

1.1.2.2　边坡工程对铁路、公路、水利建设的影响

在铁路、公路与水利建设中，路堤边坡与路堑边坡的稳定性严重影响铁路、公路与水利设施的安全运营与建设成本。在路堤、路堑施工中，边坡高度一定时，坡角越大，路基所占面积就越小，在平原地区表现为占用的耕地越少，在山区表现为能有效地减少路堤的填方量，从而降低建设成本；但是，坡角超过一定限度，容易引起路堤、路堑失稳。

1.1.2.3　边坡工程对其他方面的影响

房屋建筑与市政建设中，边坡的稳定性一方面影响建筑物的安全运营与使用，另一方

面也影响建设成本。总之，边坡工程涉及国民经济建设的各个方面，它一方面关系到其所维系的各种构筑物的安全及正常使用，另一方面同样也影响构筑物的施工成本。

总之，研究边坡稳定性的分析与维护，涉及岩体工程地质、岩体力学性质试验、边坡稳定性分析与计算、边坡治理和监测、维护等工作。尤其露天矿山边坡，由于频繁的穿爆作业，稳定性分析还必须关注爆破震动、汽车运输等动荷载的影响，因此，必须进行震动参数的爆破震动测定，以便对稳定性进行分析。

1.1.3 露天矿边坡变形和破坏

滑坡一般经历初始蠕变、等速蠕变到加速蠕变三个阶段，并伴随着原有裂隙扩展、新裂隙萌生、滑带土局部变形、滑裂面贯通的孕育过程、滑体启动、滑体加速以及解体等复杂动力学过程。岩石边坡的变形以坡体未出现贯通性的破坏面为特点，但在坡体的局部区域，特别在坡面附近也可能出现一定程度的破裂与错动，但从整体而言，并未产生滑动破坏的边坡变形主要表现为松动和蠕动。

(1) 松动。边坡形成的初始阶段，坡体部位往往出现一系列与坡面近于平行的陡倾角张开裂隙，被这种裂隙切割的岩体便向临空方向松开而无明显的相对滑动。这种过程和现象称为松动，是一种斜坡卸荷回弹的过程和现象。存在于坡中的松动裂隙，是应力重分布过程中形成的，大多是沿原有的陡倾角裂隙发育而成。边坡中常有各种松动裂隙，实践中把发育有松动裂隙的坡体部位称为边坡松动带。边坡松动带使坡体强度降低，又使各种营力因素更易深入坡体，加大坡体内各种营力因素的活跃程度，它是边坡变形与破坏的初始表现。

(2) 蠕动。边坡岩体在自重应力为主的坡体应力长期作用下，向临空方向缓慢而持续的变形，称为边坡蠕动。研究表明蠕动的形成机制为岩土的粒间滑动（塑性变形），或者沿岩石裂纹微错，或者由岩体中一系列裂隙扩展所致。蠕动是岩体在应力长期作用下，坡体内部产生的一种缓慢的调整性形变，是岩体趋于破坏的演变过程。坡体由自重应力引起的剪应力与岩体长期抗剪强度相比很低时，坡体减速蠕动；当应力值接近或超过岩体长期抗剪强度时，坡体加速蠕动，直至破坏。蠕动分表层蠕动和深层蠕动两种。

1) 表层蠕动。边坡浅部岩体在重力的长期作用下，向临空方向缓慢变形，构成一剪变带，其位移由坡面向坡体内部逐渐降低直至消失。表层蠕动破碎的岩质斜坡、土质斜坡，其表层蠕动较为典型。

岩质边坡的表层蠕动，常称为岩层末端“挠曲现象”，系岩层或层状结构面较发育的岩体，在重力长期作用下，沿结构面错动或局部破裂而成的屈曲现象，这种现象广泛分布于页岩、薄层砂岩或石灰岩、片岩、石英岩，以及破碎的花岗岩体所构成的边坡中。软弱结构愈密集，倾角愈陡，走向愈接近于坡面走向时，其发育尤甚，它使松动裂隙进一步张开，并向纵深发展，影响深度有时达数十米。

2) 深层蠕动。深层蠕动主要发育在坡体下部或坡体内部，按其形成机制特点，深层蠕动有软弱基座蠕动和坡体蠕动两类。坡体基座产状较缓且具有一定的厚度，相对软弱岩层，在上覆重力作用下，致使基座部分向临空方向蠕动，并引起上覆岩层的变形与解体，是“软弱基座蠕动”的特征。坡体沿缓倾软弱结构面向临空方向缓慢移动变形，称为坡体蠕动，它在卸荷裂隙较发育并有缓倾结构面的坡体中比较普遍。

露天矿边坡主要挖掘在岩体中，地表可能覆盖一定的表土。由于边坡开挖，出现了临空面，使部分岩体暴露，改变了原岩应力状态与地下水流条件，加上岩石风化和爆破震动，促使最终边坡角或台阶坡面角较大的局部边坡岩体发生变形和破坏。露天矿边坡的破坏形式可分为三大类：

(1) 崩塌。如图 1.4 所示，这种破坏是边坡表层岩体丧失稳定性的结果，它表现为坡面表层岩体突然脱离母体，迅速下落且堆积于坡脚，有时还伴随着岩石的翻滚和破碎。

(2) 倾倒。这种破坏是因为边坡内部存在一组倾角很陡的结构面，将边坡岩体切割成许多相互平行的块条，而临近坡面的陡立块体缓慢地向坡外弯曲和倒塌，如图 1.5 所示。

(3) 滑坡。这种破坏是在较大范围内边坡沿着某一特定的滑面发生滑移。一般在滑坡前，滑体的后缘会出现张裂缝，而后缓慢滑动，或周期性地快慢更迭滑动，最终骤然滑落。这是露天矿边坡最常见的破坏形式，其危害程度视滑坡规模的大小有所不同。

滑坡的形态，一般是四周被裂隙所圈定，滑面为平面或曲面，滑体上往往有滑坡台阶，滑坡后壁上可能有擦痕，滑动轴处在滑体移动速度最大的方向上，如图 1.6 所示。

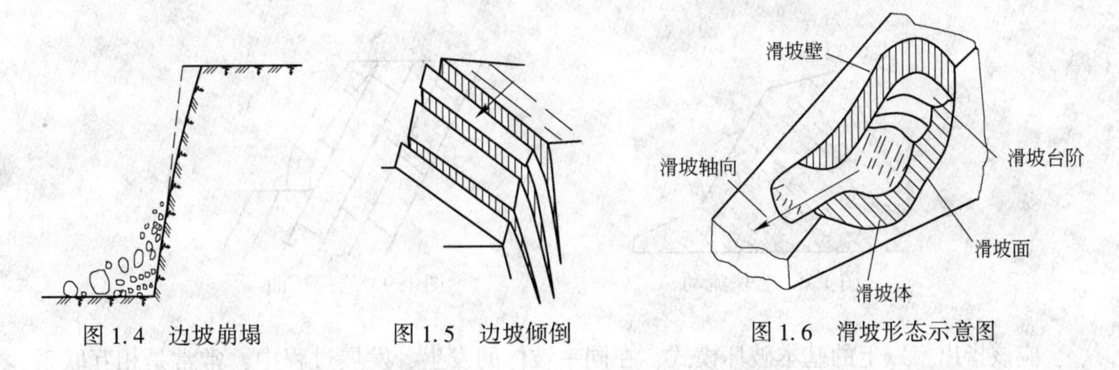

图 1.4　边坡崩塌　　图 1.5　边坡倾倒　　图 1.6　滑坡形态示意图

滑坡按滑坡面的形态通常划分为以下三类：

(1) 平面滑坡，如图 1.7(a) 所示，边坡沿某一主要结构面，如层面、节理或断层面发生滑动。边坡中如有一结构面与边坡倾向相似，且其倾角小于边坡面而大于其摩擦角时，常会发生此类滑动。

(2) 楔形滑坡，如图 1.7(b) 所示，当边坡岩体中存在两组或两组以上结构面相互交切成楔形体，且结构面的组合交线倾角小于边坡角且大于其摩擦角时，容易发生这类滑动。

(3) 圆弧滑动，如图 1.7(c) 所示，滑动面成弧形是这类滑坡的特点。它常见于土体、散体结构岩体和均质岩体中。

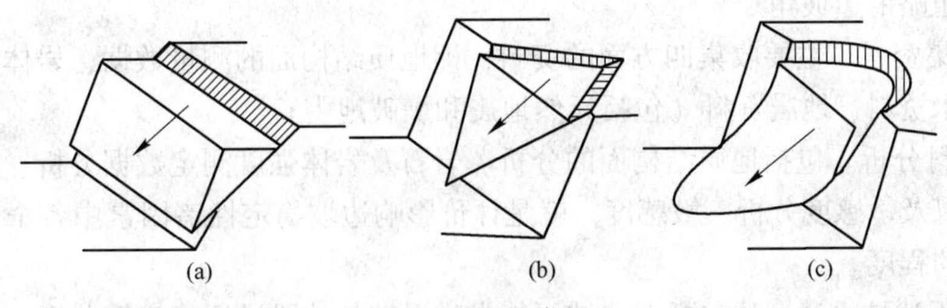

图 1.7　滑坡类型

以上三类滑坡就其滑坡机理而言，都是沿滑动面发生的一种剪切破坏。滑动面的形态与滑动规模主要取决于岩体性质和岩体结构面在空间的组合形式。在某些特殊地质条件下，还会发生如下两类滑坡：

（1）岩块流动。通常发生在均质硬岩层中，这种破坏类似于脆性岩石在峰值强度点上破碎并使岩层全面崩塌的情形（图 1.8）。其成因首先是在岩层内部某一点应力集中，岩石因高应力的作用而开始破裂或破碎，于是其所承担的集中荷载传递给相邻的岩石，从而使相邻岩石受到超过其强度的荷载作用，引起相邻岩石进一步破裂，这一过程不断扩展，直至岩层出现全面破裂而崩塌，岩块像流体一样沿坡面向下流动，形成岩块流动。可见，岩块流动的起因是岩石内部的脆性破坏，而不像一般的滑坡那样沿着软弱面剪切破坏。岩块流动时没有明显的滑动扇形体，其破坏面极不规则，没有一定的形状。

（2）岩层折曲。当岩层成层状沿坡面分布时，由于岩层本身的重力作用，或由于裂隙水的冰胀作用，增加了岩层之间的张拉应力，使坡面岩层折曲，如图 1.9 所示，导致岩层破坏，岩块沿坡向下崩落。

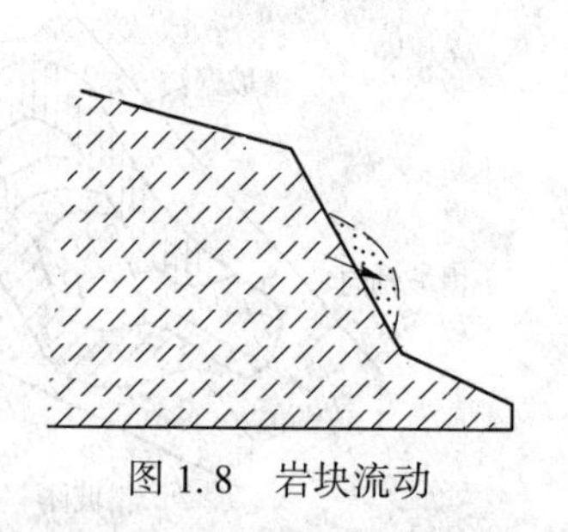
图 1.8 岩块流动

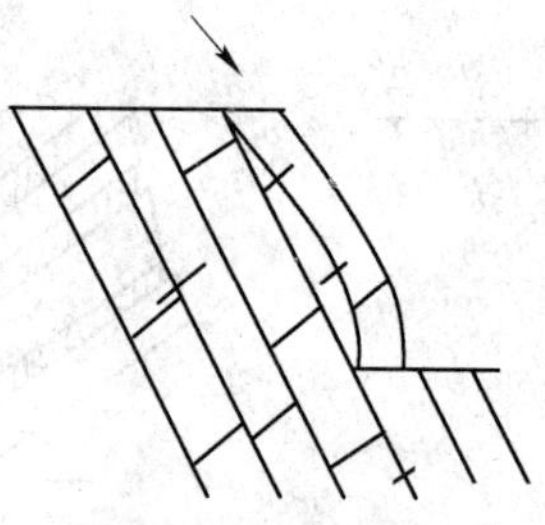
图 1.9 岩层折曲

应该指出，以上的基本破坏模式，在同一坡体的发生、发展过程中，常常是相互联系和相互制约的。在一些高陡边坡发生破坏的过程中，常常先以前缘部分的崩塌为主，并伴随滑塌和浅层滑坡，随时间推移，再逐渐演变为深层滑坡。

各类滑坡的共性是：滑坡发生前一般都表现出程度不同的前兆现象，滑坡堆集体运距不远，故滑体各部分相对层次在滑动前后变化不大；在运动状态方面，较完整的滑坡体基本上均沿着一定形状的滑动面由缓慢到加速向下滑动，在此滑动过程中，显然可能有某些间歇、跳跃等不连续的运动状态，但一般无翻转、滚动等现象。因此，美国 B. L. Seegmiller 博士提出露天矿边坡设计研究工作的一般程序为：

（1）初步估计。无论是新建还是扩建矿山，经过现场调查之后，就应该对给定矿山的边坡问题有一个初步估计，以便决定需要收集资料的内容，有时为了满足设计的需要，还需提供一个粗略的边坡角。

（2）收集资料。主要收集四方面的资料，即地质结构面的测量数据、岩体强度的测定数据、地下水资料、地震资料（包括天然地震和爆破地震）。

（3）资料分析。包括地质结构面的分析、岩石及岩体强度测定数据分析、边坡可能破坏模式分析以及敏感度分析。敏感度，就是评价影响边坡稳定性诸因素中各个因素对边坡稳定性影响的程度。

（4）露天边坡设计。这包括对边坡可能发生滑坡的地段进行稳定性分析，得出整个露天矿既安全又经济合理的边坡组成，以及提出需要采取哪些措施以保持边坡的稳定，确定是否需要安设仪器以监测可能滑坡地段的岩体变形。

最后必须指出，露天矿边坡稳定性的研究工作不可能一次性完成，而应贯穿于露天矿勘探、设计与生产的全过程。在露天矿服务年限内，应始终注意积累有关资料。只有当一个露天矿的生产结束后，才能对该矿的边坡设计、研究、管理工作做出最终的全面评价。

1.2 影响露天矿边坡稳定性的主要因素

露天矿边坡是露天采矿工程活动形成的一种特殊构筑物，它经受各种自然营力的作用和露天开采工艺的影响。影响露天矿边坡稳定的因素繁多，估计各因素的影响程度也很复杂，其中岩体的岩石组成、岩体构造和地下水是最主要的因素，此外，爆破和地震、边坡形状等也有一定影响。现将其主要影响因素介绍如下。

1.2.1 岩性

岩性是决定岩体强度和边坡稳定性的重要因素。岩石矿物成分和结构构造对岩体工程地质性质起主要控制作用，通常坚硬致密的岩石抗水、抗风化能力强，强度高，不易发生滑坡，只有当边坡角过大和边坡高度过高时才产生滑坡；片理、层理发育的岩体边坡工程的稳定性相对较差。

1.2.2 岩体结构面

岩体结构面是影响边坡稳定性的决定因素，它直接制约着边坡岩体变形、破坏的发生和发展过程。边坡破坏、失稳往往是沿岩体的结构面直接发生。边坡岩体的破坏主要受岩体中不连续面（结构面）的控制。

近年来，在岩体强度及稳定性的研究中，结构面被认为是特别重要的因素。结构面强度要比岩体本身的强度低很多。根据岩块强度计算，稳定的岩体边坡可高达数千米，然而岩体内含有不利方位的结构面时，高度不大的边坡也可能发生破坏。其根本原因在于，岩体中结构面的存在，降低了岩体的整体强度，增大了岩体的变形和流变，加深了岩体的不均匀性、各向异性和非连续性。大量的露天矿边坡工程失事证明，一个或多个结构面组合边界的剪切滑移、张拉破裂和错动变形等是造成边坡岩体失稳的主要原因。

从边坡稳定性考虑，要特别研究岩体结构面的下列主要特征：成因类型、规模、连续性及间距、起伏度及粗糙度、表面结合状态及充填物、产状及其与边坡临空面的关系等。这些特征及其组合将对边坡稳定状态、可能的滑落类型、岩体及结构面抗剪强度等起重要的控制作用。影响边坡稳定的岩体结构因素主要包括下列几方面：

（1）结构面的倾向和倾角。一般来说，同向缓倾边坡（结构面倾向和边坡坡面倾向一致，倾角小于坡角）的稳定性较反向坡差。同向缓倾坡中，岩层倾角愈陡，稳定性愈差；水平岩层稳定性较好。

（2）结构面的走向。当倾向不利的结构面走向和坡面平行时，整个坡面都具有临空自由滑动的条件，对边坡的稳定不利。结构面走向与坡面走向夹角愈大，对边坡的稳定愈有利。

（3）结构面的组数和数量。首先，当边坡受多组相交的结构面切割时，整个边坡岩体自由变形的余地大，切割面、滑动面和临空面多，易于形成滑动的块体，而且为地下水活动提供了较好的条件，对边坡稳定不利。其次，结构面的数量直接影响被切割岩块的大小，它不仅影响边坡的稳定性，也影响边坡变形破坏的形式。岩体严重破碎的边坡，甚至会出现类似土质边坡那样的圆弧形滑动破坏。

（4）结构面的不连续性。在边坡稳定计算中，通常假定结构面是连续的，实际并非如此。因此，在解决实际工程问题时，认真研究结构面的不连续性，具有现实意义。

（5）结构面的起伏差和表面性质。结构面的光滑程度对结构面的力学性质影响极大。边坡岩体沿起伏不平的结构面滑动时，可能出现两种情况：一种情况是如果上覆压力不大，则除了要克服面上的摩擦阻力外，还必须克服因表面起伏所带来的爬坡角的阻力，因此，在低正应力情况下，起伏差将使有效摩擦角增大；另一种情况是当结构面上的正应力过大，在滑动过程中不允许因为爬坡而产生岩体的隆胀时，则出现滑动的条件必须是剪断结构面上互相咬合的起伏岩石，因而结构面的抗剪性能大为提高。如果结构面上充填的软弱物质的厚度大于起伏差的高度时，就应当以软弱充填物的抗剪强度为计算依据，不应再把起伏差的影响考虑在内。

1.2.3　水及其渗透性

露天矿的滑坡多发生在雨季或解冻期间，说明地下水对边坡稳定性的影响是很显著的。地表水的渗入和地下水的活动，往往是导致露天矿滑坡的重要原因。在边坡稳定性研究中，要详细研究并定量评价岩体中地下水的赋存情况、动态变化对边坡稳定性的影响以及防治措施。地下水对边坡稳定性的影响主要表现在以下几方面。

1.2.3.1　静水压力和浮托力

当地下水赋存于岩石裂隙中时，水对裂隙两壁产生静水压力，如图 1.10 所示，当由于边坡岩体位移而产生张裂隙充水时，则沿裂隙壁产生的静水压力的压强为 $Z_w \gamma_w$，总压力为：

$$V = \gamma_w Z_w^2 / 2 \tag{1.1}$$

式中，γ_w 为水的容重，N/m^3；Z_w 为张裂隙充水深度。

静水压力作用方向垂直于裂隙壁，作用点在 Z_w 下 1/3 处。此静水压力场是促使边坡破坏的推动力。

当张裂隙中的水沿破坏面继续向下流动，流至坡脚逸出坡面时，则沿 AB 面（图 1.10）的总浮托力为：

$$U = \gamma_w Z_w L / 2 \tag{1.2}$$

式中，L 为 AB 面的长度。

此浮托力和沿 AB 面作用的正应力方向相反，抵消了一部分正应力的作用，从而减小了沿该面的摩擦力，对边坡稳定不利。

当岩体比较破碎时，地下水在岩体中比较均匀地渗透，并形成如图 1.11 所示的统一的潜水面，而且当滑动面为平面时，则作用于滑面上的浮托力可用滑面下所画的三角形水压分布来表示。总浮托力可用式（1.3）近似计算：

$$U = \gamma_w H_w h_w \cos\alpha / 2 \tag{1.3}$$

式中，h_w 为滑面中点的压力水头。

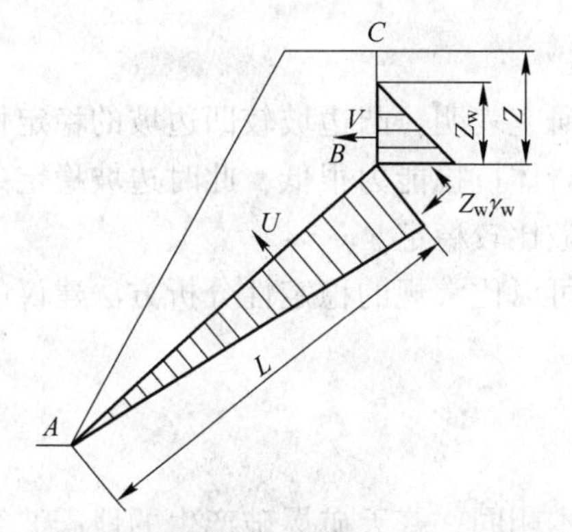

图 1.10 张裂隙充水的静水压力及浮托力

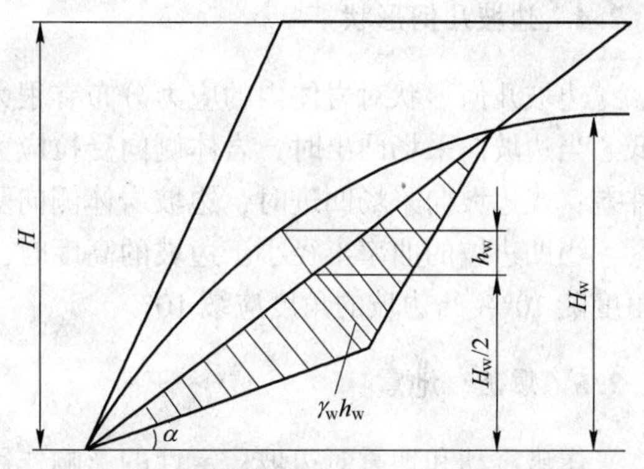

图 1.11 较破碎岩体中地下水产生的浮托力

如为圆弧滑面，用垂直分条法进行稳定性分析时，则需在每个分条中考虑水的浮托力。

1.2.3.2 动水压力（或渗透力）

当地下水在土体或碎裂岩体中流动时，受到土颗粒或岩石碎块的阻力，水要流动就得对土颗粒或岩石碎块施以作用力，以克服它们对水的阻力。这种作用力称为动水压力或渗透力。

在计算土边坡和散体结构的岩石边坡时，要考虑动水压力的作用。由于土颗粒和岩块的分散性，不可能计算在每一土粒或岩块上的动水压力，只能计算作用在每个单位土、岩体体积内所有土粒或岩块上的动水压力的总和，所以，动水压力是一种体积力，其方向与水流方向一致，它们的大小与渗透水流所受到土颗粒或岩石碎块的阻力数值相等，即：

$$D = n\gamma_w I V_w \tag{1.4}$$

式中，D 为总动水压力，N/m^3；γ_w 为水的容重，N/m^3；I 为水力坡度；n 为孔隙度（孔隙率）；V_w 为土体或岩体中渗流部分的体积。

由于一般岩体中裂隙体积的总和与整个岩体体积相比是一个较小的量，因此，动水压力可以忽略不计。但在计算土体边坡和散体结构边坡时，就要考虑动水压力的作用，因为它是一种推动岩体向下滑动的力。

1.2.3.3 水对某些岩石的软化作用

某些黏土质岩石浸水后发生软化作用，岩石强度显著降低，如含有大量蒙脱石黏土矿物岩体或边坡中的泥质软弱夹层等。对于主要是由坚硬的岩浆岩、变质岩构成的边坡岩体，水的软化作用一般不显著，但这些边坡的断层破碎带中常有大量黏土质充填物存在，在研究这些断裂的强度和稳定性时，要特别注意水对这些岩石的软化作用。

总之，水对边坡稳定性的影响主要表现在水压作用和水的软化作用两个方面。静水压力产生浮力，使岩、土的有效重量减轻，削弱了岩、土体抵抗破坏的能力，但笔者研究表明：浮力作用减轻了裂隙上部的有效重量，从而可以减轻上部变形。动水压力或超静水压力产生渗透力，直接引起渗透变形或渗透破坏；软化作用则表现在溶蚀、冲刷软化岩体或结构面充填物中的黏土质成分，从而引起岩体内聚力和内摩擦角的显著降低。这就是许多滑坡具有“大雨大滑、小雨小滑、无雨不滑”的特点的原因。

1.2.4 边坡几何形状

边坡几何形状对岩体内的应力分布有很大影响。研究表明：凸边坡较凹边坡的稳定性低。当边坡向采场凸出时，岩体侧向受拉应力，由于岩体抗拉能力很低，此时边坡稳定条件差；当边坡向采场凹进时，边坡岩体侧向受压，边坡比较稳定。

当凹边坡的曲率半径小于边坡的高度时，边坡角可以比常规的稳定性分析方法建议的角度陡10°，凸边坡的角度应缓10°。

1.2.5 爆破、地震

爆破震动和地震对边坡稳定性的影响作用方式基本相同。露天矿爆破产生的地震波给潜在破坏面施以额外的动应力，可使岩石原生结构面和构造结构面张开，并产生爆破裂纹等次生结构面，甚至使岩石破碎，促使边坡破坏，在边坡稳定分析中必须考虑此附加外应力。

专门研究表明，爆破震动对岩体造成的损害取决于岩体质点振动速度的大小。质点振动速度的影响可用下列临界速度估计：

≤25.4cm/s——完整岩体不破坏；

25.4~61cm/s——岩体出现少量剥落；

61~254cm/s——发生强烈拉伸和径向裂隙；

>254cm/s——岩体完全破碎。

对爆破造成的岩体质点振动速度，目前研究尚不充分，通常采用下列经验公式确定：

$$v = K\left(\frac{Q^{1/3}}{R}\right)^{\alpha} \tag{1.5}$$

式中，v 为边坡岩体质点的振动速度，cm/s；K 为与岩体性质、地质条件、爆破方法有关的系数，我国部分实测资料给出 $K=21\sim804$；α 为爆破地震波随距离衰减系数，根据我国部分实测资料，其实际值在0.88~2.80之间变化；Q 为一次爆破炸药量，kg；R 为测点至爆源距离，m。

利用上述公式计算 v 值时，必须先通过爆破试验确定系数 K 和 α。在边坡稳定性计算时，一般不直接引用 v 值，而是将其转换为振动力。转换的程序是取爆破地震的实测图谱，把爆破波的主震相作为正弦波处理，根据谐振公式求出爆破地震造成的质点加速度：

$$a = 2\pi f v \tag{1.6}$$

式中，f 为主震相的震动频率；v 质点震动速度，由式（1.5）计算。

分析边坡稳定性时，为了安全起见，将由式（1.6）计算所得的 a 值视为水平加速度。考虑到作用在岩石质点上的振动力属于体积力，故已知水平加速度 a 值后，可以确定各质点振动的水平力。为了简化计算，取此水平力为岩体重力的 Ka 倍，即

$$F = KaW \quad Ka = a/g$$

式中，F 为指向矿坑的水平振动力；W 为滑体重力；g 为重力加速度。

考虑到爆破震动频率高和作用时间短，在边坡稳定性分析中，一般还要将此动荷载通过式（1.7）转变为等效静荷载 P，即：

$$P = \beta W a / g \tag{1.7}$$

式中，β 为荷载转换系数。

和爆破震动一样，天然地震也会给边坡稳定造成危害，在边坡稳定性分析中也必须考虑。一般按与爆破震动相同的方法处理，其加速度可按预计的地震烈度选取。

笔者借助 ANSYS/LS—DYNA 计算某露天矿同段最大装药量爆炸所产生的爆炸荷载，施加到 $FLAC^{3D}$ 动力计算模块中，分析了该露天矿同段最大装药量 y 及爆距 x 对边坡稳定性的影响，189kg 药量下使最终台阶边坡面不产生塑性区的爆距为 24m，378kg 药量下的爆距为 27m，567kg 药量下的爆距为 31m，756kg 药量下的爆距为 33m。通过非线性回归得到不引起临近最终台阶边坡面出现塑性损伤区的药量与爆距的关系为：

$$y = 1.43182x^2 - 21.52133x - 109.6993 \tag{1.8}$$

1.2.6　人为因素

由于对影响边坡稳定的因素认识不足，在生产中往往人为地促使边坡破坏，如在边坡上堆积废石和设备以及建筑房屋、水库、尾矿库等建（构）筑物，加大了边坡上的承重，增加了岩体的下滑力；或不坚持“采掘并举、剥离先行”的原则，不保持合理的边坡角及自上而下的开采顺序，而采用挖坡角，放震动炮震落上部岩体；或者采纳在坡面下部掏挖矿体等严重违章的方法开采，导致了岩体的抗滑力减小。这些都会使边坡稳定条件恶化，甚至导致边坡破坏。另外，边坡岩体发生滑动，也会影响上部建（构）筑物的安全。

1.2.7　风化作用

风化作用是指风吹日晒、涌水冲刷、生物破坏、温度变化等对边坡岩体的破坏作用，它可使边坡原生结构面和构造结构面随时间推移不断规模增大，使条件恶化，并可产生风化裂隙等次生结构面。长时间的风化作用，还会使岩体自身强度降低。

通常，风化速度与岩石本身的矿物成分、结构构造和后期蚀变有关，同时也与湿度、温度、降雨、地下水以及爆破震动等因素有关。

1.2.8　工程布置

在边坡内开凿排水隧洞，或利用地下开采方法开采边坡内部未能采出的矿体等，可引起局部应力集中，造成边坡开裂。

1.2.9　露天矿开采深度和服务年限

露天矿边坡越高和服务年限越长，其边坡稳定性越差，所以该部位的边坡角要相应减缓。

1.3　边坡稳定性分析

边坡稳定性分析是确定边坡是否处于稳定状态，是否需要对其进行加固与治理，防止其发生破坏的重要决策依据，是边坡研究的核心问题。常遇到的边坡稳定性分析的任务有二：一是验算已存在的边坡稳定性，以便决定是否需要采取边坡稳定防护措施，以及决定采取何种措施为宜；二是设计新开露天矿的边坡角及边帮。

边坡发生破坏失稳是一种复杂的地质灾害过程，由于其内部结构的复杂性和组成边坡岩石物质的不同，造成边坡破坏具有不同模式。对于不同的破坏模式应采用不同的分析方法及计算公式来分析其稳定性。目前，边坡稳定性分析的方法很多，一般将其分为定性分析方法、定量分析方法两类。定性分析方法主要包括工程类比法、成因历史分析法、图解法、数据库和专家系统等；常用的定量分析方法有极限平衡法、有限单元法、边界元法、离散元法、块体理论、快速拉格朗日有限差分法（FLAC）等确定性分析方法，及可靠度评价法、模糊理论评价法、灰色系统理论评价法和神经网络评价法等不确定性分析方法。

高陡边坡稳定性自然演化规律、岩质边坡破裂面产生机理、高边坡初始地应力场特征与反演分析、高地应力强卸荷条件下边坡岩体参数演化特征及取值方法、强降雨作用下高边坡岩体渗流特性与数值分析方法、高边坡应力变形数值分析方法、强震条件下高边坡变形破坏机理与失稳模式、复杂条件高边坡潜在滑裂面的搜索方法、边坡稳定性三维整体极限平衡分析方法、边坡岩体锚杆和锚索加固机理与优化设计、复杂条件高边坡安全监测系统与反馈分析、高边坡工程可靠度分析与风险控制、高边坡变形和稳定性预测预警与调控方法等，还需要继续探索。

根据上述分析方法的实用性和有效性，本节只简述极限平衡法和有限差分法的原理。

极限平衡法是根据边坡上的滑体或滑体分块的静力平衡原理分析边坡各种破坏模式下的受力状态，以及边坡滑体上的抗滑力和下滑力之间的关系来评价边坡稳定性的方法。极限平衡法是土质边坡稳定性分析的主要方法。极限平衡法本身又细分成很多方法，目前工程中常用的有 Fellenius 法（W. Fellenius，1963）、Bishop 法（A. W. Bishop，1955）、Tayor 法（Tayor，1937）、Janbu 法（N. Janbu，1954，1973）、Morgestern-Price 法（Morgestern-Price，1965）、Spencer 法（Spencer，1973）、Sarma 法（Sarma，1979）、楔形体法、平面破坏计算法、传递系数法、Bake-Garber 临界滑面法（Bake-Garber，1978）。近几年，结合复杂水利边坡的稳定性分析，周创兵和陈益锋（2007，2009）开发了刚体极限平衡法 $SLOPE^{2D}$ 和 $SLOPE^{3D}$ 以及三维整体极限平衡分析法等。在工程实践中，主要根据边坡破坏滑动面的形态选择极限平衡法。例如，对于平面滑动的边坡可以选择平面破坏计算法计算，圆弧形破坏的滑坡可以选择 Fellenius 法或 Bishop 法计算，复合滑动面的滑坡可以采用 Janbu 法、Snencer 法、Morgestern-Price 法计算，对于折线形破坏滑动面的滑坡可以采用传递系数法、Janbu 法等分析计算，对于楔形四面体岩石滑坡可以采用楔形体法计算，对于受岩体控制而产生的结构复杂的岩体滑坡可选择 Sarma 等方法计算。此外，还可采用刚体极限平衡法或三维整体极限平衡法等对滑坡进行三维极限平衡分析。

可见，应用极限平衡法必须事先假定边坡中存在潜在滑动面，而弹塑性有限元法和有限差分法可克服这一弱点，能直接搜索岩质露天边坡在开挖卸荷等作用下产生的受拉区，不需要事先假设潜在滑动面。由于受拉区在卸荷或爆破震动等长期疲劳作用下，必然发生破坏而引起滑坡，因此，根据搜索的受拉区判定边坡稳定性，确定合理的最终边坡角、台阶坡面角及局部边坡加固方式，更符合露天矿山岩质边坡的开挖实际。

有限差分法较弹塑性有限元法更优越，前者能直接计算边坡的稳定性系数，后者必须借助极限平衡法计算边坡稳定性系数。边坡破坏滑动面的形态，可以根据优势结构面极点图来判断。

在极限平衡法的各种方法中，尽管每种分析方法都有它的适用范围及假定条件，且得出的计算公式所涉及的因素各不相同，但可将它们都归结为极限平衡法，其大前提是相同的。所有的极限平衡法都有三个前提：

(1) 滑动面上实际岩土提供的抗剪强度 S 与作用在滑面上的垂直应力存在如下关系：

$$S = c + \sigma\tan\varphi \tag{1.9}$$

或

$$S = c' + (\sigma - u)\tan\varphi' \tag{1.10}$$

式中，c、c'分别为滑动面的黏结力和有效黏结力；φ、φ'分别为滑动面的内摩擦角和有效内摩擦角；σ 为滑动面上的有效应力；u 为滑动面孔隙水压。

(2) 稳定系数 F 指沿最危险破坏面作用的最大抗滑力（力矩）与下滑力（力矩）的比值，即

$$F = \frac{抗滑力}{下滑力} \tag{1.11}$$

(3) 二维（平面）极限分析的基本单元是单位宽度的分块滑体。

极限平衡分析除上述几点共同前提外，还具有基本相似的分析计算步骤：

(1) 推测滑动面形状。在断面上绘制滑面形状，根据滑坡外形及滑坡中滑面深度、坍塌情况、破坏方式（平面、圆弧、复合滑动等），推测可能的滑动面形状。

(2) 推定滑坡后裂缝及塌陷带的深度。

(3) 对滑坡的滑体进行分块。分块的数目要根据滑坡的具体情况确定，一般来说应尽量使分块小些。条块数目越多，结果误差越小。此外，条块垂直或不垂直分条，要根据计算方法和岩体结构确定。

(4) 计算滑动面上的孔隙水压力。孔隙水压力可采用地下水监测等方法确定。

(5) 计算稳定性系数 F。原则上应采取两种或两种以上适宜的计算方法计算比较 F。

下面针对边坡稳定分析中常用的具有代表性的平面滑动计算法、楔体滑动计算法、Bishop 法、Sarma 法等极限平衡法做论述。

1.3.1 平面滑动计算

平面滑动计算法是对边坡上滑体沿单一结构面或软弱面产生平面滑动的分析方法。其力学模型如图 1.12 所示。

边坡沿某一倾斜面发生滑动，应具备如下条件：(1) 滑动面及张裂隙的走向与坡面平行或近似平行（±20°）；(2) 滑面出露在坡面上，同时滑面的倾角大于该面的摩擦角；(3) 滑体两侧有割裂面，侧阻力很小，以致可以忽略不计。

该分析中所考虑的边坡几何要素如图 1.12 所示中规定。注意，有两种情况必须加以考虑：(1) 裂隙出露在坡顶面上，如图 1.12(a) 所示；(2) 裂隙出露在坡面上，如图 1.12(b) 所示。

完全满足上述条件的纯几何意义的平面滑坡是不多见的，但类似上述条件的滑坡还是常见的。而且，平面滑动实为楔体滑动的一个特例。当坡高不大时，圆弧滑面以平面滑面代替，可以简化计算。

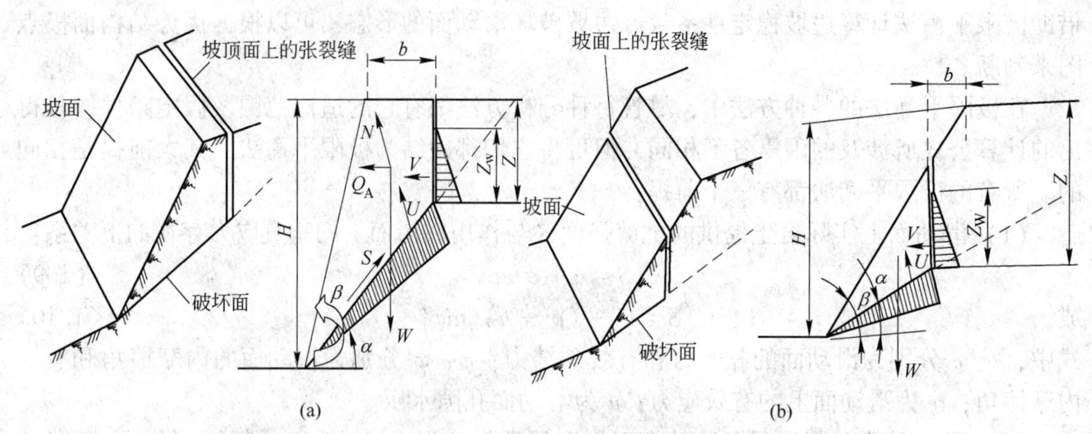

图 1.12 平面滑动的力学分析

(a) 坡顶面出露张裂缝；(b) 坡面出露张裂缝

1.3.1.1 平面滑动的安全系数计算

在平面滑动分析中，一般按二维问题进行处理，即取边坡宽度（沿走向）为一单位，在断面上进行力的分析。在分析中一般假设：(1) 张裂隙是垂直的，深度为 Z，其中充有高度为 Z_w 的水柱；(2) 张裂隙充水，而岩体不透水，水自垂直张裂隙渗入，流经滑面而从坡脚逸出，水压沿裂隙呈线性分布，见图 1.12；(3) 滑体重力 W、沿滑动面渗流水的裂隙水压 U（浮托力，该力在莫尔-库仑准则里考虑）、张裂隙空隙水压力 V、爆破地震附加力 $Q_A=KaW$、滑动面上的法向力 N 等都作用在滑体中心，没有滑体转动力矩，仅仅只是沿滑面滑动，即滑体沿滑动面做刚体下滑；(4) 滑面的抗剪强度由凝聚力 c 和内摩擦角 φ 确定，并遵循莫尔-库仑准则，即 $\tau=c+\sigma\tan\varphi$。设抗滑力为 S。

由滑体法向（N 方向）力平衡，得到：

$$N + Q_A\sin\alpha - W\cos\alpha + V\sin\alpha = 0 \tag{1.12}$$

由滑体下滑力与抗滑力平衡，有：

$$Q_A\cos\alpha + W\sin\alpha + V\cos\alpha - S = 0 \tag{1.13}$$

由莫尔-库伦准则及安全系数的定义，有

$$S = [cl + (N - U)\tan\varphi]/F \tag{1.14}$$

联立式 (1.12)~式 (1.14)，求解得到：

$$F = \frac{cl + (W\cos\alpha - Q_A\sin\alpha - V\sin\alpha - U)\tan\varphi}{Q_A\cos\alpha + W\sin\alpha + V\cos\alpha} \tag{1.15}$$

式中，$U=\gamma_w Z_w(H-Z)\csc\alpha/2$；$V=\gamma_w Z_w^2/2$；$c$ 为滑动面的黏结力；φ 为滑动面的内摩擦角；α 为滑动面的倾角；l 为滑动面的长度，$l=(H-Z)\csc\alpha$；γ_W 为裂隙水容重；F 为稳定系数。

平面破坏计算法主要特点是力学模型和计算公式简单，主要适用于均质砂性土、顺层岩质边坡以及沿基岩产生的平面破坏的稳定分析，但要求滑体做整体刚体运动，对于滑体内产生剪切破坏的边坡稳定性分析误差很大。

如果滑体内产生剪切破坏，破坏岩体在下滑过程中可能发生转动，则应该按力矩平衡进行计算，即式 (1.12) 和式 (1.13) 应变换为相对岩块中心下滑的转动力矩与抗滑的转动力矩平衡，而不应继续采用力平衡。

1.3.1.2　张裂缝的临界深度

Barton 发现张裂缝是由于岩体中微小的剪切移动产生的。虽然这些单个移动很小，但它们的累积效应便是边坡表面的明显位移，足以造成边坡坡顶线前后直立节理的分离，从而形成张裂缝。因此，当边坡表面可以看到张裂缝时，这提醒我们岩体中剪切破坏已经开始了。总之，张裂缝的存在，应该被视为是一种潜在的不稳定的标志。

张裂缝的位置可根据它在坡顶面或坡面上的可见迹线找到，其深度可以从边坡的精确断面图中确定。如果坡顶或坡面有废石堆，张裂缝的位置未知，就有必要探究其可能的位置和深度。因为张裂缝的深度和位置与地下水条件、爆破震动无关，是由坡体内微小剪切聚集造成直立节理分离的结果，因此，可以由式（1.15）在边坡干燥、无爆破震动影响的条件下，即在 Q_A、U、V 都为零的条件下，对 Z 求极小值得到，即

张裂缝的临界深度 Z_c 为：

$$Z_c = H[1-(\tan\alpha\cot\beta)^{1/2}] \tag{1.16}$$

临界张裂缝相应的位置 b_c 为：

$$b_c = H[(\cot\alpha\cot\beta)^{1/2}-\cot\beta] \tag{1.17}$$

式中，H 为台阶或边坡高度，m；α、β 分别为滑面倾角、坡面角，(°)。

各种干边坡的张裂缝临界深度、临界位置如图 1.13 所示。

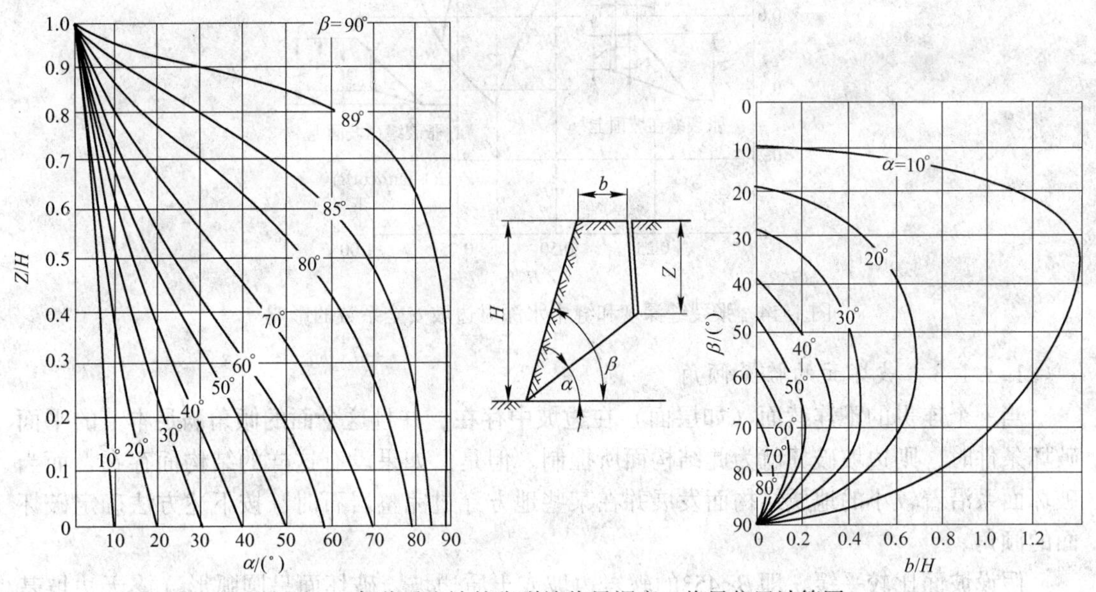

图 1.13　各种干边坡的张裂缝临界深度、临界位置计算图

如果 $b=0$，即张裂缝正好出露在坡顶线（坡肩），则张裂缝的临界深度为：

$$Z_c = H(1-\tan\alpha\cot\beta) \tag{1.18}$$

这时正好处于一种情况转变为另一种情况的过渡阶段。

如果张裂缝是在大雨的作用下形成的，或者张裂缝位于先存的地质构造（如直立节理）上，则式（1.16）、式（1.17）不再适用。这时，若不知道张裂缝的位置和深度，唯一的合理办法就是假设它与坡顶线一致并充满水，即按式（1.18）确定临界深度。

实例：边坡高 30.48m，$\beta=60°$，$\alpha=30°$，$b=8.84$m，张裂缝深 15.24m，岩石容重

25.1kN/m^3。假定层面黏结力 $c=156.8\text{kN/m}^3$，内摩擦角 $\varphi=30°$。试描述张裂缝深度及其水深对边坡稳定性的影响。

张裂缝深度和其中水深对边坡安全系数的影响如图1.14所示。图中表明，张裂缝随充水的增多，安全系数逐步减小；一旦水位 Z_w 达到张裂缝深度 Z 的1/4左右，随裂缝深度的增加，安全系数减小到一定值后保持稳定，随着裂缝深度的继续增加，安全系数急剧减小；当 $b=0$（张裂缝正好位于坡顶线）且充满水时，才得到最小的安全系数。

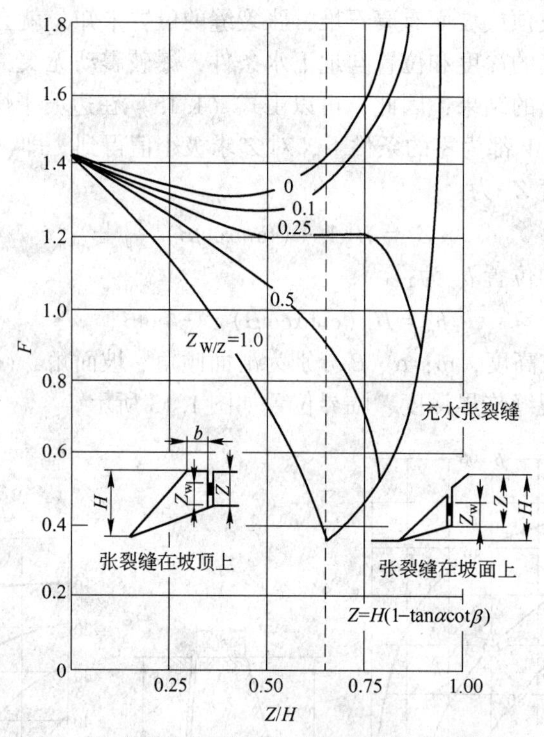

图1.14　张裂缝深度和缝中水深对边坡安全系数的影响

1.3.1.3　破坏面的临界倾角

当一个连贯的不连续面（如层面）在边坡中存在，并且这个面的倾角满足本节的平面破坏条件时，则边坡破坏就为此结构面所控制。但是，如果没有这样的结构面存在，而当破坏面系沿着较小的地质结构面发展并在某些地方穿过完整岩石时，按下述方法确定破坏面的倾角。

假设坡面比较平缓，即 $\beta<45°$ 的软岩边坡或土质边坡，破坏面呈圆弧形（露天边坡基本不涉及如此平缓的情况，不再论述）；在陡的岩质边坡中，破坏面几乎都为平面，该平面的倾角可由式（1.15）对 α 进行偏微分，并令微分等于零来确定。对于无爆破震动影响的干边坡，即由坡体内微小剪切聚集而成的破坏面，则破坏面的临界倾角 α_c 为：

$$\alpha_c=(\beta+\varphi)/2 \tag{1.19}$$

式中，φ 为岩体内摩擦角。

张裂缝中有水将使破坏面倾角减小10%。鉴于这个破坏面很不确定，考虑地下水的影响而增加复杂性不一定合理，因此，式（1.19）可用来估计不含贯穿结构面的陡边坡中破坏面的临界倾角。

1.3.2 楔体滑动计算

楔形体法主要适用于岩体受结构面控制的楔形体沿两个相交的不连续面上滑动时边坡的稳定性分析。其力学模型及滑体组成如图 1.15 所示。假设楔体由两相交结构面与边坡斜交，其组合交线倾向边坡，倾角大于滑动面的摩擦角而小于坡面角，即组合交线在坡面出露。

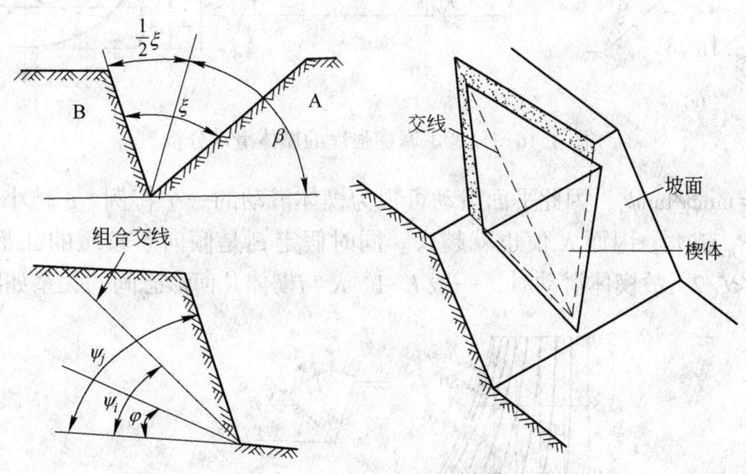

图 1.15　楔体滑动模型

1.3.2.1　只考虑摩擦强度的楔体滑动分析

为了便于分析，令两个相交的平面中倾角较缓的平面为 A 平面，较陡的平面为 B 平面，且两平面的交角为 ξ，如图 1.15 所示。

假定滑动面只有摩擦强度，且两平面摩擦角相等，楔体沿组合交线方向下滑。如果只考虑岩体重力 W，则楔体滑动时，下滑力为岩体重力沿组合交线的分力 $W\sin\psi_i$，这里 ψ_i 为交线的倾角。抗滑力则为由两滑动面法向反力 R_A、R_B 所产生的摩擦力 $(R_A+R_B)\tan\varphi$。详细受力情况和楔体滑动的几何关系如图 1.15 所示，其安全系数为：

$$\eta = (R_A + R_B)\tan\varphi/(W\sin\psi_i) \tag{1.20}$$

为了求 R_A、R_B，将它们沿水平方向和垂直方向分解，如图 1.15 所示，有：

$$R_A\sin(\beta - \xi/2) = R_B\sin(\beta + \xi/2)$$
$$R_A\cos(\beta - \xi/2) - R_B\cos(\beta + \xi/2) = W\cos\psi_i$$

从上两式中解出 R_A 和 R_B，相加后得到：

$$R_A + R_B = W\cos\psi_i\sin\beta/\sin(\xi/2) \tag{1.21}$$

将式（1.21）代入式（1.20），得到：

$$\eta = [\sin\beta/\sin(\xi/2)]\cdot[\tan\varphi/\tan\psi_i] = K\tan\varphi/\tan\psi_i \tag{1.22}$$

角度 β 和 ξ 可在图 1.16 的赤平投影图上求得，它们分别称为楔体的倾角和内角。为了求 β 和 ξ，需先做出 A 和 B 面的大圆，找到两个大圆的交点，再以该点为极点作其大圆，在做出的大圆上即可量得倾角 β 和 ξ。具体作图方法可以参考文献［12］。

由以上分析可以看出，楔体滑动的安全系数可用平面滑动系数 $\tan\varphi/\tan\psi_i$ 乘以 K 值表示，其中 K 称为楔体系数。楔体系数 K 与 ξ 成反比。当 ξ=180°时，就相当于平面滑动条件，

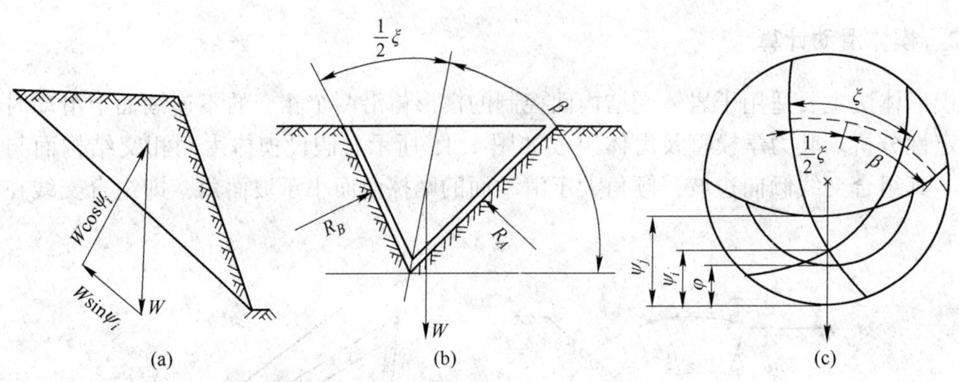

图 1.16　只考虑摩擦强度的楔体滑动分析

此时 $K=1$，$\eta=\tan\varphi/\tan\psi_i$，因此平面滑动可视为楔体滑动的一个特例。$\xi$ 越小，也就是楔体越尖，则 R_A+R_B 越大，因而 K 值也就越大。同时假定 β 是倾向于较缓的 A 面量测，即 $\beta<90°$，又因为 $\beta<\xi/2$，故楔体滑动时，一般 $K>1$。K 与楔体几何形态间的关系如图 1.17 所示。

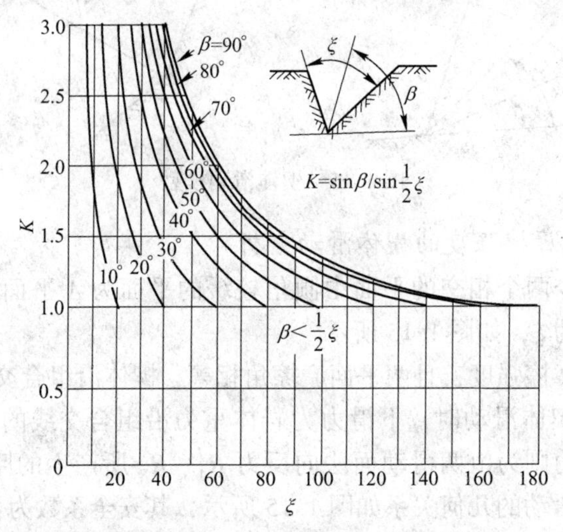

图 1.17　楔体系数与楔体几何形态的关系

1.3.2.2　考虑摩擦力、黏结力和水压的楔体分析

图 1.18 所示为分析楔体的几何关系和各面交线的编号。这里假定，边坡顶面是倾斜的，边坡高度为滑动面交线上端和下端间的垂直标高差，滑动沿交线发生。

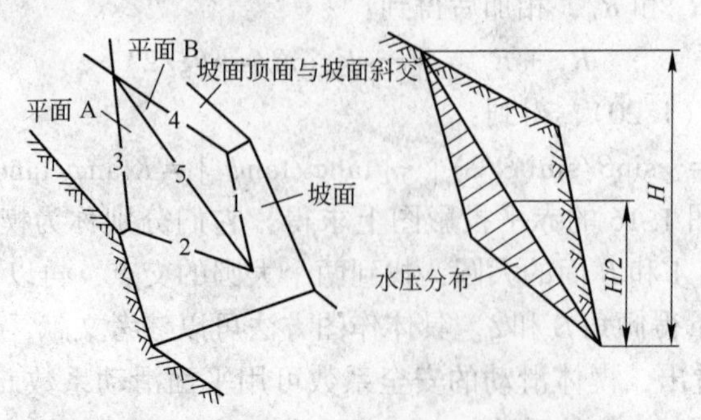

图 1.18　考虑摩擦力、黏结力和水压分布的楔体分析

关于水压分布，假定楔体本身不透水，水从楔体顶部沿交线 3 和 4 流入，再沿 1、2 从边坡面流出。合成的水压分布如图 1.18 所示，最大压力沿交线 5 分布，沿交线 1、2、3 和 4 的压力等于零。这种水压分布是代表发生在大雨时的极端条件。

这种条件下边坡稳定性系数的计算公式为：

$$\eta = 3(C_A X + C_B Y)/\gamma H + [A - \gamma_w X/(2\gamma)]\tan\varphi_A + [B - \gamma_w Y/(2\gamma)]\tan\varphi_B \quad (1.23)$$

式中，C_A、C_B 分别为平面 A、B 的黏结力；φ_A、φ_B 分别为平面 A、B 的内摩擦角；γ 为岩体容重；γ_w 为水的容重；H 为楔体的总高度；X、Y、A、B 为楔体几何系数，分别为：

$$X = \sin\theta_{2\cdot 4}/(\sin\theta_{4\cdot 5}\cos\theta_{2\cdot na})$$

$$Y = \sin\theta_{1\cdot 3}/(\sin\theta_{3\cdot 5}\cdot\cos\theta_{1\cdot nb})$$

$$A = (\cos\psi_a - \cos\psi_b\cos\theta_{na\cdot nb})/(\sin\psi_5\sin^2\theta_{na\cdot nb})$$

$$B = (\cos\psi_b - \cos\psi_a\cos\theta_{na\cdot nb})/(\sin\psi_5\sin^2\theta_{na\cdot nb})$$

其中，ψ_a、ψ_b 分别为平面 A、B 的倾角；ψ_5 为交线 5 的倾角；$\theta_{na\cdot nb}$ 为平面 A 与平面 B 极点的角距；$\theta_{1\cdot nb}$ 为交线 1 与平面 B 的极点角距；$\theta_{2\cdot na}$ 为交线 2 与平面 A 的极点角距；$\theta_{2\cdot 4}$ 为交线 2 与交线 5 的角距，其他类似。

以上角度关系可以从楔体分析的赤平投影图上求得，作图方法可参考文献 [12]。

楔体滑动计算法主要用于评价岩质边坡及沿两结构面的交线滑动的楔形体模式的边坡稳定性。实际分析中可考虑后张裂隙的水压力影响，允许两结构面有不同的强度参数和水压。坡顶面也可倾斜，并且可用于分析锚杆加固后的稳定性验算。

对于空间复杂的三维楔形体或块体，如图 1.19 所示，可以借助周创兵、姜清辉等发展的三维块体理论，根据断层、岩脉、裂隙等各类结构面的空间组合关系及其与开挖临空面的方位关系，利用块体理论搜索出开挖面上可移动块体类型、几何特征、破坏模式，并根据结构面发育特征预测块体可能的大小规模，计算块体在各种荷载条件下（地下水、地震等）的稳定性及其所需的锚固支护力，并提出合理的锚固支护方案。

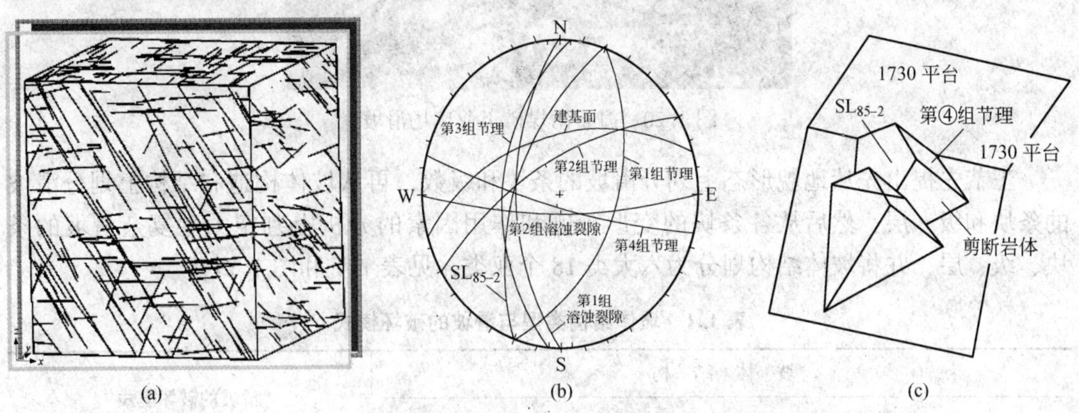

图 1.19 结构面分布及三维块体搜索分析结果

（a）结构面分布；（b）赤平极射投影搜索；（c）三维块体理论分析结果

1.3.3 圆弧形滑动

土坡滑动的滑面多呈圆弧（圆柱）形，露天矿的废石堆和尾矿坝也多呈圆弧形破坏，在强风化或非常破碎的岩体中，边坡破坏面也近于圆弧形。

圆弧形滑动的分析与计算，一般分为两步进行。首先确定危险滑动面的位置，然后将滑动面上的岩体划分为若干垂直条块，进行受力分析。

1.3.3.1　*危险滑动面位置的确定*

在用极限平衡方法分析边坡稳定性时，首先需要确定滑面的形状和位置。对于直接由边坡体内的软弱结构面控制的滑面，可由工程地质的方法确定其位置和形状；而对于无软弱结构面控制的或部分受软弱结构面控制的边坡滑面，其最危险滑动面的确定就成为重要而又必须解决的问题。

寻找最危险滑面，实际上是找出最容易发生滑坡，亦即安全系数最小的那个滑面，也就是安全系数函数 $F(X_i)$ 的最小值。其中 X_i 是 N 维向量，控制着第 i 个滑面的几何形状和位置。

危险滑面的确定包含着安全系数优化，因而在安全系数的优化过程中，将产生最小安全系数值，同时也将产生相应于最小安全系数的滑面安全系数优化方法。一般采用非线性优化求解方法，如 0.618 法、最优梯度法、单纯形法等。

工程建设中对已经存在的古老滑坡和可能发生滑坡的地段缺乏认识，该避开的没有避开，加之盲目设计和施工，致使施工后发生古老滑坡复活和新生滑坡的事例很多。甘肃海石湾煤矿工业广场滑坡（见图 1.20）就是古老滑坡复活的实例。

图 1.20　海石湾煤矿工业广场滑坡

王恭先提出先从地貌形态上划分滑坡的条块和级数，再从坡体构造和结构上划分滑坡的条块和级、层，然后从各条块的变形行迹和作用因素的分析上判定大型复杂滑坡的条块、级、层，并将坡体结构划分为六大类 18 个亚类，见表 1.1 和图 1.21。

表 1.1　坡体结构类型与滑坡的破坏模式

坡体结构		滑坡的破坏模式
基本类型	亚类型	
类均质体结构	（1）均质黏性土结构	旋转式滑动
	（2）均质黄土状土结构	
	（3）强风化残积层结构	
	（4）类均质堆填土结构	

续表 1.1

坡体结构		滑坡的破坏模式
基本类型	亚类型	
近水平层状结构（$\alpha<10°$）	（1）河湖相沉积层结构	顺层滑动
	（2）黄土软岩层状结构	切层滑动
	（3）软、硬岩互层结构	切层滑动
	（4）厚层硬岩下伏软岩结构	挤出式滑动
顺倾层状结构（$\alpha\geqslant10°$）	（1）黄土顺倾层状结构	顺层滑动
	（2）堆积土顺倾层状结构	顺层滑动
	（3）岩层缓倾层状结构	顺层滑动
	（4）岩层陡倾层状结构	顺层-切层滑动
反倾层状结构（$\alpha\geqslant10°$）	（1）缓倾层状结构	切层滑动
	（2）陡倾层状结构	倾倒-切层滑动
碎裂状结构	（1）碎块状结构	旋转滑动
	（2）碎裂状结构	顺构造面滑动
块状结构	（1）似层状结构	顺构造面滑动
	（2）眼球状结构	顺构造面滑动

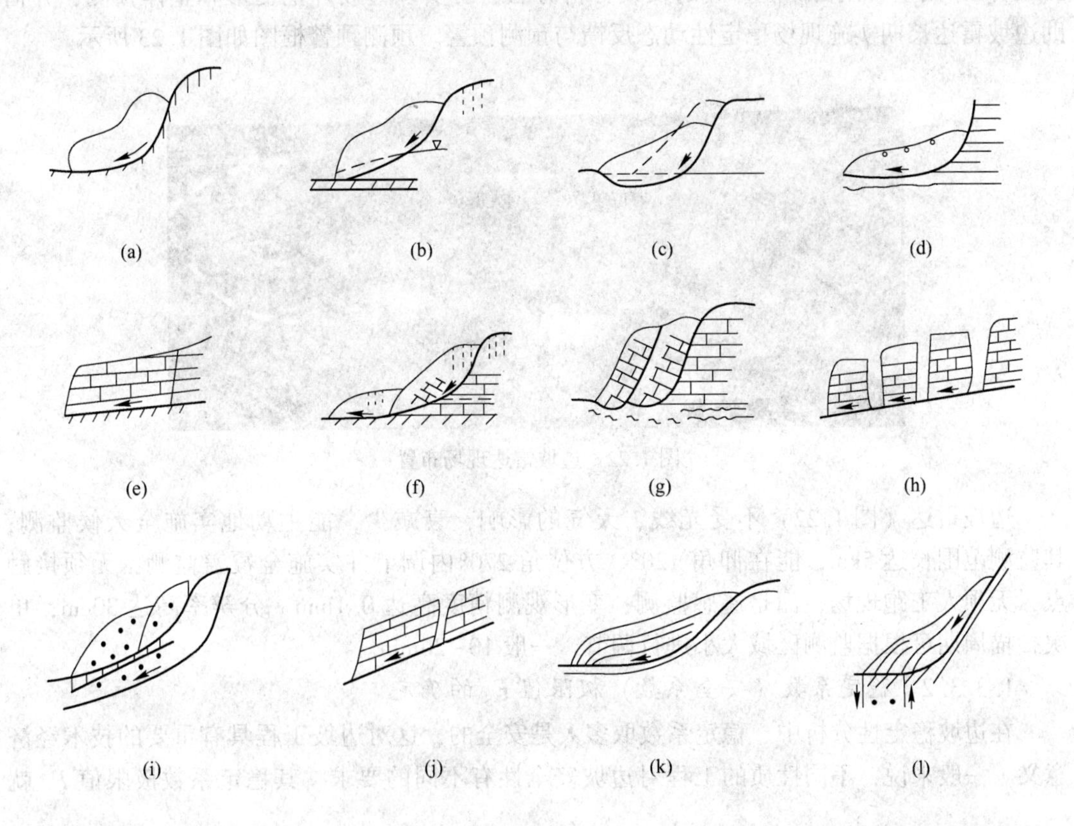

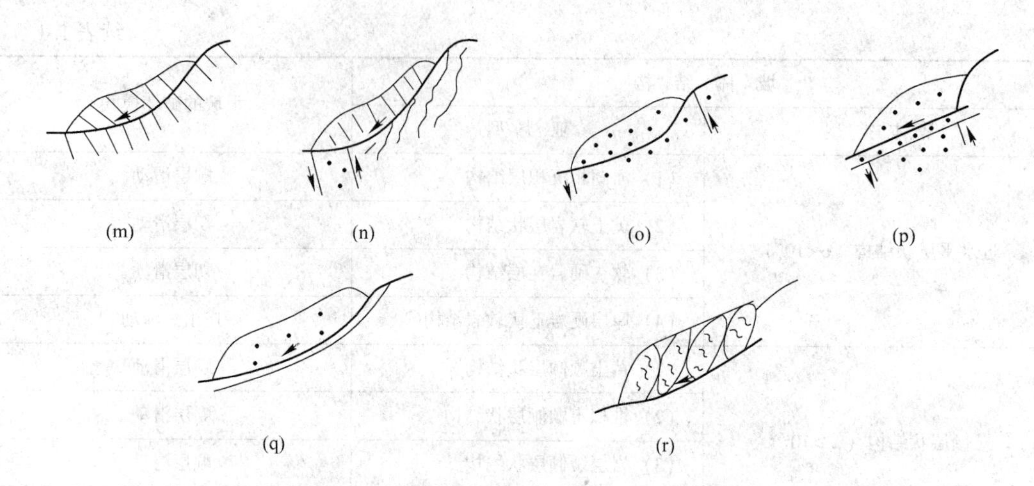

图 1.21 坡体结构与滑坡的破坏模式示意图

(a) 黏性土弧形旋转滑动；(b) 黄土弧形旋转滑动；(c) 填土弧形旋转滑动；(d) 土层顺层滑动；(e) 半成岩地层顺层滑动；(f) 岩层顺层-切层滑动；(g) 软岩挤出型滑动；(h) 挤出型平移滑动；(i) 堆积层顺层滑动；(j) 岩层顺层平面滑动；(k) 岩层顺曲面滑动；(l) 陡倾岩层顺层-切层滑动；(m) 反倾岩层切层滑动；(n) 反倾岩层倾倒-切层滑动；(o) 破碎岩层旋转滑动；(p) 破碎岩层顺构造面滑动；(q) 块状岩体顺构造面 (似层面) 滑动；(r) 构造核沿构造破碎带滑动

目前，随着勘查技术、计算机技术和数值模拟技术的飞速发展，基于边坡变形机理和滑动模式，可采用关键块理论或极限平衡分析方法等对局部边坡的稳定性进行监测 (见图 1.22)。采用基于残留储能释放的反馈分析方法，可实现边坡开挖变形和整体预测，并借助边坡雷达长期实施现场稳定性动态反馈与预测预警。预测预警框图如图 1.23 所示。

图 1.22 边坡雷达现场布置

边坡雷达 (图 1.22) 不受光线、天气的影响，衰减少，能主动地实施全天候监测；其监测范围长达 5km，能在仰角 120°、方位角 270°内调节并实施全覆盖监测；无须接触点，无须人工跑现场，而是遥感监测；变形观测精度高达 0.1mm，分辨率高达 30cm；单次扫描周期可根据监测区域大小进行调节，一般 10~20min。

1.3.3.2 稳定系数 (安全系数) 极限值 F_S 的确定

在边坡稳定性分析中，稳定系数取多大是安全的，这对边坡工程具有重要的技术经济意义。一般来说，不同性质的工程对边坡安全性有不同的要求，其稳定系数极限值 F_S 就

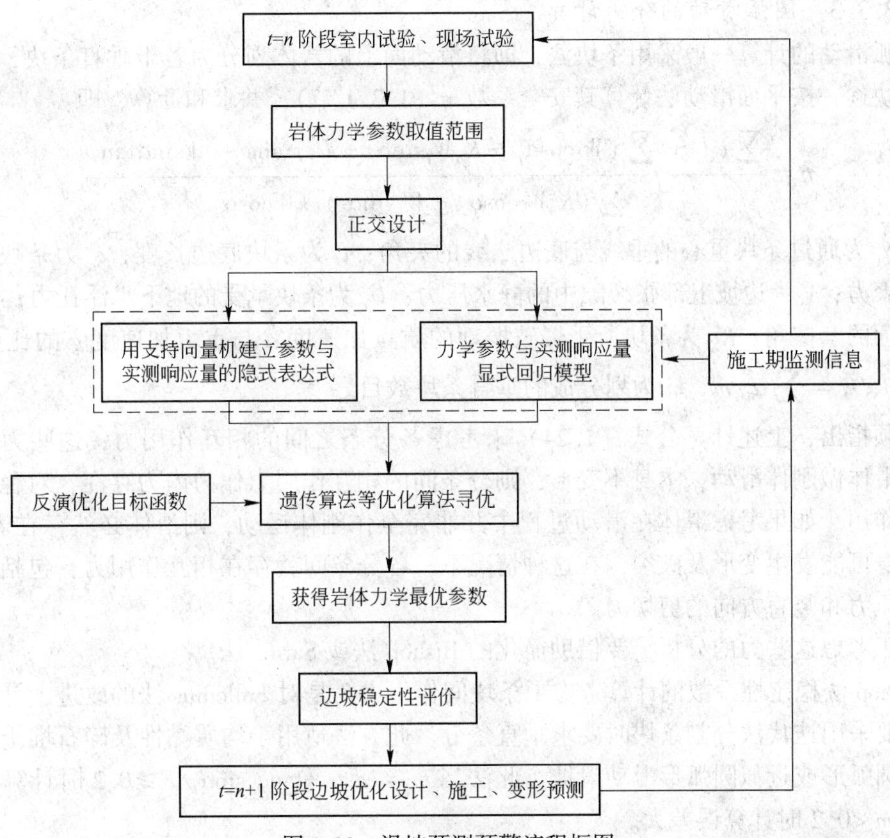

图 1.23　滑坡预测预警流程框图

有不同的取值，显然，稳定系数极限值 F_S 取值的大小是边坡设计和稳定性评价中的最重要的决策。目前国内外不少学者和政府机构的规范根据不同工程和工程所在的地区推荐了不同的稳定系数极限值 F_S，建议的值多在 1.05~1.5 的范围内。下面对国外几位学者推荐的稳定系数 F_S 值和我国《岩土工程勘察规范》规定的 F_S 值做一简要介绍：

（1）E. Hock 和 J. W. Bary 认为，在大部分采矿条件下，短期保持稳定的边坡 F 值取 1.3，较永久的边坡 F 值取 1.5。

（2）I. K. Lee 等认为，边坡常用的稳定系数取值范围是 1.2~1.3。

（3）G. S. G. dnev 等提出，公路工程边坡设计的稳定系数取值一般在 1.25~1.5 的范围内。

（4）T. W. Lambe 和 R. V. Whitman 认为，对均质土坡，在良好试验的基础上选择了强度参数，并慎重地估算了空隙水压力后，一般采用的稳定性系数至少为 1.5，对裂隙黏土和非均质土坡必须更加慎重。

（5）我国《非煤露天矿边坡工程技术规范》（GB 51016—2014）规定，在自重和地下水影响下：1）新设计的边坡，对一级边坡工程 F_S 值宜取 1.20~1.25，二级边坡工程 F_S 值宜取 1.15~1.20，三级边坡工程 F_S 值宜取 1.10~1.15；2）验算已有边坡的稳定性时，F_S 值可采用 1.10~1.25。当需对边坡加载、增大坡角或开挖坡角时，应按新设计的边坡选用 F_S 值。

1.3.3.3 圆弧滑动的分析计算

圆弧滑动的计算一般采用条块法，即将滑动面上的岩体划分为若干垂直条块，然后对每个条块逐一按平面滑动法计算其安全系数 η（1.3.1 节），并求和计算，即：

$$\eta = \frac{\sum c_i l_i + \sum (W_i \cos\alpha_i - K_a W_i \sin\alpha_i - U_i)\tan\varphi_i - V\sin\alpha\tan\varphi}{\sum (K_a W_i \cos\alpha_i + W_i \sin\alpha_i) + V\cos\alpha} \tag{1.24}$$

式中，α_i 为通过条块重心的垂线与底边法线的夹角；l_i 为条块底边长度；c_i 为条块滑动面上的凝聚力；V 为边坡上部张裂隙中的静水压力；U_i 为条块承受的地下水浮托力；φ_i 为条块滑动面的摩擦角；K_a 为条块所受爆破振动的质点加速度 a 与重力加速度 g 的比值；$\varphi = \sum \varphi_i/m$，$\alpha = \sum \alpha_i/m$，$m$ 为划分成的垂直条块数目。

必须指出，上述计算公式（1.24）未考虑各分条之间的相互作用力；这些力虽然存在，若滑体做刚体滑动，本身不变形，则分条间的相互作用力作为内力存在，对稳定性计算未起作用。如果考虑滑体在滑动过程中并非完全作刚体运动，则滑体必然存在着应力，滑体本身可能发生变形及破裂，在这种情况下，各分条间就存在相互作用力，包括水平方向的正压力和竖直方向的剪切力。

关于考虑这些力的分析，要借助简化的 Bishop 法或 Sarma 法。

Bishop 法稳定性系数的计算考虑了条块间作用力，是对 Fellenius 法的改进，计算较准确，但要采用迭代法分割条块时要求垂直条分。此方法适用于均质黏性及碎石堆土等斜坡形成的圆弧形或近似圆弧形滑动滑坡。此法当 $m_i = \cos\alpha_i + \tan\varphi_i \sin\alpha_i / F \geqslant 0.2$ 时计算误差较小，当 $m_i < 0.2$ 时计算误差大。

Sarma 法是 Sarma 于 1979 年在《边坡和堤坝稳定性分析》一文中提出的。基本原理是：边坡破坏的滑体除非是沿一个理想的平面或弧面滑动，才可能做一个完整的刚体运动；否则，滑体必须先破裂成多个可相对滑动的块体，才可能发生滑动。也就是说在滑体内部要发生剪切情况下才可能滑动。Sarrna 法的特点是用极限加速度系数 K_C 来描述边坡的稳定程度，它可以用于评价各种破坏模式下边坡稳定性，诸如平面破坏、楔体破坏、圆弧面破坏和非圆弧面破坏等，而且它的条块的分条是任意的，无须条块边界垂直，从而可以对各种特殊的边坡破坏模式进行稳定性分析。Sarrna 法计算比较复杂，要用迭代法计算。

为了提高计算精度，克服分条迭代计算的烦琐性、不方便性，2009 年周创兵和陈益锋提出了边坡三维整体极限平衡分析方法。计算网格与力学模型如图 1.24 所示。该方法无需对整个滑体进行条分，直接分片三角形线性插值构造滑面法向应力，严格满足三个力的平衡和三个力矩平衡。该方法数值收敛特性好。其力学平衡方程式为：

$$\left.\begin{aligned} &\iint_S (F\boldsymbol{n} + f_e \boldsymbol{s})\sigma \mathrm{d}S + F\boldsymbol{f}_{\mathrm{ext}} + \iint_S c_w \boldsymbol{s} \mathrm{d}S = 0 \\ &\iint_S \Delta\boldsymbol{r}_c \times (F\boldsymbol{n} + f_e \boldsymbol{s})\sigma \mathrm{d}S + F\boldsymbol{m}_{\mathrm{ext}} + \iint_S c_w \Delta\boldsymbol{r}_c \times \boldsymbol{s} \mathrm{d}S = 0 \end{aligned}\right\} \tag{1.25}$$

1.3.4 有限差分法计算简介

弹性力学中的差分法是建立有限差分方程的理论基础。FLAC（Fast Lagrangian

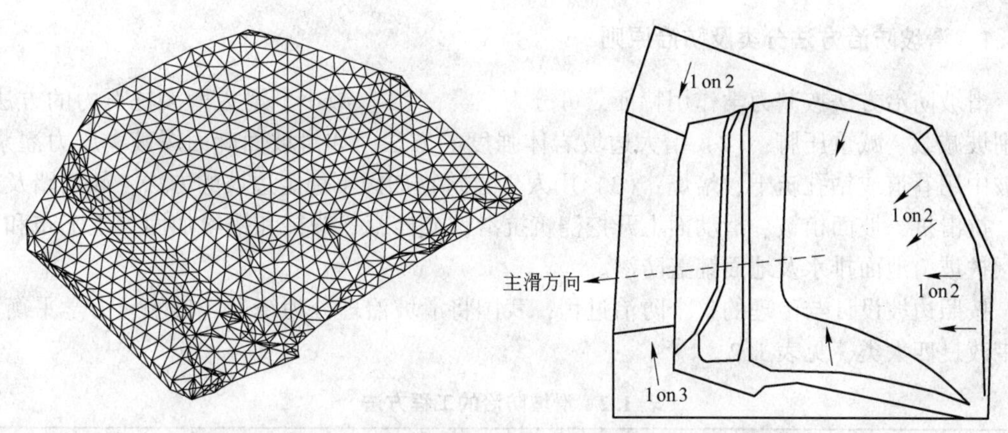

图 1.24　三维整体极限平衡法计算网格与力学模型

Analysis of Continua）是基于显示的有限差分法开发的。显示的有限差分法又称为动态松弛方法。该方法不需要像有限元那样求解大型刚度矩阵，只需在每一时步按照运动方程对每一节点求出不平衡力，进而根据牛顿运动定律计算节点加速度。在时间域上对加速度积分得到节点的速度增量以及位移增量。求得位移增量后，再根据几何方程与物理方程，即可分别求得差分单元的应变增量与应力增量。待单元的总应力确定后，可求得下一步的节点不平衡力，如此循环计算，直到整个系统趋于平衡。

应用 $FLAC^{3D}$ 逐一从小到大计算不同最终边坡角下的边坡力学分布，比较边坡坡面出露的受拉区加固需要的工程费用与最终边坡角增陡1°节省的剥离费用的大小，从而确定经济合理的最终边坡角。也可以用该方法确定台阶坡面角的取值范围。

对岩体的凝聚力 C 及内摩擦角 Φ 的正切按安全系数 n 折减后，代入 $FLAC^{3D}$ 重新计算边坡力学分布，可以得到该安全系数 n 下边坡的拉应力状态，类似上述确定安全系数 n 下经济合理的最终边坡角。1.3.3.2 节已论述了不同边坡安全系数的取值范围，在此不再重复。

应用 $FLAC^{3D}$ 可以计算锚杆、锚索加固上述拉应力区后的力学效果，从而为经济合理地加固边坡提供技术依据；还可以计算不同药量爆破对边坡稳定性造成的影响（见 1.2.5 节），从而为合理控制大区微差爆破的同段起爆药量提供技术支持。

1.4　滑坡的防治

边坡的变形和破坏属于力学现象，当边坡由于稳定性不足而失稳时，边坡就会发生滑动破坏，使得处于平衡状态下的边坡开始向下滑动，成为滑坡。当滑坡形成后，将给边坡所维护的构筑物带来严重的后果，危及露天矿的安全开采。因此，为了保护人们生命财产的安全，确保安全开采，人们必须对边坡的稳定性进行分析，以便及时、合理防治滑坡。

露天矿滑坡的防治是矿山边坡研究和边坡日常管理的重要组成部分。滑坡防治是对露天矿可能发生和已经发生的滑坡进行预防与治理，目的是确保露天矿正常生产，确保设备及人员的安全，提高露天开采的经济效益。

1.4.1 滑坡防治方法分类及防治原则

滑坡防治方法按其力学作用特征，可分为三类：(1) 减小下滑力增大抗滑力的方法，如削坡减载、减重压脚；(2) 增大边坡岩体强度的方法，如滑坡面麻面爆破、压力灌浆、滑坡中用巷道或钻孔疏干、焙烧；(3) 用人工建筑物加固不稳定边坡的方法，如挡墙及护坡、抗滑桩、坡面植被、滑动面上开挖浇筑抗滑键或栓塞、锚杆和锚索加固、土工布和土工网护坡、地面排水及地面铺盖防渗。

按照边坡设计与治理的整个防治过程，我国将滑坡治理分为绕避、排水、力学平衡和滑带改良四大类，见表 1.2。

表 1.2 滑坡防治的工程方法

绕避滑坡	排水	力学平衡	滑带土改良
1. 改移线路	1. 地表排水系统	1. 减重工程	1. 滑带注浆
2. 用隧道避开滑坡	(1) 滑体外截水沟	2. 反压工程	2. 滑带爆破
3. 用桥跨越滑坡	(2) 滑体内排水沟	3. 支挡工程	3. 旋喷桩
4. 清除滑坡	(3) 自然沟防渗	(1) 抗滑挡墙	4. 石灰桩
	2. 地下排水工程	(2) 挖孔抗滑桩	5. 石灰砂桩
	(1) 截水盲沟	(3) 钻孔抗滑桩	6. 焙烧
	(2) 盲（隧）洞	(4) 锚索抗滑桩	
	(3) 水平钻孔群排水	(5) 锚索	
	(4) 垂直孔群排水	(6) 支撑盲沟	
	(5) 井群抽水	(7) 抗滑链	
	(6) 虹吸排水	(8) 排架桩	
	(7) 支撑盲沟	(9) 钢架桩	
	(8) 边坡渗沟	(10) 钢架锚索桩	
	(9) 洞-孔联合排水	(11) 微型桩群	
	(10) 井-孔联合排水		

根据影响滑坡失稳的因素，归纳滑坡治理与加固方法，可分成直接加固、间接加固和特殊加固三类。(1) 直接加固方法，如挡墙及护坡、抗滑桩、坡面植被、滑动面上开挖浇筑抗滑键或栓塞、锚杆和锚索加固、土工布和土工网护坡。(2) 间接加固方法，如滑坡中用巷道或钻孔疏干、地面排水及地面铺盖防渗、削坡减载。(3) 特殊加固方法，如麻面爆破、压力灌浆。

从防治措施上我国与国外发达国家没有大的区别，在滑坡防治中大量应用挖孔钢筋混凝土抗滑桩及锚索抗滑桩，其基本形式如图 1.25 所示，抗滑桩安置的位置很重要。如果桩位设置在靠近滑坡体前缘，桩位偏低，滑体容易从桩顶滑出；桩位靠近滑坡体后缘，桩位偏高，桩下侧可能出现新的张裂隙。在这两种情况下，抗滑桩均不起作用。因此，抗滑桩最合适的位置应像图 1.25 那样，设置在滑体中部偏下的位置，以确保桩下岩体能提供足够的抗力。

上述这些滑坡整治措施，可以单独使用，也可以相互配合使用。实践证明，相互配合使用是比较经济合理、安全可靠的，特别是在处理大型滑坡时，往往需要运用这些方法综合整治，才能彻底解决问题。例如，武钢大冶铁矿东采场狮子山北帮西口，1976 年 6 月产

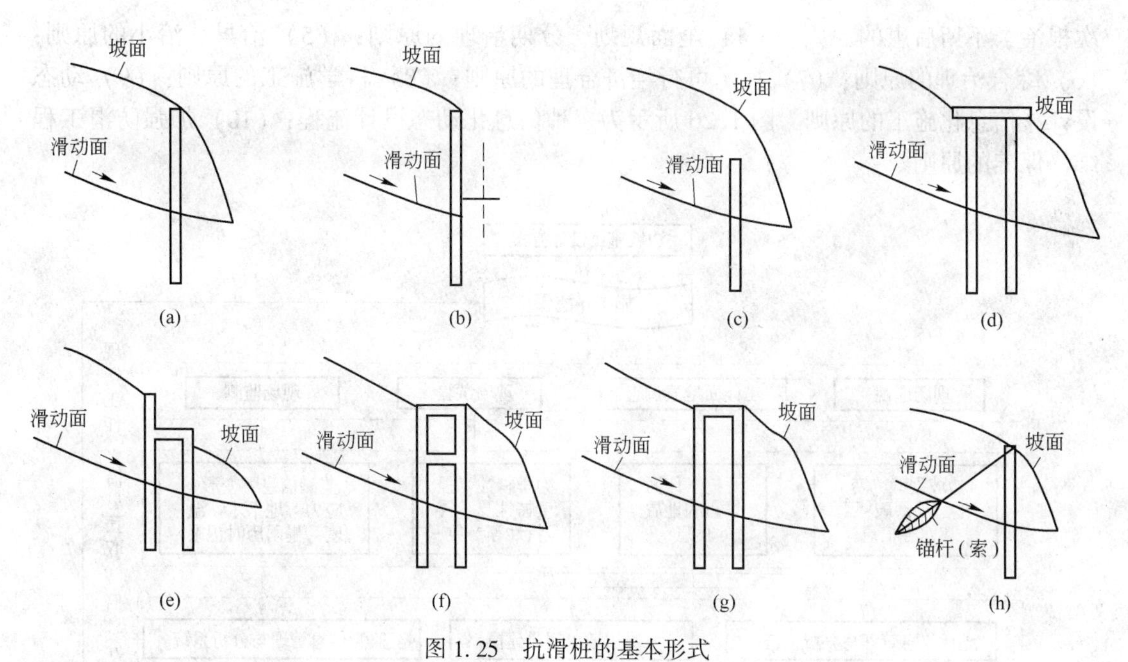

图 1.25 抗滑桩的基本形式
(a) 全埋式桩；(b) 悬臂桩；(c) 埋入式桩；(d) 承台式桩；(e) 椅式桩 (h 形桩)；
(f) 排架桩；(g) 钢架桩；(h) 锚索桩

生了一个高 108m、宽 90m、滑体厚度 23～25m、倾角 42°的滑体，该滑体位于采场中部，岩石一般为变质闪长岩，节理裂隙发育，裂隙中含有绿泥石、高岭土泥质物，滑体周围有四组较大的结构面，控制了该滑体的几何形状。为了控制该滑体下滑，采用滑体上部表层爆破松散岩石削坡减载，6 个台阶上锚固 132 根预应力锚杆，在滑动面处安设 76 根钢轨潜桩，片石护坡，喷浆护面，水平钻孔疏水。由于合理采用综合措施，经受住了多年爆破震动、暴雨、降雪及冰冻考虑，确保了边坡稳定和安全采矿。

为了预防爆破震动影响露天矿边坡稳定，通常在穿爆过程中采用控制爆破技术。爆破的方法有三种：(1) 将每次延发爆破的炸药量减少到最小限度；(2) 在靠近最终边坡面附近采用预裂爆破；(3) 在预裂爆破与正常生产爆破之间采用缓冲爆破。

减少每次延发爆破的炸药量，可使爆破冲击波的振幅保持在最小范围内。每次延发爆破的最优炸药量以及延发系统应根据具体矿山条件，根据爆破振动测试试验确定。

预裂爆破是当前国内外露天矿山用以改善最终边坡状况的最好办法。它是指在最终边坡沿线先钻一排倾斜小直径钻孔，并在生产爆破之前起爆，形成破碎槽，反射生产爆破引起的冲击波，从而保护最终边坡面免受破坏。一般孔径为 $D=63.5\sim127$mm，孔间距按经验取 $d_1=10\sim20D$。预裂孔的装药直径为孔径的一半，装药长度仅为孔深的一半。为了便于施工，也可以采用小孔距，并用间隔孔装药替代孔内不耦合装药。

缓冲爆破 (孔间距 d_2) 是指布置在预裂爆破带和生产爆破 (孔间距 d_3) 带之间的一排炮孔，通常 $d_1<d_2<d_3$，以便在预裂爆破和生产爆破之间形成一个爆破冲击波的吸收区，进一步减弱通过预裂爆破带传至边坡面的冲击波，从而确保边坡岩石的完好状态。

滑坡防治是一个系统工程，各个环节环环相扣，紧密联系，王恭先根据防治滑坡的经验教训，提出以下 10 条原则：(1) 正确认识滑坡的原则；(2) 预防为主的原则；(3) 一次根治，不留后患的原则；(4) 全面规划，分期治理的原则；(5) 治早、治小的原则；(6) 综合治理的原则；(7) 技术可行经济合理的原则；(8) 科学施工的原则；(9) 动态设计，信息化施工的原则，图 1.26 所示为一种信息化动态设计流程；(10) 加强防滑工程维修保养的原则。

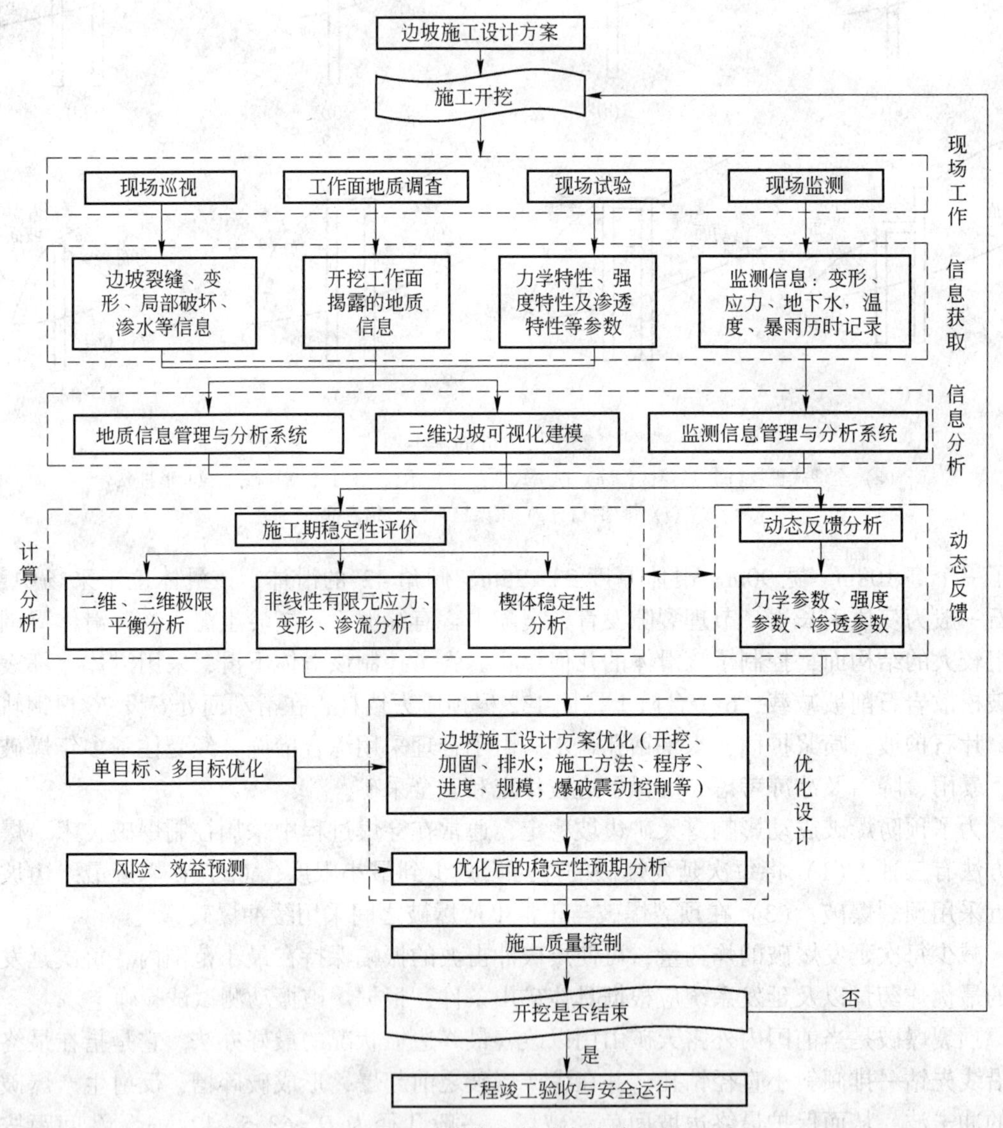

图 1.26 边坡信息化动态设计流程

选用滑坡防治工程的考虑顺序是：(1) 截集并排除流入滑坡区的地下水；(2) 采取疏干措施降低地下水位；(3) 采取削坡减载或反压坡角等工程措施；(4) 采用人工加固工程。

1.4.2 滑坡的监测

山体平衡状态的丧失，一般的规律总是先出现裂缝，然后裂缝逐渐扩大，处于极限平衡状态，这时稍受外营力或震动，就会发生滑坡等不良地质现象。为了发现隐患，消除危害，有效而经济地采取整治滑坡的措施，保证各种边坡工程的正常使用，就必须对各种山体滑坡建立观测网，并经常地进行位移、地下水动态等的观测和观测网的养护维修。滑坡裂缝的扩大变形，其观测结果将为研究滑坡的类型、移动的规律、评价治理效果等提供宝贵资料，并且根据观测资料，判断滑坡对工程等的危害程度，以便采取有效措施，防止滑坡的发展。同时，还必须密切注意滑坡体附近地下水的变化情况，如地表水、地下水的流向、流量、混浊度等，以及边坡表面外鼓、小型滑塌等资料，以便综合分析、判断。

对于长期不稳定或呈间隙性活动的滑坡或滑坡群，必须进行动态测试，其主要目的有：

（1）在滑坡整治前配合地面调查和勘探工作，收集各种地质、力学资料，为整治设计提供依据。收集资料的主要目的包括研究不同地质条件下不同类型的滑坡的产生过程、发育阶段和动态规律（如滑坡体上各种裂缝的产生、发展顺序及分布特征），研究滑坡各部分（尤其是滑带）的应力分布及变化，划分滑坡发育阶段，分析滑坡动态规律和性质。

（2）研究影响滑坡的主要因素。如斜坡坡脚开挖、河水冲刷或坡体上部超载对滑带应力状态的影响；地下水和地表水对滑坡的产生和发展的影响；水库或渠道蓄水和放水对滑坡稳定性的影响等。

（3）研究抗滑构筑物的受力状态。

（4）研究滑坡的预报方法。

（5）在整治过程中，监视滑坡的发展变化情况，预测发展动向，做出危险预报，以防止事故发生。

（6）整治工程完成后，通过一定时期的延续观测，了解滑坡发展趋势，判断其是否逐渐稳定及其趋势，并检验完成工程的整治效果。必要时可采取追加工程，以补先期设计之不足。

对滑坡变形监测仪器一般有如下几点要求：（1）具有长期的稳定性；（2）具有足够的量程；（3）具有合适的精度；（4）简单、方便；（5）坚固耐用，具有防腐蚀、防潮、防震性能；（6）价格便宜，便于推广应用。

滑坡稳定性观测方法主要有：（1）三角测量及精密水准测量；（2）滑坡记录仪观测；（3）裂缝观测；（4）探洞观测；（5）声发射监测；（6）滑坡推力（滑动力）观测；（7）雷达成像。第6章将具体介绍地压监测与分析方法。

经过一定时间的多次动态滑坡观测后，应对各观测项目的全部资料进行系统的整理与分析。这样无论对于分析滑坡基本性质（定性），还是对于滑坡稳定性计算（定量），都是十分重要的。通过资料整理，一般可以达到以下几个目的：（1）绘制滑坡位移图，确定主轴方向；（2）确定滑坡周界；（3）确定滑坡各部分变形的速度；（4）确定滑坡受力的性质；（5）判断滑动面的形状；（6）确定滑坡移动与时间的关系；（7）绘制滑坡移动的平面图和纵断面图；（8）确定地表的下沉或上升；（9）估算滑体厚度；（10）滑坡平衡计算。

1.4.3 滑坡的预测与监测预报

对滑坡可能发生的地点、滑坡的类型与规模、滑坡滑动发生的时间进行预测、预报，以及对新老滑坡的判断，是滑坡整治与研究中一项极为重要的工作。

滑坡预测主要是指对可能发生滑坡的空间、位置的判定，它包括发生地点、类型、规模（范围和厚度）以及对工程、农田活动和居民生命财产可能产生的危害程度的预先判定。滑坡发生地点的预测，其问题的实质就是掌握产生滑坡的内在条件和诱发因素，尤其是掌握滑坡分布的空间规律。滑坡预报主要是指对可能发生滑坡的时间的判定。露天矿山滑坡预报更看中准确、及时预报这一点。

1.4.3.1 多因素预测

滑坡预测的基本内容主要是可能发生滑坡的区域、地段和地点；区域内可能发生滑坡的基本类型、规模，特别是运动方式、滑动速度和可能造成的危害。依据研究区域的范围和目的的不同，可以把预测大致划分为区域性预测、地区性预测、场地预测三大类。

滑坡预测应当遵循三个基本原则：实用性、科学性和易行性。滑坡预测方法应使人们比较容易理解。滑坡预测的方法大致分为两类：因子叠加法、综合指标法。

因子叠加法（形成条件叠加法）是把每一影响因子作为条件按其在滑坡发生中的作用大小纳入一定等级，在每一因子内部又划分若干等级；然后把这些因子的等级全部以不同颜色、线条、符号等表示在一张图上，凡因子叠加最多的地段（色深、线密、符号多的地段）即为发生滑坡可能性最大的地段，把这种重叠情况与已经进行详细研究的地段相比较，进而做出危险性预测。这是一种定性、概略的预测方法，也是目前切实可行且具有实用价值的一种方法。

综合指标法是把所有因子在滑坡形成中的作用，以一种数值来表示，然后对这些量值按一定的公式进行计算、综合，把计算所得的综合指标值与滑坡发生临界值相对比，区分出滑坡发生危险区及危险程度。滑坡预测的逻辑表达式可以用下列函数式表示：

$$M = F(a, b, c, d, \cdots) \tag{1.26}$$

当各项因子的指标值确定后，式（1.26）可以转化为

$$M = (d + e + f + \cdots)A \cdot B \cdot C \tag{1.27}$$

式中，M 为综合指标；A 为地层岩性因子指标；B 为结构构造因子指标；C 为地貌因子指标；a，b，c，d 分别为某一单因子指标；d，e，f 分别表示一个外因因子指标。

当 $M>N$ 时，为危险区域；当 $M=N$ 时，为准危险区域；当 $M<N$ 时，为稳定区。其中 N 为发生滑坡的临界值。

N 值的确定十分重要，也颇不容易。目前的办法只有通过对典型地区滑坡资料的统计分析而初步确定。式（1.27）基本上反映了滑坡发生中主导因子的决定性作用和从属因子间的等量关系，因此，遵循式（1.27）开展滑坡资料的统计分析，建立因子间的平衡，确定各因子内部的指标，能比较接近客观实际。

不同类型的滑坡，必然产生在不同的地质地理环境中。在特定的区域、特定的地质地理环境下发生的滑坡，一般都有特定的类型，故不同类型滑坡的产生条件，对于预测不同地质条件下产生的滑坡类型有一定的参考借鉴作用，表 1.3 可供参考。

表 1.3　不同类型滑坡特征

地质地理条件		滑坡类型	备　注
岩体	层理倾向与坡面倾向一致	构造型顺层岩石滑坡	一般发生在沉积岩地区
	有顺向倾斜断层或其他构造面	构造型岩石滑坡、构造型破碎岩石滑坡	一般发生在断层构造发育区
	在几近水平的硬岩层中埋藏有可塑性岩泥夹层	挤出型岩石滑坡	分布在水平沉积岩地区
土体	岩性、结构不均匀，具有明显的成层性	接触型、(黄土、堆积土、黏性土、堆填土）滑坡	分布广
	有丰富的地下水补给来源、斜坡土体含水丰富	塑、流型滑坡	我国南方有断层补给地下水的地区多见
	巨厚的黄土层内夹有含水细砂粉砂或细砾石层	潜蚀型黄土滑坡	黄土地区主要的滑坡类型
	陡倾破裂面的黄土边坡	构造型黄土滑坡	滑动急剧
	由风化深、结构均一的黏性土组成的山坡、岸坡或由此类土堆填而成的堆填地形	剪切型（黏性土、堆填土）滑坡	均质土地区主要的一种滑坡类型
	坡体内存在有在振动作用下易产生结构破坏而导致液化的土层、如淤泥、软土、灵敏土等	液化型（黄土、黏性土、堆填土）滑坡	

滑坡范围和滑体厚度与地质条件密切相关。变质岩和沉积岩的岩层滑动一般具有第一等规模，其数量可达数十万、数百万乃至数千万立方米，甚至更大；巨厚的黄土层中产生的滑坡规模也较大，其数量等级有时可与岩质滑坡相当；同类土层中的滑动规模一般较小，以数千至数万立方米居多，极少有超过十几万立方米的；而堆积土滑坡的规模有较大的变化幅度，小则仅数千、数万立方米，大则可达数十万、数百万立方米。

滑坡范围的预测应包括两方面含义，其一为滑动涉及的范围，即滑坡滑动部分的体积预测；其二为被滑坡堆积物覆盖范围预测。当滑坡出口高，临空空间宽大时，不仅应预测滑坡滑动部分可能涉及的范围，还应预测当滑坡发生时滑动物质可能覆盖的范围。

在滑坡初步预测后，常需根据工程的重要程度而补充不同详细程度的地质勘查。滑坡勘察中，不宜采用面状勘探，而应抓住每一滑坡条块的主轴断面进行详细勘探，适当辅以其他平行主滑方向的纵向断面以及横向断面。主轴断面是滑体最厚、最长、滑速最快、滑坡推力最大的断面，可以是直线或曲线。勘探线布置如图 1.27 所示，线间距 30~50m，大型滑坡可为 40~60m，点间距为 30~50m，每级滑坡剪出口附近应适当加密。钻孔深度应达到调查推测的深层滑面以下 3~5m。在滑坡中前部应有 1~2 个钻孔深入当地侵蚀基准面

（河、沟底）或开挖面下一定深度，以免漏掉深层滑面。

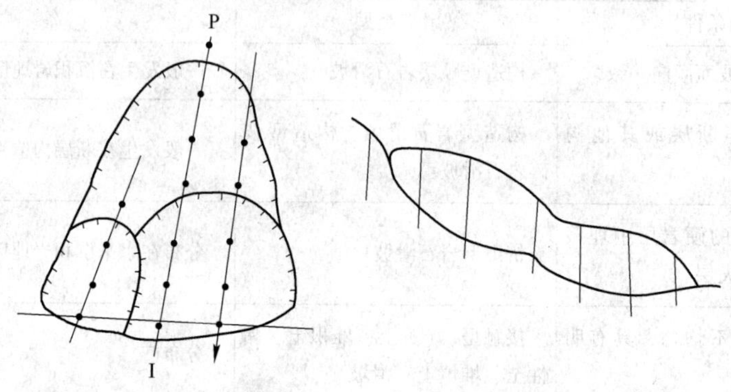

图 1.27　滑坡勘探点布置示意图

1.4.3.2　滑坡监测预报

滑坡预报大致地可以划分为区域性趋势预报和场地性预报。区域性趋势预报是一种长期预报，是对于某一预定区域的滑坡活跃期和宁静期的趋势性研究，指出哪些地点可能会大量发生滑坡，造成危害；长期预报是根据诱发滑坡产生的各种因素（降雨量、地下水动态、河流、水库水位及冲刷强度、地震、人类活动）的影响，来估计山坡稳定性随时间而变化的细节。在所有各种诱发因素中，除了人类活动因素完全具有人为性以外，其他各种因素都有一定的周期性规律，掌握这种规律，对于做出滑坡活动的预期预报是极为重要的。

场地性预报是一种短期预报（又称即时预报），它是对于某一建设场地或某个具体斜坡能否发生滑坡以及滑动特征、滑速、滑动出现时刻的预先判定。国内外有不少根据各测点监测位移速度或滑体上多点声发射值急剧变化而成功做出滑坡预报的实例，如图 1.28 所示。

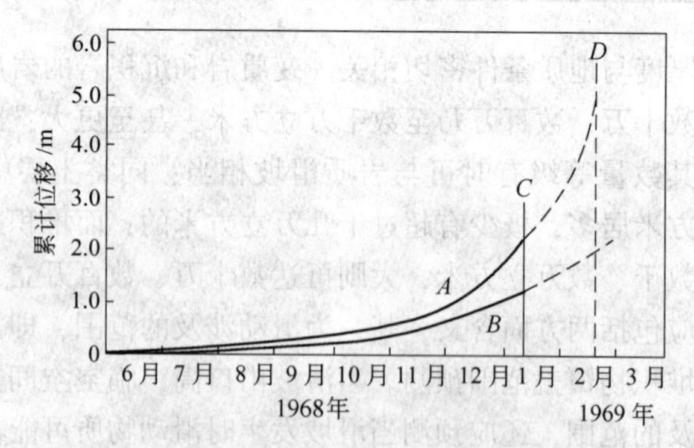

图 1.28　某露天矿滑坡预报的边坡位移-时间曲线

A—坡面上位移最大的测点的数据曲线；B—坡面上位移最小的测点的数据曲线；
C—预测日期；D—预报和实际发生破坏的日期：1969 年 2 月 18 日

图 1.28 中，1969 年 1 月 13 日根据边坡上移动最快的测点的移动速度进行了预测，预计最早的破坏日期是 1969 年 2 月 18 日。实际破坏日期是 1969 年 2 月 18 日下午 6 点 58 分。滑坡中滑落岩体约 150 万吨，呈碎石体下滑。下面另有约 450 万吨岩体遭受严重变

形。由于该矿根据预测2月16日下午3时全面停采，避免了滑坡事故的发生。2月19日全面恢复开采。

再如，大冶铁矿1979年7月11日在象鼻山北部成功预报了2万立方米的大滑坡。该滑体位于象鼻山北帮20~30勘探线之间，岩体由变质闪长岩、高岭土化绿泥石花岗闪长岩、断层破碎岩、铁矿和少量大理岩构成。该部位岩体从1967年以来一直处于不稳定状态，1972年以后位移变形增加，1978年3月4日、10月13日先后在21线附近72~46m水平发生局部冒落。1978年8月，地表坡积层中出现长约100m的弧形开裂，裂缝宽达15cm。为了研究开裂段位移规律并进行滑坡预报，使用了位移计和声发射监测仪等观测手段进行边坡监测。整个边坡位移可以分为三个阶段：第一阶段为缓慢变形阶段，时间为3月9日~6月22日，滑体位移总量达500mm，最大位移速度为10~50mm/d；第二阶段为加速变形阶段，时间为6月25日~7月9日，滑体位移总量达1600mm，最大位移速度为110~460mm/d；第三阶段为急剧变形阶段，时间为7月9~11日，滑体位移总量达6000mm，最大位移速度为4900mm/d，此时边坡发生了滑坡。根据预测，7月9日发出了滑坡预报，停止作业，并撤离采场设备和人员，结果于7月11日上午10时30分发生了滑坡。

习　题

选择题

1-1　均匀的岩质边坡中，应力分布的特征为（　　）。
(A) 应力均匀分布　(B) 应力向临空面附近集中
(C) 应力向坡顶面集中　(D) 应力分布无明显规律

1-2　岩质边坡的圆弧滑动破坏，一般发生在（　　）。
(A) 不均匀岩体　(B) 薄层脆性岩体
(C) 厚层泥质岩体　(D) 多层异性岩体

1-3　岩坡发生在岩石崩塌破坏的坡度，一般认为是（　　）。
(A) >45°时　(B) >60°时　(C) >75°时　(D) 90°时

1-4　用格里菲斯理论评定岩坡中岩石的脆性破坏时，若靠近坡面作用于岩层的力为P，岩石单轴抗拉强度为R_t，则下列哪种情况下发生脆性破坏？（　　）
(A) $P>3R_t$　(B) $P>8R_t$　(C) $P>16R_t$　(D) $P>24R_t$

1-5　岩质边坡发生折曲破坏时，一般是在下列哪种情况下？（　　）
(A) 岩层倾角大于坡面倾角　(B) 岩层倾角小于坡面倾角
(C) 岩层倾角与坡面倾角相同　(D) 岩层是直立岩层

1-6　产生岩块流动现象的原因目前认为是（　　）。
(A) 剪切破坏　(B) 弯曲破坏　(C) 塑性破坏　(D) 脆性破坏

1-7　使用抗滑桩加固岩质边坡时，一边可以设置在（　　）。
(A) 滑动体前缘　(B) 滑动体中部偏下　(C) 滑动体后部　(D) 任何部位

1-8　岩质边坡因卸荷回弹变形所产生的差异回弹剪裂面的方向一般是（　　）。
(A) 平行岩坡方向　(B) 垂直岩坡方向　(C) 水平方向　(D) 垂直方向

1-9 岩质边坡因卸荷回弹所产生的压致拉裂面的方向一般是（ ）。
（A）平行岩坡方向 （B）垂直岩坡方向 （C）水平方向 （D）垂直方向

1-10 已知岩质边坡的各项指标如下：$\gamma=25\mathrm{kN/m^3}$，坡角60°，若滑面为单一平面，且与水平面呈45°角，滑面上$c=20\mathrm{kPa}$，$\varphi=30°$，当滑动体处于极限平衡时的边坡极限高度为（ ）。
（A）8.41m （B）10.34m （C）17.91m （D）9.73m

1-11 岩质边坡发生岩块翻转破坏的最主要的影响因素是（ ）。
（A）裂隙水压力 （B）边坡坡度 （C）岩体性质 （D）节理间距比

1-12 岩质边坡的破坏类型从形态上来看可分为（ ）。
（A）岩崩和岩滑 （B）平面滑动和圆弧滑动
（C）圆弧滑动和倾倒破坏 （D）倾倒破坏和楔形滑动

1-13 平面滑动时滑动面的倾角β与坡面倾角α的关系是（ ）。
（A）$\beta=\alpha$ （B）$\beta>\alpha$ （C）$\beta<\alpha$ （D）$\beta\geqslant\alpha$

1-14 平面滑动时滑动面的倾角β与滑动面的摩擦角φ的关系为（ ）。
（A）$\beta>\varphi$ （B）$\beta<\varphi$ （C）$\beta\geqslant\varphi$ （D）$\beta=\varphi$

1-15 岩石边坡的稳定性主要取决于（ ）。
①边坡高度和边坡角； ②岩石强度；
③岩石类型； ④软弱结构面的产状及性质；
⑤地下水位的高低和边坡的渗水性能。
（A）①，④ （B）②，③
（C）①，③，④，⑤ （D）①，④，⑤

1-16 下列关于均匀岩质边坡应力分布的描述中，哪一个是错误的？（ ）
（A）斜坡在形成中发生了应力重分布现象
（B）斜坡在形成中发生了应力集中现象
（C）斜坡形成中，最小主应力迹线偏转，表现为平行于临空面
（D）斜坡形成中，临空面附近岩体近乎处于单向应力状态

简答题

1-1 简述不稳定边坡的整治措施。
1-2 岩石边坡有哪几种破坏类型，各有何特征？
1-3 根据经验，不利于岩石边坡稳定的条件有哪些？
1-4 岩石边坡稳定性分析方法有哪些？极限平衡法的原理是什么？与有限元方法相比，极限平衡法有什么优缺点？
1-5 哪些因素对节理的抗剪强度有影响？
1-6 为什么说露天矿边坡稳定性问题的实质是确定合理的边坡角，何谓合理的边坡角？
1-7 何谓抗滑力矩、下滑力矩、抗滑力和下滑力？什么时候用抗滑力矩与下滑力矩确定边坡稳定性系数？什么时候用抗滑力与下滑力确定边坡稳定性系数？（提示：发生抗滑力与下滑力偏心时，就要产生力矩）
1-8 一般情况下，研究露天矿边坡稳定性要考虑哪些问题，应采取哪些步骤？
1-9 边坡破坏有几种类型？从赤平极射投影上看有什么区别？
1-10 平面型滑坡的条件是什么？此时，边坡角、结构面和内摩擦角之间有什么关系（只考虑摩擦力）？若凝聚力很大时，上述关系还成立吗？
1-11 楔形滑坡与平面滑坡的条件有无区别？
1-12 何谓圆弧滑动？均质岩石条件下，如何确定危险滑动面的位置？

1-13　条块法的实质是什么？你能用力多边形法分析条块的平衡吗？

1-14　地下水与边坡稳定有哪些关系？地下水全是不利因素吗？有无对边坡稳定有利的时候，为什么？

1-15　坡脚部分岩体对于边坡稳定有什么意义？

参 考 文 献

[1] 李俊平主编，周创兵主审．矿山岩石力学［M］. 2 版．北京：冶金工业出版社，2017.

[2] 高磊．矿山岩石力学［M］. 北京：机械工业出版社，1987.

[3] 丁德馨．岩体力学（讲义）［M］. 衡阳：南华大学，2006.

[4] 叶海望．露天采矿学（课件）．武汉：武汉理工大学，2010.

[5] 孙玉科，杨志法，丁恩保，等．中国露天矿边坡稳定性研究［M］. 北京：中国科学技术出版社，1999.

[6] 刘发红，李俊平．台阶坡面角取值规律的数值模拟［J］. 世界有色金属，2015（11）：45~48.

[7] 李俊平．露天矿边坡稳定性检测的几个问题［J］. 工业安全与防尘，1996，21（7）：13，21.

[8] 李俊平，周创兵，孔建．论渗流对采空场处理的影响［J］. 岩土力学，2005，26（1）：22~26.

[9] 李俊平，王红星，庞静霄，等．某山坡露天矿边坡稳定性的 FLAC3D 研究［J］. 安全与环境学报，2017，17（2）：482~490.

[10] 周创兵．高边坡的力学响应、稳定分析与动态调控方法（课件），2009 年 10 月．

[11] 余志雄，周创兵，李俊平，等．基于 v-SVR 算法的边坡稳定性预测［J］. 岩石力学与工程学报，2005，24（14）：2468~2475.

[12] 孙玉科，古迅．赤平极射投影在岩体工程地质力学中的应用［M］. 北京：科学出版社，1980.

[13] Hoek E，Bray J W. 岩石边坡工程［M］. 卢世宗，等译．北京：冶金工业出版社，1985.

[14] 王恭先．滑坡防治中的关键技术及其处理方法［J］. 岩石力学与工程学报，2005，24（21）：3818~3827.

[15] 冯开旺．华泰龙边坡监测雷达-GroundProbe 公司 SSR 介绍（课件），2017 年 8 月．

[16] 李俊平，范才兵，李占科，等．露天矿最终边坡角的数值模拟研究［J］. 安全与环境学报，2011，11（5）：175~179.

[17] 李俊平，程贤根，李鹏伟，等．露天矿最终边坡角的快速拉格朗日有限差分法研究［J］. 安全与环境学报，2014，14（2）：77~82.

[18] 李俊平，赵永平，王二军．采空区处理的理论与实践［M］. 北京：冶金工业出版社，2012：42.

[19] 孙书伟，林杭，任连伟．$FLAC^{3D}$在岩土工程中的应用［M］. 北京：中国水利出版社，2011：219~269.

[20] 严鹏，卢文波，陈明，等．初始地应力场对钻爆开挖过程中围岩振动的影响研究［J］. 岩石力学与工程学报，2008，27（5）：1036~1045.

2 充填法采矿的采场地压控制

【本章基本知识点（重点▼，难点◆）】：了解充填体类型及充填力学特性；掌握充填法控制地压的力学原理▼◆及充填法的作用▼；知道充填的地下空间宽（跨）度的确定方法。

用空场法开采时，若用充填法处理采空区，其充填工作是在回采结束后集中进行的。用充填开采时，充填工作与回采循环交替进行。前者充填体仅起控制采空区地压显现的作用，后者充填体不仅要维护采场围岩稳定，还有作为工作平台等其他作用。本章专门分析充填体类型及其对地压控制的作用。

2.1 充填体类型

常用的充填材料有湿式水砂（河砂、尾砂）、干式碎石（削壁碎石、地表剥离废石、采矿排出废石）、低标号混凝土（20~60号），粉煤灰及冶炼炉渣等。

水砂或碎石形成的充填体，属松散充填体。其物理力学性质的特点主要表现为“散”，即物料颗粒间空隙大而黏结力非常小，颗粒间的联系主要靠相互间的接触压力产生的内摩擦力和微弱的凝聚力（低强度胶结剂和水的表面张力）。在无侧向约束或侧压力较小时，其抗压强度很小。在有侧向约束的压缩过程中，起初的压缩主要是减少其空隙度，所以变形量很大而抗压力并不高，即压缩模量很小，表现为荷载-压缩率曲线较平缓；当松散体被压实后，物料颗粒间紧密接触形成高的抗变形能力，压缩模量增大，荷载-压缩率曲线变陡。如图2.1所示，图中曲线②与⑤是砂子与废石两种不同充填料的压缩特性对比，曲线⑥、⑦、⑧是同一废石充填料在不同充填带宽下的压缩曲线对比。

图2.1中，①为风力充填后固结的硬石膏，其峰值强度约为10MPa；②砂子；③实心木垛；④内充页岩碎石的木垛；⑤废煤；⑥、⑦、⑧为碎石堆条带，但充填的宽高比分别为4、8和>10。由图中特点可以看出，松散充填体在被充分压实后可对围岩提供大的支撑力，要经历大的压缩变形，与此同时，围岩势必产生很大的下沉量，甚至破裂、冒落。经有关研究者试验测定，水砂充填的顶板沉缩率（顶板下沉量与开采高度之比，称为沉缩率）约为13%~28%，碎石充填约为25%。

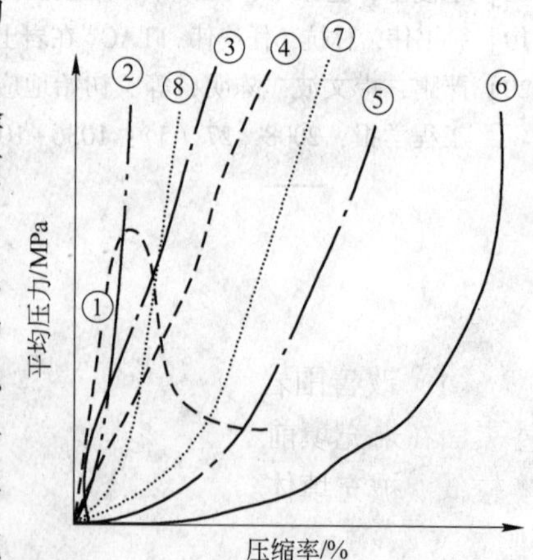

图2.1　充填材料的荷载-压缩率曲线

混凝土形成的充填体属胶结充填体。其特点是物料颗粒间有较大的凝聚力，所以比松散充填体的强度及抗变形能力高，力学性能更好，能更有效限制围岩移动和地表下沉，维护围岩稳定。可用胶结充填体作为人工顶底柱和间柱（如两步骤回采中的充填体），以提高矿石回收率。其单轴抗压强度约为1.96~5.88MPa，弹性模量约为98~980MPa。尽管如此，与围岩相比其弹性模量却仍只有1/10~1/100，因而它对围岩变形的限制作用仍很有限。

2.2　充填体控制地压的力学原理及其作用

充填体对上下盘围岩的支撑作用视围岩-充填体的变形协调关系而定，这与确定支护变形地压的原理相同。充填体越易被压缩，其所吸收和积蓄的能量就越大，对围岩的支护抗力就越小；反之，充填体变形模量越大，越不易被压缩，其所吸收和积蓄的能量就越小，对围岩的支护抗力就越大，可起较大的控制和分担地压的作用。

由于充填体在充分压实前较围岩更容易变形，所以它分担的地压很小，大部分地压仍靠围岩和矿柱自身承担。因此，它对围岩和待采矿体应力重分布产生的影响很小，如图2.2所示。尽管如此，从式（2.1）的莫尔-库仑强度准则看，充填体将单向或两向受压的围岩或矿柱强度σ_{c3}变成了三轴受压强度σ_{c1}；尽管充填体给围岩或矿柱施加的围压σ_a很小，约为其重量，但是，若充填体越坚硬、其内摩擦角越大，其重力对围岩或矿柱施加围压的系数k就越大，从而大幅度提高了其三轴抗压强度σ_{c1}。

$$\sigma_{c1} = \sigma_{c3} + (1 + \sin\varphi)\sigma_a/(1 - \sin\varphi) = \sigma_{c3} + k\sigma_a \tag{2.1}$$

在三向应力状态下，围岩、矿柱强度σ_{c1}随充填材料性质的变化，若φ从30°变化到60°，从式（2.1）可见，充填体对围岩或矿柱施加围压的应力集中系数k将从3变化到13.93。因此，应用图2.3所示的充填法回采，矿柱的强度较房柱法将大为提高，故可以适当缩小矿柱尺寸，提高采矿回收率。

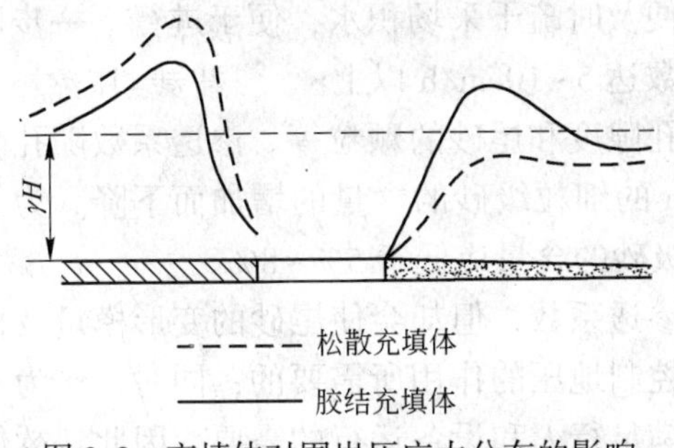

图2.2　充填体对围岩压应力分布的影响

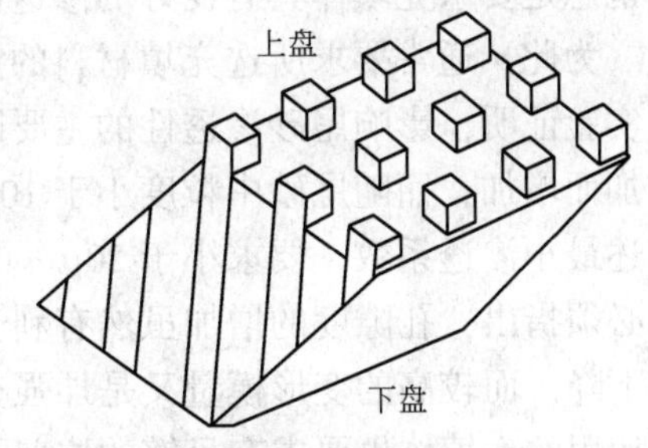

图2.3　充填体包围中的立式矿柱

充填体控制地压显现的作用主要表现在如下两个方面：

（1）改善围岩或矿柱的自身应力状态使其提高自承能力。从上述论述可见，围岩及矿柱表面在未充填前无侧压，处于两向或单项应力状态，表面有应力降低区或破裂区，故强度较低。被充填体包围后（图2.3），矿柱与围岩表面均有一侧向压应力作用，故处于三维应力状态，表层低应力破裂区也因侧向约束的增强而提高了自承能力。尽管充填体在完全压实前所提供的侧压力σ_a较小，但它对提高矿柱和围岩的自承能力作用颇大。

在实际工作中，充填体控制地压的作用与其充填质量及充填体本身的稳定性密切相关。例如，某矿过去有70%矿块用空场法开采，嗣后采空区用胶结充填，另有约30%矿块用分层胶结充填法回采，但因70%的充填质量不佳，加上混合使用，受部分分层崩落法回采的影响，削弱了胶结充填的作用，结果仍然产生了岩移。

（2）限制围岩崩落及裂隙扩展，控制地表下沉。随着地压增长，由于围岩变形下沉而使充填体逐步压实。压实的充填体将对上下盘围岩提供相当大的支撑力，从而限制围岩进一步冒落和破裂扩展，减缓破坏速度和剧烈程度，控制破坏范围，减少地表下沉量。根据国内煤炭系统的试验，采用水砂充填法开采时，顶板冒落与裂隙带高度约是壁式开采的一半。

充填体对缓和及抑制地压显现起着有效作用。例如湘西矿沃溪区有四条缓倾斜厚矿体，脉间距10~100m，围岩为板岩，采深达350m，采空区面积34万平方米。工业与民用建筑物大部分位于矿体上方，有的距采区垂深仅70m。由于采用削壁充填，充填率达到74%，开采历史长达百年，井上、井下均未出现显著的地压显现。

（3）作为采矿的工作平台。上向胶结或废石充填采矿中，往往等胶结充填体或抹面的混凝土凝固后，继续在充填体上实施上向落矿。

2.3　充填体的稳定性分析

充填材料分废石、河沙、尾砂等散体及胶结充填体，其自稳特性各不相同。

（1）散体充填的稳定性问题。在常用的尾砂充填中，充填体是由物料颗粒在重力作用下沉降压实，并泄出水分而形成的。此时，只有在充填体具有良好渗透性条件下才能形成稳定的充填体。如果渗透性不良，充填体将处于水饱和状态，这时物料颗粒间存在的水膜会使它们之间的内摩擦角大大减小，使松散体变为流体，从而使密封挡墙因受很大的静水压力作用而破坏，造成砂浆流失、充填失效。

实际上，在充填法开采中，充填体常常被当作回采工作的平台使用。为了缩短生产周期，也总是要求充填体具有良好的渗透性，以便及时疏干采场积水，便于进行下一步回采作业。为此，通常要求所选充填材料的渗透系数达5~10cm/h以上。

实验证明，影响尾砂渗透性的主要因素是孔隙度和尾砂的颗粒等。渗透系数随孔隙度的增加而增加，而随尾砂中粒度小于10~20μm的细粒级砂的含量的增加而下降。为了达到前述最小渗透系数，要求小于20μm的细粒级砂的含量应低于5%~8%。

必须指出，孔隙度的增加虽然有利于提高渗透系数，但却会使尾砂的变形模量及抗剪强度下降，而较高的变形模量又是加强充填体控制地压的作用所需要的；同时，作为工作平台使用的充填体也要求有足够的抗剪强度以满足行人和设备运行的需要。因此，欲使尾砂的粒级配比选择得合理，必须综合考虑诸因素。

（2）胶结充填体的稳定性分析。在充填法回采中，常将矿块划分为矿房、矿柱，分成两步骤回采。在第一步回采矿块并形成胶结充填体后，再回采胶结充填体间的矿块。在第一步回采中，未采动的矿块起承压矿柱的作用；在第二步回采时，胶结充填体将承压部分地压，起人工矿柱作用。这两个阶段矿体顶板的铅垂压力分布状况如图2.4所示，胶结矿柱上实际承担的地压需视其接顶的紧密程度及围岩、矿柱、胶结体三者的变形协调关系而定，其数值可以利用有限元法进行模拟。

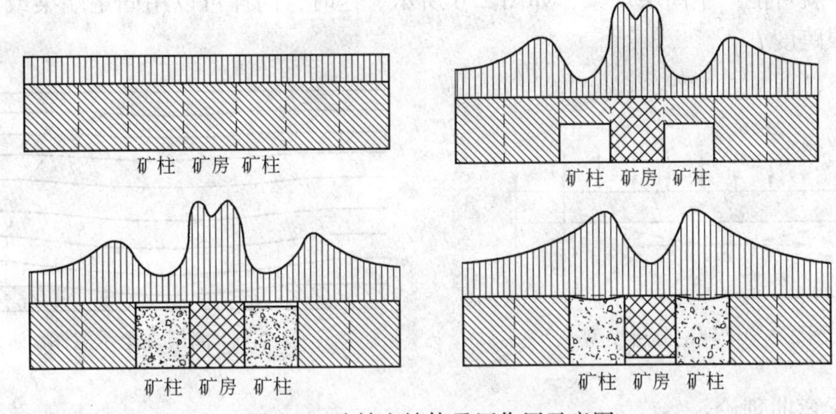

图 2.4　胶结充填体承压作用示意图

第二步骤回采完毕后，该采空区处理仅仅只是为了防止顶板大范围冒落，不像第一步骤回采完毕后的采空区处理那样既要确保第二步骤安全回采，也要预防顶板大范围冒落，还要防止二步骤回采时出现贫化问题，因此，利用开采废石、尾砂等简易充填该二步骤回采后的采空区即可。

2.4　两步骤回采的充填体跨度设计

对胶结矿柱强度的粗略校核与设计，可参照后续第 3 章关于矿柱强度校核与设计的原则，按面积承载假设或滑动棱柱体假设等估算荷载，并考虑胶结体的变形模量与围压、矿柱的差异作适当修正，然后再作强度校核。实践表明，只须确保二步骤回采时充填体不片帮，一步骤回采后的充填体抗压强度一般不小于 2MPa 即可；为了确保一步骤回采后的充填体既不被自身重量及地压压垮，在二步骤回采时也不片帮，一般一步骤回采后的充填体总高度的下部 1/3 强度应不小于 4MPa，中部应不小于 2.5～3MPa，上部 1/3 应不小于 2MPa。

充填体的跨度及矿块宽度，可以根据调查的该类岩体条件下稳定悬空的地下空间的尺寸决定。在初期设计时，也可以依据极限跨度理论确定充填体跨度。

2.4.1　梁理论设计

当矿体埋深浅，开采空间跨度较大（$H/L<0.5$），上覆岩层整体性好，可当作弹性梁看待时，可采用材料力学中的梁理论进行分析，如图 2.5 所示。但该“梁”既不同于刚性支座的简支梁，也不同于固端梁，而是“梁”端受相邻岩体约束，犹如固定端，但其下方“支座”允许有弹性变形，且在顶板转角处常由于高度的应力集中而屈服或压坏，允许“梁端”有大的转动角。总之，此“梁”更像简支梁，而且，原岩应力作用使它不同于单纯的横向受载梁。

近水平岩层中开采矩形洞室后，随着顶板向空区下沉，岩层间将会产生离层现象。各层次生应力分布可近似采用梁理论（如砌体梁理论、传递岩梁理论）。计算时，分别取各层的厚度 h_i 作为梁的高度，$\gamma_i h_i$ 为梁的自重荷载。由分析可知，只要层厚小于该层悬露跨度的一半，就可能产生离层现象，如图 2.6 所示。这时，同样可以用固定端梁或简支梁计算顶板极限跨度 l。

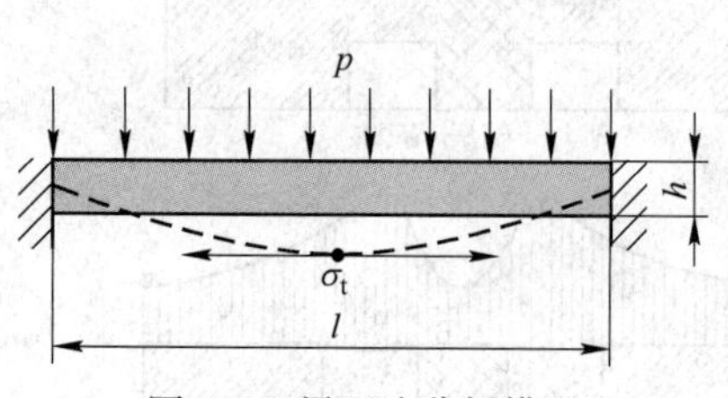

图 2.5　梁理论分析模型

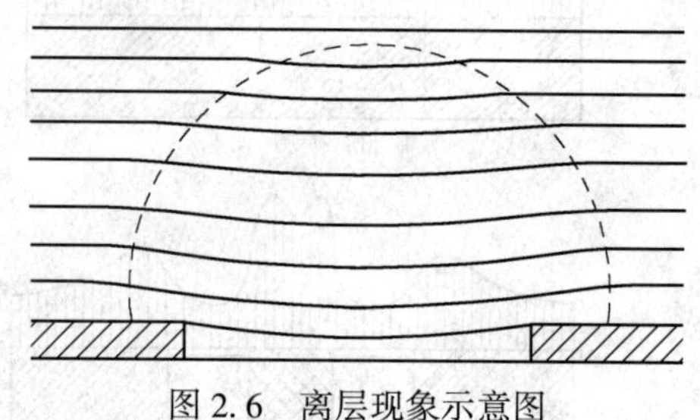
图 2.6　离层现象示意图

（1）梁弯曲理论：

$$l = 1.29H[\sigma_t/(\gamma H) + \lambda]^{0.5} \tag{2.2}$$

式中，l 为顶板极限跨度，m；σ_t 为岩体抗拉强度，Pa；γ 为岩体容重，$N \cdot m^{-3}$。σ_t、γ、泊松比 μ 都按矿山岩石物理力学参数试验取值；原岩应力场侧压系数 $\lambda=\mu/(1-\mu)$；开采深度 H 取该暴露空间的地下埋深。

（2）固定端梁理论：

$$l = h[4\sigma_t/(\gamma H)]^{0.5} \tag{2.3}$$

式中，梁的高度 h 根据实际取直接顶板的平均厚度，m；其他符号与式（2.2）相同。

（3）简支梁理论。当矿体分上下临近的两层时，上层采完后，可以认为作用在下层矿体顶板（上下层矿体之间的夹层）上的荷载，即为夹层的自重。由于回采期间，一旦矿柱跨度稍微偏大，跨度中心的顶板岩层在拉应力作用下就会产生离层弯曲或破裂、冒落，因此，可以将简支梁模型推广到缓倾斜~水平矿体开采的矿柱间距设计中，假设现场冒落的统计高度为岩梁高度 h。利用简支梁受力模型，编者根据材料力学的三弯矩方程推导出顶板最大允许跨度，即：

$$\left.\begin{aligned}&\text{沿倾向的极限跨度 } l_{qy|\max} = [4h\sigma_t/(3\gamma\cos\alpha) - h^2\tan^2\alpha/9]^{1/2}\\&\text{沿走向的极限跨度 } l_{sp|\max} = l_{qy}(\alpha = 0°) = [4h\sigma_t/(3\gamma)]^{1/2}\end{aligned}\right\} \tag{2.4}$$

式中，α 为矿体倾角，(°)；岩梁高度 h 的取值应结合生产实际，取顶板冒落块体厚度的统计值，或平行、近似平行顶板层面的结构面的赋存厚度（图 2.6），m；其他符号的意义与式（2.2）相同。

（4）矩形简支板分析。上述梁理论分析没有考虑位于硐室长度两端围岩对顶板岩层的支承作用，实际上是将空间三维问题简化为二维问题处理了。这种简化对足够长度的硐室而言，误差很小，但对于长宽比 $L/l \leqslant 2\sim3$ 的开采空间（硐室），则必须对计算结果加以修正。硐室长宽比不同对顶板中央最大拉应力的影响如图 2.5 和图 2.7 所示，可近似采用矩形简支板分析，顶板极限跨度为：

$$l = h[\sigma_t/(k\gamma H)]^{0.5} \tag{2.5}$$

式中，l 为矩形板的宽度（采场极限跨度），m；h 为板的厚度，m；p 为单位面积上施加的荷载，取 $p=\gamma H$；L 为矩形板的长度，m；k 为应力计算系数，随 L/l 变化，即 $L/l=1$、1.5、2、3、∞ 时，k 分别为 0.287、0.487、0.610、0.713、0.750，相对值分别为 38%、65%、81%、95%、100%。

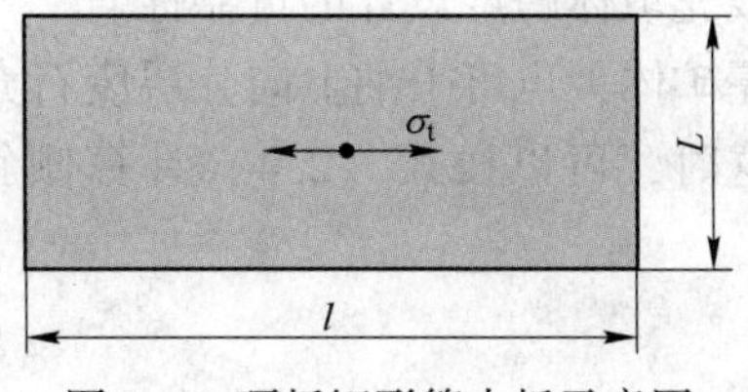

图 2.7 顶板矩形简支板示意图

2.4.2 模型法设计

（1）顶板极限跨度：

$$l = 1.25H[\sigma_t/(\gamma H) + 0.0012k]^{0.6} \tag{2.6}$$

式中考虑了开采深度 H 对拉应力集中系数 k 的影响，令 $k = |H-100|$，其他符号同式（2.2）。

若按折减系数 $K=k_r e^{at}$ 计算顶板岩体的强度，则 $\sigma_t = K\sigma_{rock}$。$k_r$ 为岩体完整性系数；a 为系数，介于-0.01～-0.04之间；t 为采空区的悬空暴露时间；σ_{rock} 为岩石抗拉强度，MPa。实际应用表明，抗拉强度取值差异将引起顶板极限跨度产生较大的差异。

（2）顶板悬臂极限跨度：

$$l = 0.435H[\sigma_t/(\gamma H) + 0.0026k]^{0.6} \tag{2.7}$$

式中符号意义同式（2.6）。

2.4.3 板理论

$$l = \{8\sigma_t HK_c/[3\gamma(1 + K_p)K_t]\}^{0.5} \tag{2.8}$$

式中，K_c、K_p、K_t 分别表示结构面减弱系数、荷载系数、安全系数，取值范围分别为0.15～0.5、0.2～0.7、2～3，其他符号意义同式（2.2）。

上述计算的极限跨度，除简支梁理论外，都表示引起顶板自然垮塌的最小跨度。其中，仅模型法式（2.6）、式（2.7）的计算结果考虑了开采深度 H 对拉应力集中系数 k 的影响，但未能精确考虑层理对计算结果的影响。另外，模型法模拟顶板悬臂极限跨度时，假定顶板完全断开，这与爆破切顶和断层断开顶板的实际不相符，设计的顶板悬臂极限跨度可能偏小；板理论公式（2.8）系数取值造成的误差太大。总之，上述方法用于设计不许顶板产生局部冒落的最大跨度（矿柱间距），显然都不太合适。

简支梁理论是笔者为了尽可能避免开采期间下层矿出现局部冒顶，按上层矿开采完毕后其临近的下层矿在卸载状态下开采推导出来的。因此，充分考虑了实际开采状况，取局部顶板可能冒落的岩块最大厚度，或像图2.6那样取近似平行顶板的赋存层理的厚度为岩梁高度 h。这样，用简支梁公式（2.4）设计采空区处理中顶板全部自然跨落的最小跨度肯定严重偏小、不适用，但是，它适合用于安全开采时的矿柱布置（矿柱间距）设计。

应用该简支梁理论，借助试验所得的顶板岩体抗拉强度、容重，结合现场调查，可以简便、合理地设计矿柱间距，也可以近似设计两步骤回采时的充填体跨度。

研究和实践表明，充分考虑现场的层理赋存特征时，应用三维有限元、FLAC^{3D} 及相似模拟，都可以检验矿柱间距或充填体跨度设计的可靠性。

矿岩不很稳固的倾斜中厚矿体，也可采纳上向分层废石充填法采矿法回采，斜坡道出矿，机械化平整充填废石。这时，可以按式（2.4）计算倾斜间距（悬空跨度），一般采纳 3~5m 的小分层开采。

习　题

2-1　简述充填体的力学原理。

2-2　充填采矿法回采与充填法处理采空区有无区别？充填体的作用有哪些？

2-3　有哪些材料可以做充填体？其对充填体的力学特性有何影响？

2-4　如何设计两步骤回采中的充填体跨度？

2-5　散体和胶结充填体的稳定性特性有何区别？

2-6　二步骤回采与一步回采嗣后充填的地压控制特点有何区别与联系？

2-7　为什么充填体包围矿柱能提高矿柱强度？柱式矿柱充填法回采有什么优点？能在深部开采中应用吗？

参考文献

[1] 李俊平主编，周创兵主审．矿山岩石力学［M］. 2 版．北京：冶金工业出版社，2017.
[2] 高磊．矿山岩石力学［M］. 北京：机械工业出版社，1987.
[3] 陆文．岩石力学（课件）．西南科技大学环境资源学院，2006.
[4] 李俊平，周创兵，冯长根．矿山岩石力学——缓倾斜采空区处理的理论与实践［M］. 哈尔滨：黑龙江教育出版社，2005.
[5] 李俊平，周创兵，冯长根．缓倾斜采空区处理的理论与实践［J］. 科技导报，2009，27（13）：71~77.
[6] 科茨 D E. 岩石力学原理［M］. 雷化南，等译，北京：冶金工业出版社，1978.
[7] 李俊平，赵永平，王二军．采空区处理的理论与实践［M］. 北京：冶金工业出版社，2012.
[8] 李向阳，李俊平，周创兵．采空场覆岩变形数值模拟与相似模拟比较研究［J］. 岩土力学，2005，26（12）：1907~1911.

3 空场法采矿的采场地压控制

【本章基本知识点（重点▼，难点◆）】：了解采矿过程中及采后两类地压控制问题及其预兆或变化过程；掌握顶板地压显现特征▼◆；理解水平至缓倾斜矿体开采（房柱法）的矿柱布置与设计方法及采空区处理方法▼；知道采空区安全评价的三方面内容；理解急倾斜薄脉（留矿法）、急倾斜中厚（阶段矿房法）及急倾斜薄脉群矿体开采的采空区处理及地压控制方法▼。

3.1 概　　述

空场类方法包括全面法、房柱法、留矿法、分段矿房法和阶段矿房法。矿石和围岩均应稳固是应用该类采矿方法的基本条件。在工程实际中，因顶板中央的拉应力或转角处压应力增至极限，会导致片帮、冒顶。因此，应用空场法开采矿床，回采期间既要确保不发生片帮、冒顶，矿体回采后也要及时、合理地实施采空区处理以防发生顶板冲击地压。可见，空场法开采的地压控制问题大致可分如下两类。

3.1.1 采场回采期间的局部地压

随着回采工作面的形成和推进，暴露面积达到一定值后，可能出现采场矿体、围岩和矿柱的变形、断裂、片帮、冒顶等现象。对于一个矿山而言，在开采初期，由于暴露的采场和空区数量并不多，其地压显现仅限于个别采场或局部范围。此时地压控制的关键就是合理确定采场顶板跨度（矿柱间距）及矿柱尺寸，依靠围岩和矿柱承担地压；选择合理的回采顺序，并根据现场实际及时采取锚网支护、支架支撑等辅助护顶或加固措施；开展声发射等局部冒落监测预报。如此地压控制，完全可以控制地压显现，确保回采作业安全。

顶板冒落的预兆：(1) 发出响声。岩层下沉断裂，顶板压力急剧加大，木支架会发出劈裂声，紧接着会出现折梁断柱现象，金属支柱活柱会急速下缩，采空区内会发出顶板断裂的闷雷声。(2) 掉渣。顶板严重破裂时，出现掉渣；掉渣越多，说明顶板压力越大。(3) 片帮加重。(4) 顶板出现裂缝。顶板有裂缝并张开，裂缝增多。(5) 顶板出现离层。检查顶板要用“问顶”的方法，如果声音清脆表明顶板完好；顶板发出“空空”的响声，说明上下岩层之间已脱离。(6) 漏顶。大冒顶前，破碎的伪顶或直接顶有时会因背顶不严和支架不牢固出现漏顶现象，造成棚顶托空、支架松动。(7) 瓦斯涌出量增加，含瓦斯煤层顶板冒落前瓦斯涌出量会突然增大。(8) 顶板的淋水量明显增加。(9) 锚杆支护巷道出现锚杆锚索拉断、失效，托盘变形，顶板整体下沉或出现锅底状，两肩断裂等。观测这些地压显现现象，结合仪器监测分析，可准确预报可能发生的顶板冒落事故。

地压显现的形式及需要解决的问题与解决方法依矿体类型不同而异，下面将按水平至缓倾斜、急倾斜薄脉、急倾斜中厚和脉群分别阐述。

3.1.2 采场回采之后的整体地压

采场回采之后的大规模整体、剧烈地压显现，也称顶板冲击地压。在矿山开采的中、后期，由于开采范围及体积增大，可能出现大范围的剧烈地压显现。如，广西合浦县恒大石膏矿 2001 年 5 月 18 日发生了大面积顶板冒落事故，造成 29 人死亡；又如，1965 年 5 月锡矿山南矿矿区东部 5 中段以上发生了第一次顶板冲击地压，塌陷采空区面积约 7.3 万平方米，影响范围达 8.2 万平方米，地表下沉盆地达 10.69 万平方米，最大下沉达 0.5m，破坏运输巷道 130m、通风巷道 120m。1965 年 12 月发生了类似的第二次地压，除导致顶板大面积冒落、地表开裂下沉、运输、通风系统破坏外，还造成 1 号竖井井架发生倾斜，顶端最大倾斜值达 43mm，井壁出现 11 条裂缝。由于忽视了东部及新采空区的充填，1971 年又发生了第三次地压。三次地压使井下长约 4000m 的通风巷道遭到了不同程度的破坏因而失去通风作用，整个七中段损失矿量达 30 万吨。

调查研究表明，大规模地压显现具有一定规律，它的显现大体分预兆、大冒落和稳定三个阶段。(1) 预兆阶段。时间约为 1~5 个月，出现前述顶板冒落预兆的频度和强度较大，声响次数随顶板暴露面积增大而增大，坑内被压裂、剥落、坍塌的矿柱逐渐增多，采准巷道普遍出现片帮、冒顶现象。(2) 大冒落阶段。随着坑内矿柱的破坏及顶板断裂、掉块扩展至一定程度，将出现采空区上方大面积覆岩突然急剧冒落，冲击气浪使通风、排水、运输、动力系统严重破坏。随着坑内的冒落扩展，地表出现下沉或形成塌陷坑。(3) 稳定阶段。当采空区冒落岩石堆积增多，由于碎胀而填满采空区并阻止覆岩进一步冒落时，则出现暂时的稳定。但碎胀岩堆在重力及覆岩变形压力作用下被压实后，覆岩变形又会有发展，并出现再次冒落的可能。如此反复多次，逐渐达到覆岩冒落完全停止，这一过程的持续时间较长。如果矿体赋存较浅，冒落可能扩展至地表，则在地表塌陷达最大下沉值后覆岩冒落即行终止。这样，由于覆岩完全冒落也就解除了它对相邻矿体或支承压力带的压力，坑内地压即趋相对稳定。不过，地表的缓慢下沉变形仍可能持续数年。

随着矿体赋存条件的变化，应用空场法的具体种类不相同。全面法适用于开采薄和中厚的水平至缓倾斜的矿体，房柱法适用于开采水平至缓倾斜的薄、厚和极厚的矿体。为了尽可能避免顶板局部冒落事故，国家安全生产监督管理局已明令禁止使用全面法，以前使用全面法的采场都应用房柱法替代。极薄脉矿体，为了减小贫化率，可采用深孔或中深孔的进路掏槽式采矿法，点柱布置及采空区处理类似房柱法；留矿法适用于开采矿石无自燃，破碎后不易再行结块的急倾斜矿体；分段矿房法是按矿块的垂直方向，再划分为若干分段，它的特点是以分段为独立的单元，因而灵活性大，适用于倾斜到急倾斜的中厚到厚矿体；阶段矿房法是用深孔回采矿房的空场采矿法，它是我国开采厚和极厚急倾斜矿体时应用比较广泛的采矿方法，急倾斜平行极薄矿脉组成的细脉带间夹层厚度较小时也采用这种方法回采，极薄脉间夹层厚度使得夹层可以保留时常常应用削壁充填采矿法，或编著者发明的掏槽式削壁充填采矿。尽管空场法采矿时都存在上述两类地压控制问题，但随着矿体开采的具体方法不同，地压控制与采空区处理方法也不尽相同。下面分别介绍各种具体开采方法下的地压控制。

3.2 水平至缓倾斜矿体开采的地压控制

3.2.1 顶板地压显现特征

开采水平至缓倾斜矿体时，当采空区大量存在或长期悬空暴露，覆岩重力等引起的顶板中部弯曲拉应力超过岩体的抗拉强度时，会引起顶板岩体中微空隙或裂缝扩展，并引起应力向其周围岩体转移。裂隙充分扩展的顶板将会发生冒落而形成冒落带；裂隙不充分扩展的顶板，就形成图 3.1 所示的卸载区，也叫裂隙带；尽管应力集中，但还没达到岩体的抗拉强度而未发生微空隙或裂缝扩展，仅产生弯曲的岩体，称为弯曲下沉带。弯曲下沉带与采空区两端的支承压力区（压应力集中区）一起形成新的自然平衡拱，也称为压缩区，如图 3.1 所示。大规模冒落结束后，采空区上方覆岩中大致形成上述的冒落带、裂隙带和弯曲下沉带等三带。

拉应力区（冒落区）的高度 d 视开采空间跨度 l 的大小而不同，相对跨度 l/H 增大时，拉应力区的相对高度 d/l 亦随之增大。拉应力区高度变化如图 3.2 所示。

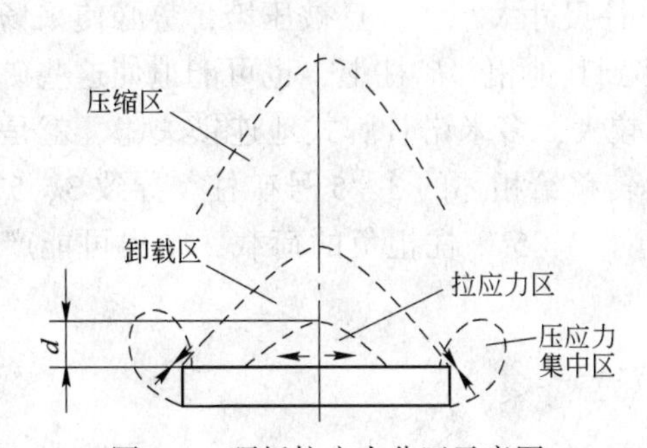

图 3.1 顶板拉应力分区示意图

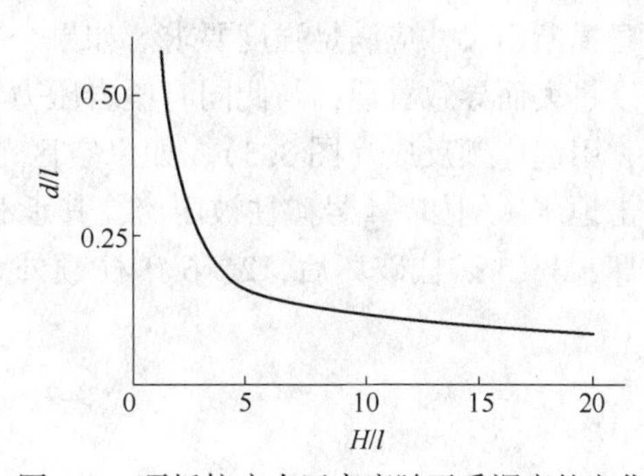

图 3.2 顶板拉应力区高度随开采深度的变化

值得注意的是，当原岩应力场以构造应力场为主时，开采空间周围次生应力的特点将与上述分析所阐述的特点不同。孔的应力集中理论，包括由此导出的压力拱或卸压拱理论，仅适用于分析深埋矿体，对浅埋矿体则不完全适用。由图 3.2 也可看出其适用范围：

开采深度 H 为跨度 l 的 15~20 倍以上时，顶板拉应力区高度 d 只有跨度的 1/10 左右，约是覆岩总厚度 H 的 1/150~1/200 或更小。可见，此时采动影响范围只涉及顶板附近一小区域，且该区域远离地表，如果出现冒顶则会因形成新的自然平衡拱而止，不会波及地表。

开采深度 H 小于跨度 l 的 1.5~2.0 倍时，顶板拉应力区高度 d 为跨度 l 的 0.4~0.6，约比覆岩总厚度 H 的 1/5~2/5 还大。可见，此时采动影响范围已涉及开采空间上方整个覆盖岩层，如果出现冒顶，则将难于形成新的自然平衡拱，有可能逐步扩展至地表。

由于具有上述地压显现特点，开采此类矿体通常应用房柱法，借助矿柱残余强度支撑顶板。因此，合理设计与布置矿柱，是该类矿体开采期间地压控制的主要特征；开采之后及时回收矿柱，并经济合理地处理采空区，预防顶板冲击地压，是这类矿体开采的另一特征。

开采厚矿体，如果矿体和顶板都不很稳固，或者品位较高，往往应用空场法两步骤采矿并嗣后充填采空区，其地压控制与采空区处理在第2章中已专门论述，在此不再介绍。特别厚大的巨型水平至缓倾斜矿体，一般应用崩落法采矿，其地压控制将在第4章专门介绍。极薄脉矿体，应用深孔或中深孔的进路掏槽采矿法回采，在进路中出矿。因此，根据需要，仅在进路两侧的掏槽缝中，类似房柱法的矿柱设计而采用单体液压或钢支柱支撑顶板。

3.2.2 矿柱设计与布置

用空场法开采时，主要靠矿柱控制采场跨度并支撑覆岩的压力。矿柱分点柱和条带隔离矿柱。点柱，也叫支撑矿柱，是盘区内分布的矩形或圆形断面的支承顶板的矿柱；盘区边界上的矿柱起保护盘区巷道和支撑采区顶板的作用，叫盘区矿柱，当其宽度增至20~40m时常称为“隔离矿柱”，因为采区顶板的冒落范围一般不会超出隔离矿柱所圈定的范围，其形式多为条带状。

矿柱形状及尺寸的选择，既关系到采场的稳定性，又关系到矿柱回采率的高低。在实际工作中必须兼顾这两方面。从维护采场稳定性方面考虑，矿柱间距应小于极限跨度，矿柱本身横断面尺寸应满足强度要求。如果个别矿柱尺寸太小，一旦被压垮，势必使采场实际跨度过大而导致冒顶，与此同时覆岩压力转移到其他相邻矿柱上，也可能迫使这些矿柱破坏，引起连锁反应（图3.3）。如果空区范围较大，多米诺骨牌式地连锁失稳，就是顶板冲击地压。例如，4号矿柱被压垮，其承载力转移给相邻的3、5号矿柱，导致3、5矿柱破坏；3、5矿柱破坏后，2、6矿柱额外承担了3、5矿柱担负的荷载，则也可能产生破坏。

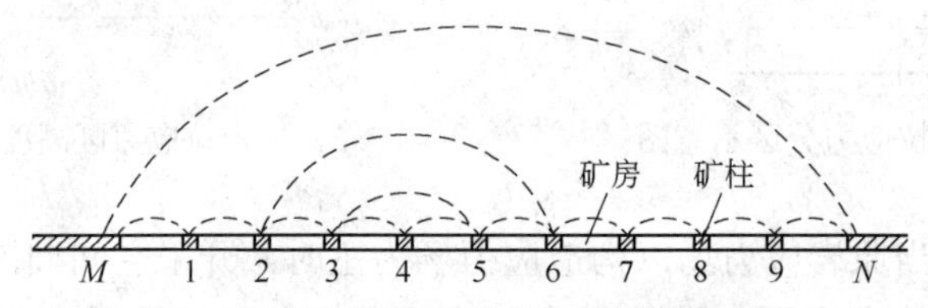

图3.3 采空区矿柱系统连锁破坏示意图

矿柱稳定性取决于两个基本方面：一是上下盘围岩施加在矿柱上的总荷载，即矿柱所承担的地压，以及在该荷载作用下矿柱内部的应力分布状况；二是矿柱具有的极限承载能力。从原则上讲，只要对这两方面进行原位测试，将测试结果作一对比即可判断矿柱的稳定性或确定矿柱的合理尺寸。不过企图对大量矿柱进行原位试验，既不经济也难于实现，故多数情况只做检验性监测。当前，实际做法是应用理论计算方法分析各种条件下矿柱应力分布状况及应力平均值，将结果与实验室小试块测试所得矿石强度进行对比，由此判定矿柱稳定性；理论计算与实际应力分布之间的偏差及小试块测试所得强度与矿柱实际强度之间的偏差，由安全系数，即矿柱强度与许用应力之比予以考虑。

从上述分析可见，用小试块测试所得强度，即岩石强度来替代矿柱实际强度，显然是很不可靠的。校正上述两个偏差的安全系数，即矿柱强度与许用应力之比显然也是很粗糙的。随着岩石力学理论和数值模拟等技术的发展，使得精确设计矿柱尺寸，合理确定安全系数成为可能。后面将介绍新的矿柱尺寸设计方法。

3.2.2.1 矿柱间距设计

2.4 节已论述，矿柱间距设计的有效办法是笔者推导的简支梁理论：

$$\left.\begin{aligned}&\text{沿倾向的极限跨度 } l_{\text{qyl max}} = [4h\sigma_t/(3\gamma\cos\alpha) - h^2\tan^2\alpha/9]^{1/2}\\&\text{沿走向的极限跨度 } l_{\text{spl max}} = l_{\text{qy}}(\alpha = 0°) = [4h\sigma_t/(3\gamma)]^{1/2}\end{aligned}\right\} \tag{3.1}$$

式中，α 为矿体倾角，(°)；岩梁高度 h 的取值应结合生产实际，取顶板冒落块体厚度的统计值，或平行、近似平行顶板层面的赋存结构面的厚度，m；γ 为岩体容重，N/m^3；σ_t 为岩体抗拉强度，Pa。

3.2.2.2 矿柱应力分布与荷载设计

A 矿柱应力分布的理论分析

矩形开采空间周围次生应力场的分析表明，由于矿房中矿石被采出，上下盘围岩的部分荷载转移至矿柱上，使矿柱的荷载增加，其应力分布状况如图 3.4 所示。考虑到矿柱表面受爆破及解除约束等作用，形成一个应力降低区，故支承压力带的最大铅垂应力点不在矿柱表面而在距表面 0.4~1m 以远的深处。两矿房之间的矿柱，其应力分布视相邻两矿房支承压力带的叠加结果而定。

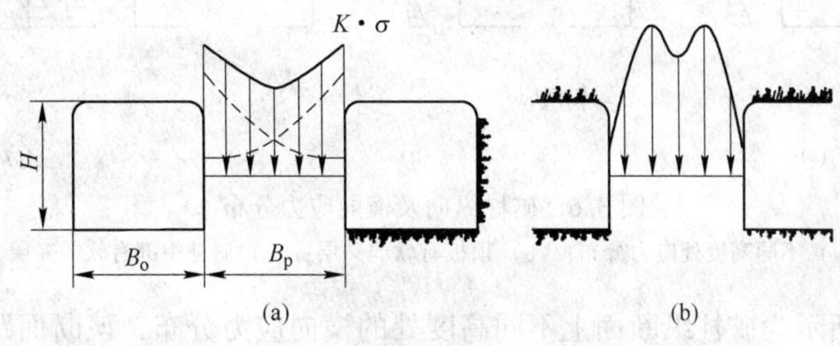

图 3.4 矿柱纵向应力分布

(a) 理论分布；(b) 实际分布

根据两大小不等的圆孔应力分布可知，矿房与矿柱相对宽度不同时，矿柱上的叠加应力的最大值也不同，靠近跨度较小一侧矿房的叠加应力的最大值将更大。当矿体中形成多个矿房时，矿柱应力分布不仅受就近两个矿房承压带的影响，它还会受更远处矿房承压带的影响。A. H. 威尔逊建议取承压带宽度作为隔离矿柱的最小宽度。矿房宽度 a 及个数 n 对矿柱应力分布等的影响如图 3.5 所示。从图 3.5 中可以看出，矿房宽度 a 越大，矿柱应力集中系数 k_c 越大，矿房个数 n 增加，矿柱应力集中系数略为增大。图中 b 为矿柱宽度。

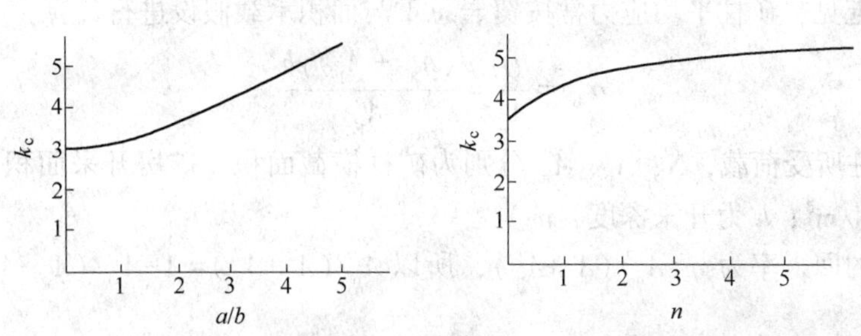

图 3.5 矿房宽度 a、个数 n 对矿柱应力分布的影响

从图 3.5 也可见，多个矿柱均匀分布时，根据材料力学的三弯矩方程，按跨度最小的两个矿柱之间的距离，借助简支梁理论公式（3.1）设计矿柱间距是最安全的。

矿柱自身形状及宽高比对于其自身应力分布亦有不可忽视的影响。由于矿柱表层有一个应力降低区（破裂区），故其中高应力承压区分布面积在矿柱全断面上所占的比例将视矿柱断面形状及尺寸不同而异。方形及不规则矿柱较小，带状矿柱较大，故后者较稳定。此外，宽度大、高度小的矿柱，其中央部分多处于三轴应力状态，具有较高抗压强度；而细而高的矿柱中部有可能出现横向（水平）拉应力，易于导致纵向劈裂，光弹模拟实验结果如图 3.6 所示。

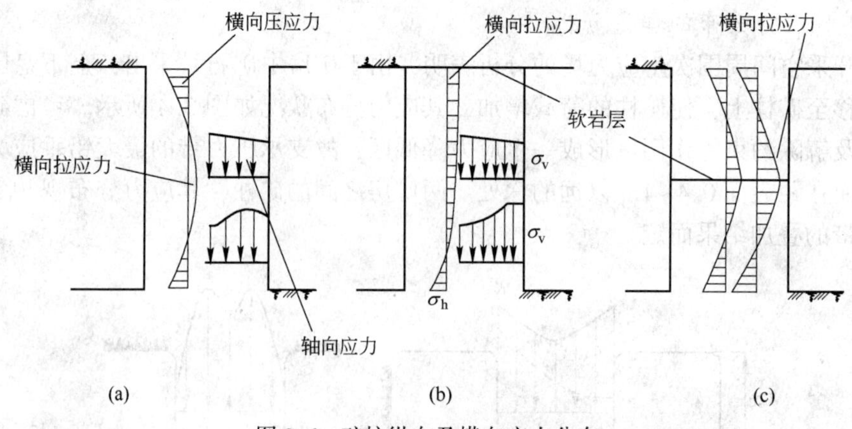

图 3.6 矿柱纵向及横向应力分布

（a）不同高度处应力分布；（b）顶板有软弱夹层；（c）矿柱中部有软弱夹层

图 3.6(a) 所示为矿柱纵断面上不同高度处的横向应力分布，该断面距矿柱中心线为矿柱宽度的 1/8。该应力曲线表明，矿柱上下两端呈水平压缩，中间部分出现水平拉应力；此外，图中还表示出距底板为矿柱高度 1/8 处和 1/2 处横断面铅垂应力分布。图 3.6(b) 所示为顶板有软弱夹层时矿柱上半部出现水平拉应力的状况。图 3.6(c) 所示为矿柱 1/2 高度处有软弱夹层时两个纵断面上的横向应力分布状况，此时矿柱中部出现相当强的横向拉应力。

上述理论分析尽管解释了矿柱宽度及个数对矿柱应力分布的影响，也用光弹模拟实验解释了有无弱面影响的矿柱纵、横向应力分布，但没有得到明确的应力（荷载）计算公式。

B 矿柱平均应力理论

为了简便起见，矿柱平均应力常按覆岩总重与面积承载假设进行计算：

$$\sigma_{av} = \frac{Q}{A_p} = \frac{(A_m + A_p)\gamma h}{A_p} \tag{3.2}$$

式中，Q 为矿柱所受荷载，N；A_p、A_m 分别为矿柱横截面积、矿房开采面积，m^2；γ 为上覆岩体容重，N/m^3；h 为开采深度，m。

由于矿石的回采率为 $\eta = A_m/(A_p + A_m)$，所以 $A_p/(A_p + A_m) = 1 - A_m/(A_p + A_m) = 1 - \eta$，令 $\sigma_v = \gamma h$，则有：

$$\sigma_{av} = \sigma_v/(1 - \eta) \tag{3.3}$$

从式（3.3）可见，采深 h 越大，σ_v 越大，σ_{av} 越大；矿柱留得越多，即回采率 η 越低，矿柱受的应力 σ_{av} 越小。对于深度 h 与跨度 l 之比 $h/l>1.5\sim2$ 的深埋矿体，且回采率高于50%（矿柱断面积相对较小而易于压缩变形）时，上述计算值偏大。对于深埋矿体盘区内点柱（支撑矿柱），实际载荷只有其所支撑上覆岩重力的60%~80%（弹性坚固矿柱）至35%~45%（软的塑性矿柱），其余部分重力转移至盘区边界围岩上或隔离矿柱上。

按式（3.3）计算出的 σ_{av} 可以认为是上限，实际应力需视围岩和矿柱变形协调关系而定。与围岩相比，若矿柱刚度愈小，则矿柱愈易压缩，所承受的荷载就愈小。此外，当围岩与矿柱呈黏弹性或弹塑性时，围岩与矿柱的变形速度不一，矿柱荷载将随时间而变化。若围岩下沉较快而矿柱压缩变形相对较慢，则矿柱所承受的荷载将随时间增大；反之，矿柱可能卸载。

若长、宽方向都等间隔布置水平断面为长方形的矿柱，即矿柱长、宽方向都等间隔 b 开采，经典荷载公式（3.2）可改写为：

$$Q = \gamma H(L + b)(a + b)/(La) \tag{3.4}$$

式中，Q 为矿柱所承受的平均荷载，MPa；γ 为上覆岩体平均容重，N/m^3；H 为开采深度，m；L 为矿柱长度，m；a、b 分别是矿柱宽度、开采宽度，m。

上述荷载理论式（3.4）因其简便而得到了广泛应用，尤其在美国。但是，它既未考虑岩体的内部力学特性和矿柱分布位置的影响，也未考虑岩体水平应力的作用，导致其计算荷载比实际高40%。

矿柱在荷载作用下常见的破坏形式有贯通剪切破坏、横向膨胀及纵向劈裂、剪切剥离破坏。值得指出的是，矿柱在外荷载（地压）达到极限值时虽然出现破坏，但并不立即丧失全部承载能力，而是有两种发展结果：

（1）破坏不再发展，矿柱继续保持稳定。若顶板荷载随顶板下沉变形而迅速降低，则矿柱屈服后仍可依靠残余强度支承地压，继续保持正常工作，如图3.7中曲线①所示。软岩开采中矿柱承担的覆岩重力随顶板下沉变化很大，其工作状况属于此类。

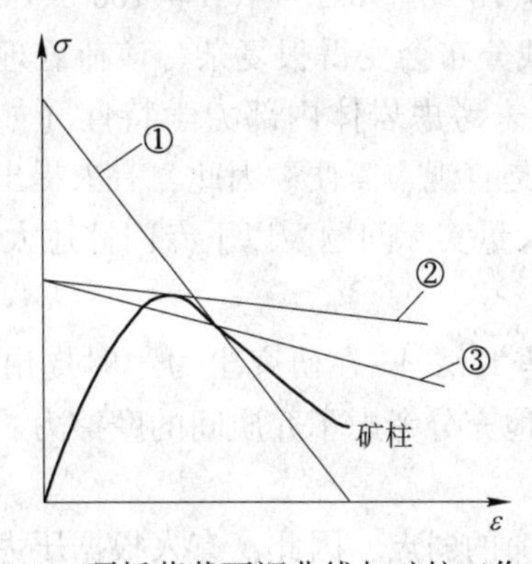

图3.7　顶板荷载下沉曲线与矿柱工作状况

①—顶板荷载随下沉迅速降低；②—顶板荷载随下沉变化很小；③—顶板荷载随下沉略有变化

（2）矿柱的破坏继续发展直至丧失稳定性。若顶板荷载随顶板下沉变化很小，矿柱屈服后残余强度不足以支承地压，即峰值强度之后的矿柱荷载—压缩变形曲线低于顶板荷载—压缩变形曲线，矿柱一旦屈服或破裂后，必然一直发展至完全坍塌为止，如图3.7中曲线②所示。硬岩开采中矿柱承担的覆岩重力很少变化，其工作状况属于此类。

图 3.7 中曲线③表示顶板荷载随顶板的下沉略有变化的状况，但是此时荷载未达到矿柱的极限承载能力，短期内矿柱稳定。长期积累的采空区量较大时，顶板荷载超过矿柱屈服后的残余强度，必然一直发展至完全坍塌为止。非煤矿山开采中，矿柱承担的覆岩重力变化，其工作状况一般属于此类。

C　压力拱理论

鉴于矿柱平均应力理论计算的应力（荷载）比实际偏高很多，因此提出了压力拱理论。压力拱理论最早由北英格兰开采支护委员会在 1930~1954 年之间提出。用该理论设计矿柱时，矿柱尺寸根据上覆岩层的厚度 H 来确定。

由于空区上方压力拱的形成，上覆岩层负荷只有少部分（开采层面与拱周边之间包含的岩层重量）作用到直接顶板上，其他覆岩重量会向采区两侧实体岩体（拱脚）转移。认为最大压力拱形状是椭圆形，其高度在采面上下方分别是采面宽度的 2 倍，如图 3.8 所示。

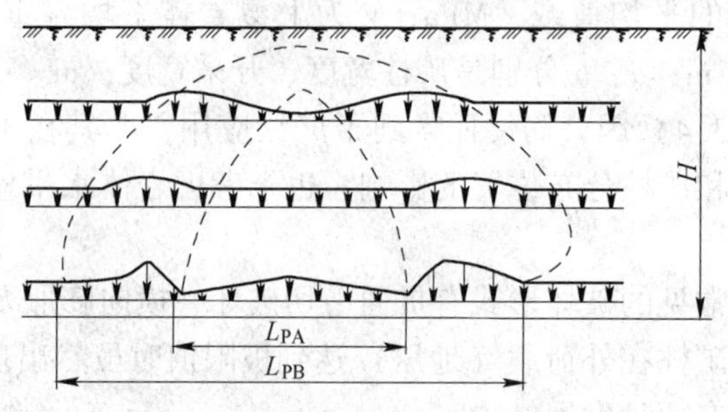

图 3.8　工作面上方的压力拱

拱内宽 L_{PA} 主要受 H 的影响，拱外宽 L_{PB} 受内组合结构的影响，亦即与支护控制岩层的位移及其几何和力学特性有关。Holland 于 1963 年根据观测资料总结出如下公式：

$$L_{PA} = 3(H/20 + 6.1) \quad (H = 100 \sim 600m) \tag{3.5}$$

如果采宽大于 L_{PA}，则荷载分布会变得很复杂。该荷载理论几经讨论，多年来人们肯定过也否定过，主要问题在于未考虑岩体内部力学特性（如 C 和 φ 值、岩体结构面等）和矿柱分布位置的影响。优点是直观、简便。因此，有人提出用简化的太沙基理论代替式(3.5)，并成功解释和解决了大量实际问题。以下专门评述太沙基理论。

D　太沙基荷载理论

太沙基（Terzaghi）理论是 Terzaghi 在研究土力学时提出的，一个多世纪以来一直广为应用，尤其在土力学领域。他充分考虑了介质间的摩擦力、介质内摩擦力和凝聚力以及原岩应力的影响。

由于前述荷载理论均有致命的弱点，因此，有人根据压力拱理论和经典公式的基本原理，考虑矿柱尺寸效应的影响，提出用简化的太沙基理论计算矿柱可能承担岩体荷载的等效覆岩厚度 H_P：

$$H_P = \beta(2A + H) \tag{3.6}$$

式中，H_P 是矿柱承担岩体荷载的等效覆岩厚度，m；A 为矿柱所分摊顶板荷载的最大宽度，m；H 为矿柱高度，m；β 为荷载系数，根据岩体特性和原岩应力查表 3.1 取值。

该理论考虑的因素比较全面，具有较好的应用前景。

从太沙基理论侧帮稳定得到 $H_P=a/(\lambda\tan\varphi)$ 或侧帮不稳定得到 $H_P=a_1/(\lambda\tan\varphi)$ 也可以看出：岩体越坚固稳定，H_P 越小；侧压系数 λ 越大，即水平压力越大，H_P 也越小。其中 $a_1=a+H\cot(45°+\varphi/2)$。分析上述 H_P，结合太沙基岩石荷载估计及实际应用，总结出 β 取值，见表 3.1。

表 3.1 各种岩体时矿柱承担荷载的等效荷载系数 β 取值

等级	类别	f	γ/kN·m^{-3}	φ_k	β
极坚硬	最坚硬、致密及坚韧的石英岩和玄武岩，非常坚硬的其他岩石，顶板无裂缝，有不压坏岩体的较大侧压	20	28~30	87	<0.2
	极坚硬的花岗岩、石英斑岩、矽质片岩，最坚硬的砂岩及石灰岩，顶板无裂缝，有不压坏岩体的较大侧压	15	26~27	85	0.2~0.3
	致密的花岗岩，极坚硬的砂岩及石灰岩，坚硬的砾岩，极坚硬的铁矿，有侧压	10	25~26	82.5	0.3~0.5
坚硬	坚硬的石灰岩，不坚硬的花岗岩，坚硬的砂岩，大理石，黄铁矿，白云石，有侧压	8	25	80	0.5~0.6
	普通砂岩，铁矿，有侧压	6	24	75	0.5~0.7
	砂质片岩、片岩状砂岩	5	25	72.5	0.6~0.8
	坚硬黏土质片岩，不坚硬砂岩，石灰岩，软砾岩	4	26	70	1.0~2.0
中等	不坚硬的片岩，致密的泥灰岩，坚硬的胶结黏土	3	25	70	1.5~3
	软的片岩，软的石灰岩，冻土，普通的泥灰岩，破坏的砂岩，胶结的卵石和砾岩，掺石的土	2	24	65	>3
	碎石土，破坏片岩，卵石和碎石，硬黏土或煤	1.5	18~20	60	
	密实的黏土，普通煤，坚硬冲积土，黏土质土，混有石子的土	1.0	18	45	
	轻砂质黏土，黄土，砾岩，软煤	0.8	16	40	

注：f—岩石坚固系数；γ—容重；φ_k—普氏拱中的换算内摩擦角。为了避免顶板局部冒落，发现水平应力小或顶板有裂隙、生产中常发生冒落现象时，β 值取上限或按 f 下降一栏取值；$\beta>3$，一般不适用留矿柱直接支撑顶板，除非用梁板护顶或锚网护顶；侧压大但不致压坏岩体、顶板无裂缝、罕见冒顶，β 值取下限。

3.2.2.3 矿柱强度理论

A 矿柱强度的一般理论及影响因素

在实际工作中，除了特殊需要之外，一般均将矿柱设计荷载限制在矿柱的极限承载能力之内。矿柱的设计或验算常按式（3.7）进行：

$$\sigma_{av} \leqslant [\sigma_c] = R_c/n \tag{3.7}$$

式中，σ_{av}为矿柱承受的平均应力，MPa；R_c为矿柱抗压强度，MPa；$[\sigma_c]$为矿柱许用应力，MPa；n为安全系数，一般支承矿柱n取2~3，盘区矿柱n取3~5。

注意：R_c是根据矿柱标准试件的单向抗压强度σ_c，考虑下列影响因素推断出来的。

(1) 几何形状及高宽比对矿柱强度的影响。其关系式为：

$$\sigma_c/R_c = (b/H)^{1/2} \tag{3.8}$$

式中，σ_c为矿柱标准试件的单轴抗压强度，MPa；R_c为矿柱抗压强度，MPa；b为矿柱宽度，m；H为矿柱高度，m。

(2) 承载时间对强度的影响。流变效应使矿柱强度降低，例如，某矿砂岩承载30天后的强度只有常规压缩试验测定强度（209.7MPa）的80%。故应取试件的长期抗压强度作为矿柱的强度。

(3) 尺寸对强度的影响。矿柱尺寸较大，为数米至十几米，含有大量裂隙与层理，同时表面还有低应力破裂区，故其强度远低于直径为50~70mm的标准小试块的强度。设计时宜按准岩体强度的估算法确定矿柱强度。

(4) 弱面的影响。岩体的强度特性表明，弱面强度取向不同，矿柱强度按岩石强度的折减系数不一样。

(5) 爆破作业的影响。爆破作业与矿柱卸载引起的应力降低区深度一般为0.5~1.0m。

B 最新的矿柱强度理论

文献［1］中有效区域强度理论考虑的影响因素比较少，只能在所分析的值域内，或面积较大、矿柱尺寸和间距相同、分布均匀情况下应用。Salamon于1967年指出，如果开挖面积较小，有效区域强度理论公式得出的矿柱应力偏低；Rolands于1969年观测到，当回采面积大于80%时，矿柱上的平均应力值与最大应力值相同，Cook和Hoek于1978年又提出，其理想情况是采区宽度大于开采深度，这在生产实际中很难满足。而核区强度不等理论、两区约束理论、大板裂隙理论、极限平衡理论、荷载理论又均有一些致命弱点。因此，Lunder和Pakalnis于1997年在有效区域强度理论的基础上，充分考虑矿柱的“尺寸效应”和“形状效应”的影响，采用了由矿柱中心平均最小/最大主应力比计算矿柱摩擦系数，结合二维边界元数值模拟分析得到的矿柱平均强度关系式和实测数据库（共计178例），考虑了经典的岩体强度方法与经验方法，推导出了硬岩矿柱的如下最新复合强度计算公式：

$$\left.\begin{aligned} P_s &= (0.44U)\cdot(0.68 + 0.52K_a) \\ K_a &= \tan\{\cos^{-1}[(1 - C_p)/(1 + C_p)]\} \\ C_p &= 0.46[\lg(b/H + 0.75)]^{1.4H/b} \end{aligned}\right\} \tag{3.9}$$

式中，P_s为矿柱强度，MPa；U为完整岩样强度，MPa，若矿柱易剪切破坏时U取岩体抗剪强度，若矿柱易拉伸破坏或横向张裂破坏时U取岩体抗拉强度；K_a为矿柱摩擦系数；C_p为矿柱平均强度系数；b、H分别是矿柱宽度、高度，m。

尽管该矿柱强度理论考虑的因素比较多，但最终应用时涉及的参数比较简单。据Lunder和Pakalnis统计，该公式比目前采用的经验公式预计的矿柱强度或在岩体强度的基础上考虑安全系数的结果更好，可信度更高，且简便、可靠，具有较好的应用前景，87%的实例落在了预测稳定带内，其余的属于一种或两种分级错误。

3.2.2.4 矿柱设计新方法及其应用

笔者在东桐峪金矿8号脉采空区处理与矿体残采中提出了如下矿柱设计新方法。

上层矿体采空后，由于其下层矿的顶板（夹层）较薄，根据经典荷载理论式（3.4）的原理，提出每个矿柱承担荷载的计算方法为

$$P = l_{sp} \times l_{qy} \times H_f \times \gamma \tag{3.10}$$

式中，l_{qy}、l_{sp}分别是沿倾斜、水平方向的矿柱间距，按式（3.1），即有 $l_{qy} = [4h\sigma_t/(3\gamma\cos\alpha) - h^2\tan^2\alpha/9]^{1/2}$，$l_{sp} = l_{qy}(\alpha = 0°) = [4h\sigma_t/(3\gamma)]^{1/2}$；如果岩梁的高度 h 远小于覆岩厚度 H_f，如单层矿体14号脉，可用矿柱承担岩体荷载的等效岩体厚度 H_p 代替式（3.10）中的 H_f 计算矿柱荷载，根据式（3.6）有 $H_p = \beta(2A + H)$，其中，A 为矿柱间距的较大值，取沿倾向或水平方向矿柱间距的较大值，m；H 为矿柱高度，m；β 为荷载系数，根据岩体特性及应力状态查表3.1确定。

如果覆岩厚度 H_f 介于 h 和 H_p 之间，如8号脉下层矿，式（3.10）中就用覆岩厚度 H_f 计算矿柱荷载。

代入岩体抗拉强度 σ_t 和容重 γ 后，得到东桐峪金矿设计倾斜方向的矿柱间距 l_{qy}、水平方向的矿柱间距 l_{sp}的简易公式如下：

$$\left.\begin{aligned} l_{sp} &\approx 13.5h^{1/2} \\ l_{qy} &\approx (232h - 0.078h^2)^{1/2}(8\text{号脉}) \\ l_{qy} &\approx (184h - 0.008h^2)^{1/2}(14\text{号脉}) \end{aligned}\right\} \tag{3.11}$$

式中，h 为岩梁高度，按照现场观察到的顶板冒落岩体的统计厚度取值，m。

东桐峪金矿的实际表明，采场顶板的冒落块体厚度一般为0.5~2.0m。

因为矿柱经常发生沿倾向剪坏。为了更有效地承受剪应力，将矿柱设计成椭圆形，其长轴 a 沿倾向（剪切方向），取 $a = 1.5b$（b 为短轴长），可得到：

$$1.5b^2 P_s n = P \tag{3.12a}$$

对水平矿体，可将矿柱近似设计成圆形，则有：

$$a^2 P_s n = b^2 P_s n = P \tag{3.12b}$$

按式（3.9）计算矿柱强度。因为岩体抗拉强度（σ_t）小于抗剪强度（σ_j），后者又小于抗压强度（σ_c），因此，文献［1］中式（3.9）取 $U = \sigma_t$。

这样，由式（3.9）、式（3.10）~式（3.12）共同组成了矿柱尺寸设计的新方法，与矿柱间距设计新方法［式（3.1）］一起组成了矿柱设计的新理论。

按照提出的矿柱设计新理论，计算出东桐峪金矿主要的矿柱参数，见表3.2。

表3.2 东桐峪金矿主要矿柱参数

矿脉	块体厚度	矿柱间距/m		矿柱尺寸/m	
	h/m	沿走向	沿倾向	a	b
下层矿	完整岩体	25*	30**	3.8	2.5
	≤0.5	10	11	2.0	1.5
	1.0	14	15	2.2	1.5
	1.5	17	19	2.7	1.8
	≥2.0	19	21	3.0	2.0

续表 3.2

矿脉	块体厚度 h/m	矿柱间距/m		矿柱尺寸/m	
		沿走向	沿倾向	a	b
14 号脉	完整岩体	25*	30**	6.3	4.2
	≤0.5	10	10	2.0	1.5
	1.0	14	14	2.8	1.9
	1.5	17	17	3.5	2.3
	≥2.0	19	19	4.6	3.1

注：安全系数 n 取 1.21；8 号脉上下层矿间夹层厚度取 8m；根据电耙有效扒距，* 取 25m，** 取 30m；为了防止爆破损伤，用简易光面爆破留矿柱时，a、b 的最小值分别取 2.0m、1.5m，否则各增加 0.5～1m；$\gamma=26.5\text{kN/m}^3$，$\sigma_t=3.53\text{MPa}$。

按照表 3.2 的对应尺寸规则地布置近似椭圆形或圆形的矿柱临时支撑采场顶板。实践证明，这样做能确保采矿安全，可避免采场发生塌方、冒顶，基本再不需要木支柱或砌人工矿柱支护顶板。若按照 0.5m 的岩梁高度密集地设计、布置（1.5~2.5)m×(2.0~3.0)m 的矿柱，顶板的稳定性非常高。

3.2.3　采场及采空区地压管理

3.2.3.1　采场地压管理

采矿过程中，采场顶板常出现个别楔形或板状岩块冒落。此类结构岩块的稳定性问题，可以采用工程地质力学的块体稳定性分析法计算关键块体厚度及重量，采用支撑力超过该关键块体重量的支柱支撑该关键块体；或采纳比该块体厚度至少长一个树脂药卷(600mm）的多跟锚杆支护该块体，总锚固力大于该关键块体重量。

作为一种粗略判断，如图 3.9 所示，板状岩块的近似冒落条件如下：

$$\gamma/(2P\tan\varphi) > 1/a + 1/b \tag{3.13}$$

式中，a、b 为岩块结构的水平宽度与长度，m；P 为岩块侧向结构面所受的水平挤压应力，在重力应力场中 $P=\lambda\gamma H$；γ 为岩体容重，N/m^3；φ 为结构面的内摩擦角，静态 $\tan\varphi=0.33\sim0.47$；动态 $\tan\varphi=0.15\sim0.33$，表明岩块结构在爆破震动影响下更容易冒落。

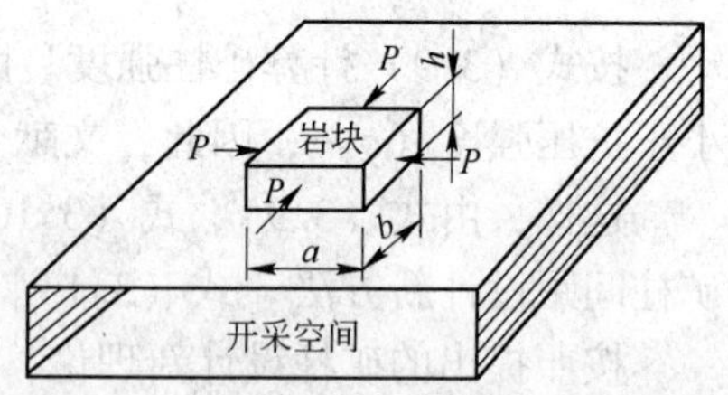

图 3.9　板状结构岩块受力与冒落

如果在两矿柱之间发现顶板有裂缝且岩体完整，可以应用锚杆条网横跨裂缝实施加固；如果两矿柱之间发现顶板有裂缝且岩体不完整，可以应用锚杆方网覆盖式加固顶板。实施上述加固，锚杆排距、间距一般约为 0.7~1.0m。锚杆长度视加固的方便性及裂隙厚度确定，一般树脂锚杆长度不小于 1.8m。安装锚杆，一般用 ϕ28~34mm 的钻头。目前工人仍习惯采用木支柱、钢支架支护顶板，但很多矿山已在逐步引进单体液压支柱管理顶板。

3.2.3.2　采空区地压管理

采场全部采干净后，可安全地从上向下后退式一条或两条同时回收矿柱（图 3.10)。为了调整局部地压，回采矿柱时，可每间隔 3~5 个采场沿倾向全长实施控制爆破局部切槽放顶（切槽放顶）。为了确保放顶的施工安全，在矿柱上凿岩时，应同时凿好放顶眼，等矿柱回收干净后，一次性集中装药、连线爆破放顶。

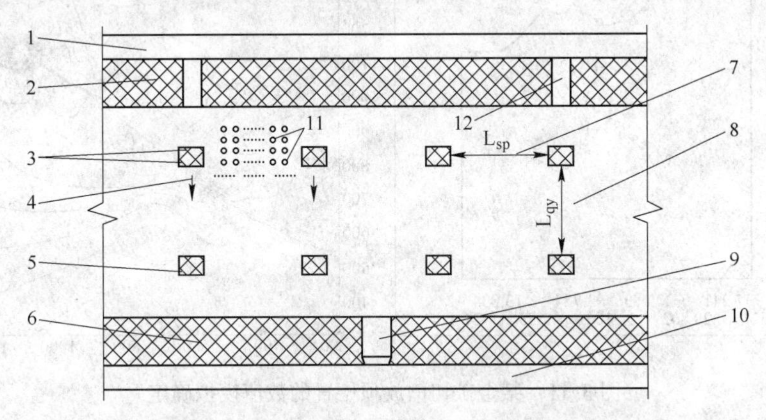

图 3.10 矿柱布置及回收示意图

1—上中段主巷；2—主巷底柱；3—矿柱回收炮孔；4—矿柱回收后退方向；5—矿柱；6—主巷顶柱；7—水平矿柱间距；8—倾斜矿柱间距；9—出矿漏斗；10—下中段主巷；11—采场放顶炮孔；12—人行井

为了确保矿柱回采的安全，在矿柱爆破前，可以在将要爆破的矿柱及放顶炮孔之间架设单体液压支柱或钢支架、钢顶梁支撑顶板，等切槽放顶筑坝稳定后，从下向上后退式回撤支护体。

采矿过程结束之后，一般还需要及时将大面积采空区沿走向切槽放顶分隔成一系列互不影响的小规模采空区，从而控制整体地压，实现卸压开采。对极薄矿体进路掏槽采矿后的大片连续采空区，每间隔 3~5 个采场在进路中切断顶板，或用废石充填掏槽缝即可。

切槽放顶法的技术要点是：应用控制爆破手段，分别在顶板拉应力最大的地段沿空场走向全长实施一定深度、一定宽度的控制爆破切槽，诱使顶板最先在该地段冒落，并尽可能使冒落接顶，从而实现空场小型化及其与深部开采系统的隔离，并将开采废石有计划地简易排入处理过的采空区，削弱可能发生的自然冒落所激起的空气冲击波，最终消除冲击地压隐患，并使顶板应力向有利于安全开采的方向重分布，确保安全生产。从其要点中可见，有必要研究切槽位置、切槽深度和切槽宽度这三个基本参量的设计方法，并计算排入处理过的采空区中松石的合理厚度。对薄覆岩矿体，在切槽放顶的基础上，笔者提出了切顶与矿柱崩落法，即切槽放顶后，崩倒极限（悬臂）跨度内的矿柱，不仅可消除顶板冲击地压，还可预防非法开采。

借助材料力学的梁、板理论，能方便地推导切槽放顶位置的理论设计公式；依据爆破裂纹扩展及冒落松散体就地堆筑接顶，可推导切槽放顶深度的理论设计公式；依据井下空气动力学，并借助堆坝体摩擦阻力与空气冲击波推力相互平衡，可方便地设计切槽放顶宽度。切槽放顶深度、宽度公式将在 3.3.3 节论述，在此不再详述；也可借助相似模拟、数值模拟确定切槽放顶位置（图 3.11）、切顶深度（图 3.12）、极限（悬臂）跨度（图 3.13、图 3.14），切槽放顶位置还可借助现场应力、位移观测确定（图 3.15）。

从图 3.11 可见，某金矿当 750m 水平以上被采空后，靠近 866m 和 966m 水平的顶板处于受拉状态。这表明在 866m 和 966m 水平附近实施切槽放顶是合理的。

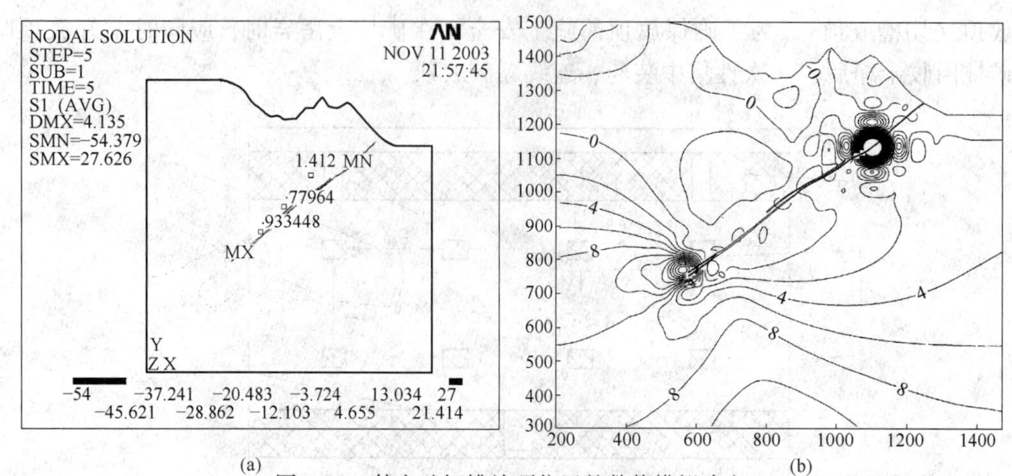

(a) (b)

图 3.11 某金矿切槽放顶位置的数值模拟确定

（a）三维 ANSYS 分析；（b）二维 NFAS 分析

图 3.12 说明，在悬臂顶板跨度为 86.5m 时，某薄覆岩矿山若切顶深度占岩层厚度的比例达到 23%，可引起顶板局部受拉垮塌；切顶深度越大，出现顶板受拉的拉应力值越大，顶板被拉坏的程度也越大。考虑经济因素，切顶深度取岩层厚度的 50%，类似模拟顶板悬臂跨度与顶板最大拉应力的关系，可得到顶板悬臂极限跨度为 77m，如图 3.13 所示。图 3.13 还说明，增加顶板悬臂跨度也可以引起顶板所受的最大拉应力增加。借助相似模拟试验，逐步增大顶板跨度，观测顶板变化，也可以确定顶板极限跨度，如图 3.14 所示。从图 3.14 可见，该金矿切槽放顶的合理位置应选择 270m 中段。图 3.15 中，1、2 号测点位于 300m 中段、3 号测点位于 270m 中段，+为受压、-为受拉。

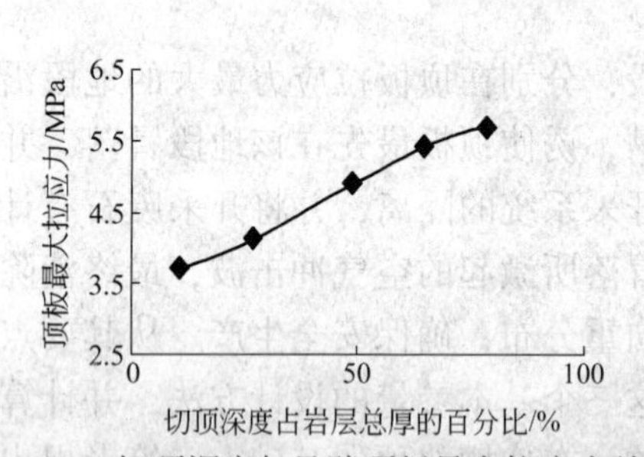

图 3.12 切顶深度与悬臂顶板最大拉应力关系

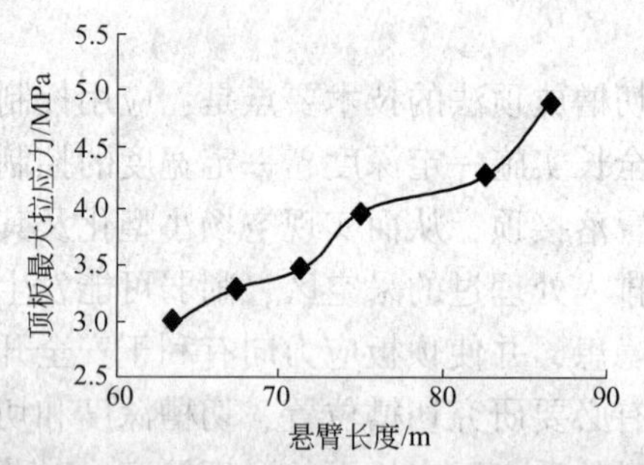

图 3.13 悬臂顶板长度与其最大拉应力关系

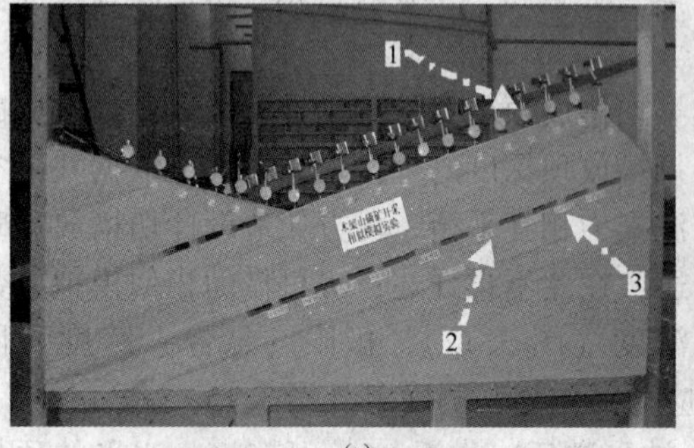

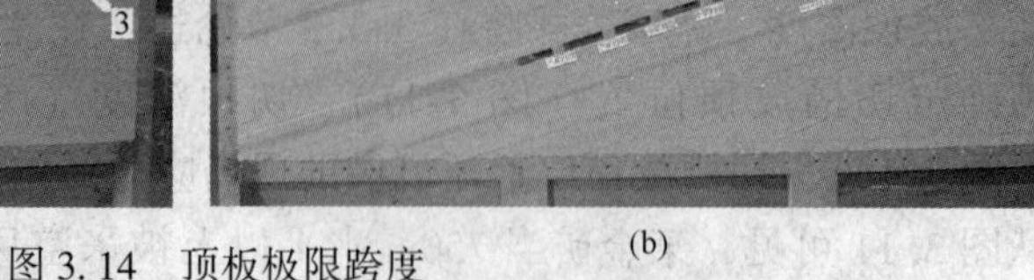

(a) (b)

图 3.14 顶板极限跨度

（a）W143 剖面的采空区模型；（b）110m 顶板极限跨度模型

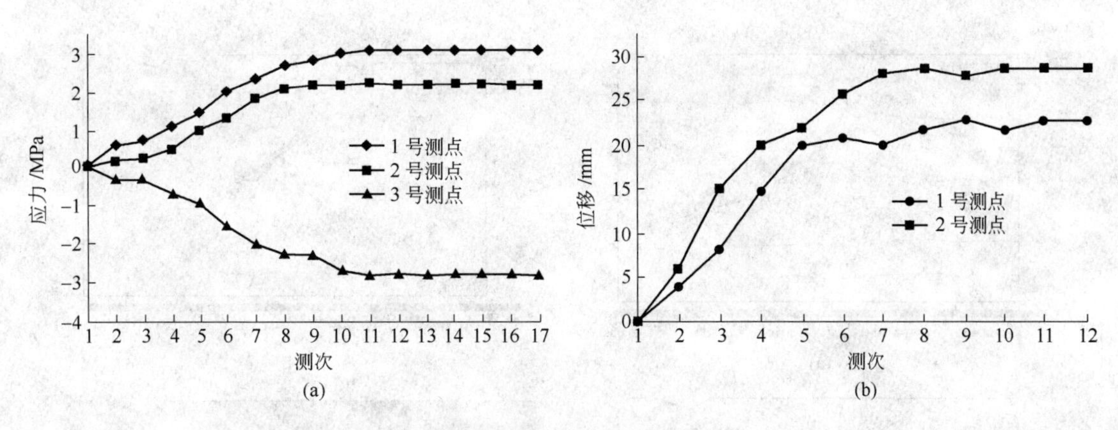

图 3.15　顶板应力监测结果折线图

切槽放顶控制整体地压和局部地压后，控制爆破切槽放顶形成的宽 5~10m 的松石堆积坝支撑顶板，好像是在大规模水平至缓倾斜采空区顶板下安装了纵横交错的弹簧，不仅封隔了采空区、消除了顶板冲击地压，实现了卸压开采，控制了采矿过程中的局部地压显现，而且可人为引起采空区顶板几乎均匀沉降，消除了地表塌陷等隐患。

3.3　采空区安全评价理论

对采空区实施安全评价，主要是为了评价采空区是否可能发生顶板冲击地压。对不可能发生顶板冲击地压的留有矿柱的采空区，还要评价矿柱布置的合理性，验证其是否能够杜绝大多数局部冒落。采空区处理的验收评价，主要是为了评价采空区处理的可靠性，验证处理后的采空区是否还可能发生冒落冲击气流伤害。因此，采空区安全评价的理论包括三个方面的内容。

3.3.1　数值仿真理论与方法

目前，ANSYS 软件是国内外前后处理功能最强大的商业计算软件，$FLAC^{3D}$ 是比较适合岩体工程的数值模拟软件。其应用都能够真实地模拟复杂的地表地形和地下空间的开挖过程，借助单元杀死和变参还能够仿真分步开采、采空区崩顶、矿柱崩倒、充填采空区等过程。从图 3.16 可见，某铅锌矿顶板和多数矿柱基本都不受拉，仅个别矿柱单元拉应力超过其抗拉强度，因此，不会发生顶板冲击地压，但会在采空区中发生局部冒顶。图 3.16 计算结果中，压为“-”，拉为“+”。

从图 3.17 可见，某锶矿随着采深逐步增大，采空区及其充填体上方的塑性区逐步向地表扩展，将会导致移动范围内的地表不断塌陷。从图 3.18 可见，某铅锌矿采空后，顶底柱沿走向在中间普遍受拉，顶板局部微弱受拉，短期内顶板不会大面积垮塌，顶底柱会沿中部破断，这与现场调查结论基本吻合。顶底柱仅 4m 厚，设计薄了是其发生破断的缘故。

总之，依据数值模拟结果，观察采空区顶板和矿柱单元出现塑性破坏或受拉的区域大小，能够方便地判定采空区是否可能发生顶板冲击地压。

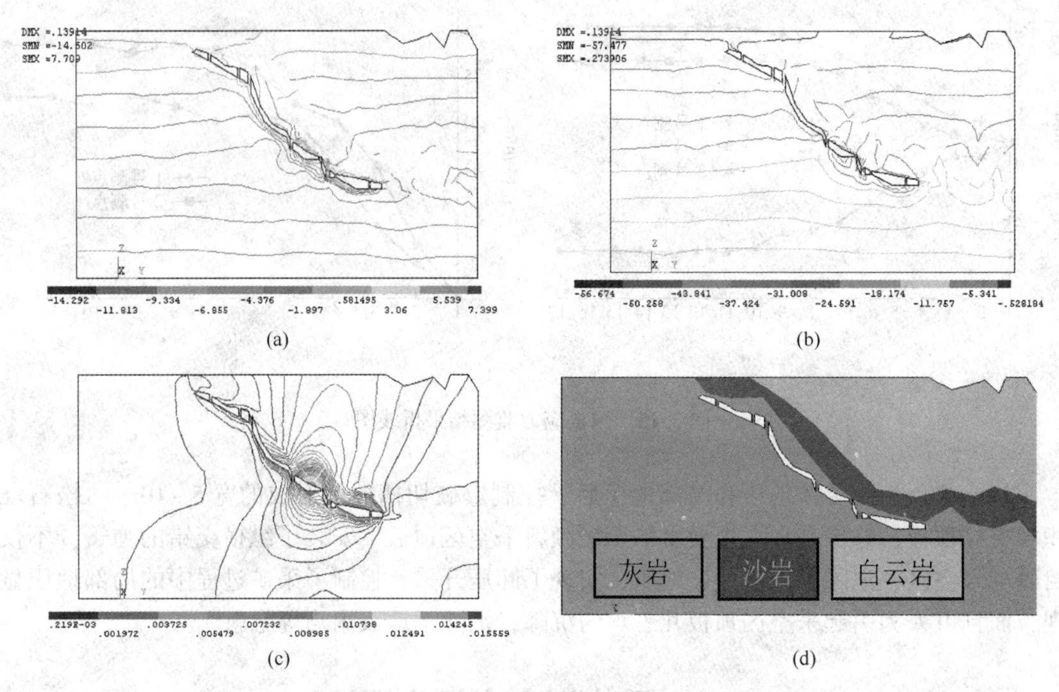

(a)　(b)　(c)　(d)

图 3.16　某铅锌矿采空区应力的 ANSYS 分析

（a）拉应力等值线/MPa；（b）压应力等值线/MPa；（c）位移等值线/m；（d）剖面岩性分布

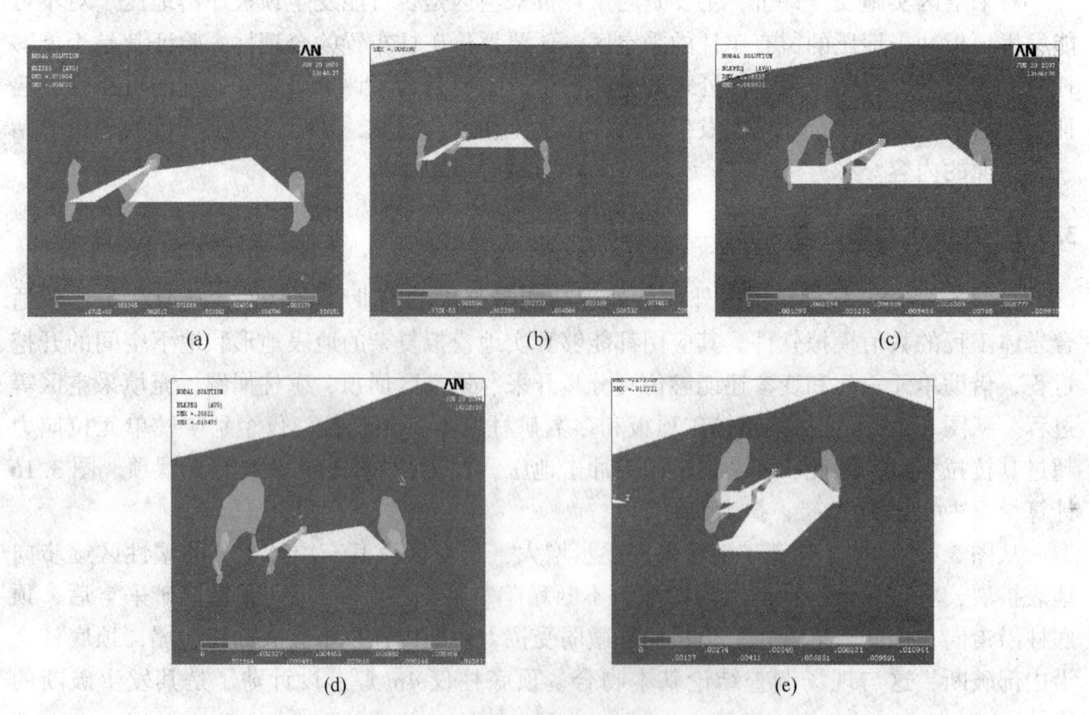

(a)　(b)　(c)　(d)　(e)

图 3.17　某锶矿采空区及其处理的塑性区 ANSYS 仿真

（a）+12m 采空区形成；（b）+12m 以上部分充填；（c）±0m 以上采空区形成；

（d）±0m 以上部分充填；（e）-50m 以上采空区形成

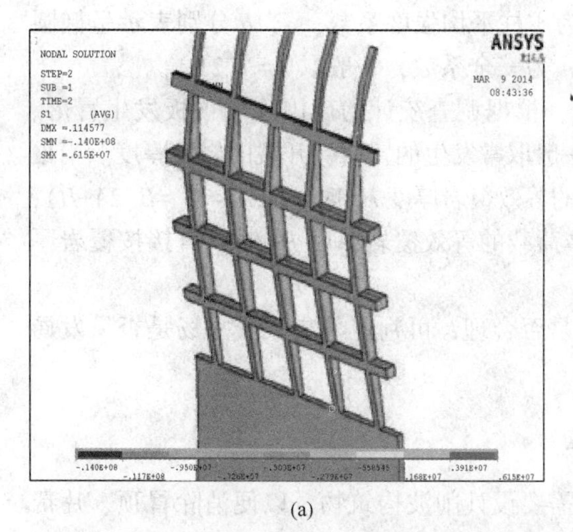

(a)

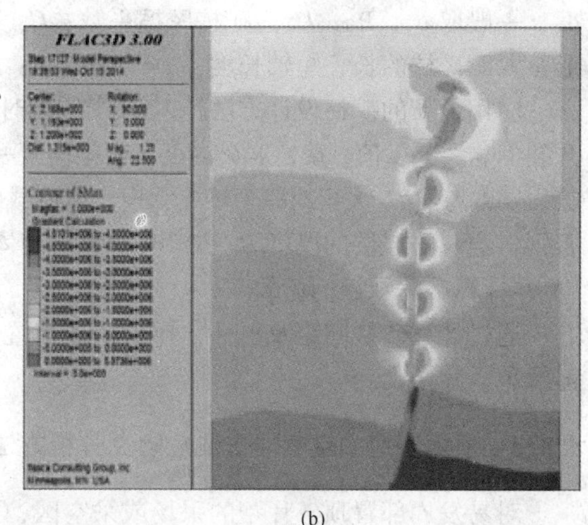

(b)

图 3.18　某铅锌矿采空区矿柱及顶板的垂直应力分布（单位：Pa）

（a）矿柱 ANSYS 分析；（b）顶板 $FLAC^{3D}$ 分析

3.3.2　矿柱布置定量分析方法

对不会发生顶板冲击地压的采空区，可借助最新的矿柱设计与评价方法（见式(3.1)、式（3.9）~式（3.12）），评价矿柱布置的合理性，判定采空区发生局部冒落的可能性。

矿柱承担的荷载为

$$P = l_{sp} \times l_{qy} \times H_f \times \gamma \tag{1}$$

极限跨度为

$$\left.\begin{aligned} l_{qy} &= [4h\sigma_t/(3\gamma\cos\alpha) - h^2\tan^2\alpha/9]^{1/2} \\ l_{sp} &= l_{qy}(\alpha = 0) = [4h\sigma_t/(3\gamma)]^{1/2} \end{aligned}\right\} \tag{2}$$

矿柱承担岩体荷载的等效覆岩厚度为

$$H_p = \beta(2A + H) \tag{3}$$

矿柱强度理论为

$$\left.\begin{aligned} P_s &= (0.44U) \cdot (0.68 + 0.52K_a) \\ K_a &= \tan\{\cos^{-1}[(1 - C_p)/(1 + C_p)]\} \\ C_p &= 0.46[\lg(b/H + 0.75)]^{1.4H/b} \end{aligned}\right\} \tag{4}$$

矿柱承载等式为

$$\left.\begin{aligned} &\text{倾斜矿体}\quad abP_s n = P \\ &\text{水平矿体}\quad a^2P_s n = b^2P_s n = P \end{aligned}\right\} \tag{5}$$

式中，P 为矿柱承担的荷载，N；l_{qy}、l_{sp} 分别表示沿倾斜、沿水平方向的矿柱间距，m；H_f 为覆岩厚度，m；γ 为岩体容重，N/m^3；α 为矿体倾角，(°)；h 为岩梁高度，按冒落块体的统计厚度取值，m；σ_t 为岩体抗拉强度，Pa；H_p 为矿柱承担岩体荷载的等效覆岩的厚度，m；A 为矿柱间距，取矿柱沿倾向或走向间距的较大值，m；H 为矿柱高度，m；β 为荷载系数，根据岩体特性和原岩应力查表 3.1 取值；P_s 为矿柱强度，Pa；U 为完整岩样强度，一般取 σ_t，Pa；K_a 为矿柱摩擦系数；C_p 为矿柱平均强度系数；a、b 分别表示呈椭圆形布置的矿柱的长、短轴长度，$a=1.5b$，m；n 为安全系数，一般取 $n=1.21$。

应用最新的矿柱设计方法检验矿柱参数时，根据调查统计的矿山现场顶板发生冒落、开裂的岩块厚度值，确定岩梁高度。岩梁高度一般取常发生的冒落、开裂的岩块厚度。当覆盖岩层的厚度 H_f 大于或等于矿柱承担岩体荷载的等效覆岩厚度 H_p 时，取 $H_f=H_p=\beta(2A+H)$；否则，当覆盖岩层的厚度 H_f 小于矿柱承担岩体荷载的等效覆岩厚度 H_p 时，直接按覆岩厚度 H_f 计算矿柱承担的荷载。

通过计算矿柱间距及尺寸，评价矿柱布置是否合理，可判定采空区或采场是否易发局部冒顶、片帮。

3.3.3　顶板冒落的空气冲击波危险性分析方法

对易发局部冒顶、片帮的采场或采空区，需要设计削波构筑物，以便消除冒顶、片帮所激发的空气冲击波（飓风）危害。采空区冒顶、片帮时，按式（3.14）估计激发的飓风波速 v，即：

$$v=\frac{\eta\sqrt{2gH}}{h}\frac{ab}{1.5(a+b)-\sqrt{ab}} \tag{3.14}$$

式中，v 为冒落可能激发起的飓风波速，m/s；H 为冒落岩块的下落高度，一般取采空区的最大可能悬空高度，m；将最大可能的冒落范围看作椭圆形，则 a、b 分别为其长、短轴，m；h 为岩块周边最宽部位离地面的高度，一般取采空区的平均悬空高度，m；g 为重力加速度，m/s^2；η 为折减系数，松散系数 k 为 1.5 时取 70%，不松散则取 100%。

式（3.14）中 h、η 取值几乎不确定，而且这两个参数，尤其 h，对估值的影响很大。严国超和息金波等根据能量守恒和恒温下的气体状态方程，在不考虑飓风灾害终了时巷道和采空区的残余体积 v_0，并折减“打气筒”模型的 η 的情况下，得到：

$$v=\frac{\eta L_1L_2}{nA}\sqrt{2gH-\frac{2P_1H\ln H}{\rho h_1}} \tag{3.15}$$

式中，η 为折减系数，取值介于 0.6~0.9 之间，一般冒落块度大或安全系数取大值时 η 取上限，反之取下限；L_1、L_2、h_1 分别为冒落体的长、宽、高，m；ρ 为冒落体的密度，kg/m^3；A 为出风口断面积，m^2；n 为出风口个数；P_1 为飓风未发生时的采空区气压，Pa，可用气压表测定；g 为重力加速度，m/s^2；H 为空气流动系统换算成通道断面积 $S_0=\pi L_1L_2$ 的等效长度，m。

该公式还原了“打气筒”模型估算飓风速度时可能偏大的估值。

为了确保安全，切槽处理采空区时，冒落岩块的下落高度 H 一般取岩块最大可能冒落高度，即 $H=N+L_{钻}$；N 是采空区的悬空高度，为了确保安全，一般取顶板最大悬空高度，m；$L_{钻}$ 为切槽放顶的凿岩钻孔深度，按式（3.16）计算，即：

$$L_{钻}=\frac{N}{k-1}-\frac{\sqrt{6}}{2}\left[1+3\sqrt{\frac{49033(0.0126z-1.7\times10^4)}{S_t}}\right]r_e \tag{3.16}$$

式中，z 为岩石声阻抗，按表 3.3 取值，$kg/(m^2\cdot s)$；S_t 为岩石抗拉强度，Pa；r_e 为柱状（条形）装药半径，m。

表 3.3 岩石声阻抗取值

岩 石 名 称	普氏硬度系数 f	声阻抗 $z/10^6$kg · m^{-2} · s^{-1}
片麻岩、有风化痕迹的安山岩及玄武岩、粗面岩、中粒花岗岩、辉绿岩、玢岩、中粒正长岩、闪长岩、花岗片麻岩、坚实玢岩	14~20	16~20
菱铁矿、菱镁矿、白云岩、坚实的石灰岩、大理岩、粗粒花岗岩、蛇纹岩、粗粒正长岩、坚硬的砂质页岩	9~14	14~16
坚硬的泥质页岩、坚实的泥灰岩、角砾状花岗岩、泥灰质石灰岩、菱铁矿、砂岩、硬石膏、云母页岩及砂质页岩、滑石质的蛇纹岩	5~9	10~14
中等坚实的页岩、中等坚实的泥灰岩、无烟煤、软的有空隙的节理多的石灰岩及贝壳石灰岩、密实的白垩岩、节理多的黏土质砂岩	3~5	8~10
未风化的冶金矿渣、板状黏土、干燥黄土、冰积黏土、软泥灰岩及蛋白土、褐煤、软煤、硅藻土及软的白垩岩、不坚实的页岩	1~3	4~8
黏砂土、含有碎石、卵石和建筑材料碎屑的黏砂土、重型砂黏土、大园砾 15~40mm 大小的卵石和碎石、黄土质砂黏土	0.5~1	2~4

如果不实施切槽放顶处理采空区，且采空区缓倾斜，冒落岩石不易沿采空区底板滚动，则取 $H=N$；如果不实施切槽放顶处理采空区，且采空区倾斜或急倾斜，冒落岩石会沿采空区底板向下滚动，则取 $H=N+L$，其中爆破裂纹在顶板中可能扩展的深度 L 为：

$$L = \frac{\sqrt{6}}{2}\left[1 + 3\sqrt{\frac{49033(0.0126z - 1.7 \times 10^4)}{S_t}}\right] r_e \tag{3.17}$$

按式（3.18）估计消除上述空气冲击波危害的爆破松石隔离坝宽度 W，即：

$$W \geqslant CN\rho_{空}\, v^2/(2fL_{钻\min}\rho_{石}\, g\cos\alpha) \tag{3.18}$$

式中，W 为松石隔离坝宽度，m；C 为阻力系数，由试验确定，一般为 1.1~1.27；$\rho_{空}$ 为空气密度，经井下取样测定，kg/m^3；$\rho_{石}$ 为松散岩块密度，kg/m^3；f 为松散岩块间的摩擦系数，为了安全可靠取最小值 0.25；α 为矿体倾角，(°)。

按式（3.15）~式（3.18）评价削波构筑物的合理性后，还可按式（3.19）估计消除一定规模的局部冒落激发空气冲击波危害的有效松石垫层的厚度 h_n，即：

$$h_n = 0.74 l_n^{0.3} H^{1.25} L_n^{0.02} (F_0/F)^3 \tag{3.19}$$

式中，h_n 为有效削波松石垫层厚度，m；l_n 为粗糙系数，$l_n=6.6\times10^{-2} d_{cp}$；$d_{cp}$ 为冒落岩块平均直径，m；H 为岩块冒落的下落高度，同式（3.16）、式（3.17），m；L_n 为可能冒落岩层厚度，一般 $L_n=L$，m；F_0/F 为冒落面积比，$L_n \geqslant H$ 时，$F_0/F=1$；$L_n<H$ 时，$F_0/F<1$，但为了安全、有效，常按 $F_0/F=1$ 估算松石垫层厚度。

3.3.4 安全评价实例

【例 3-1】 黄沙坪铅锌矿与方黄联办矿结合开采部位的采空区基本分布在 9 线~5 线之间，更靠近 9 线。采空区分布在-2~305m 标高之间，倾角从 0°~70°都有分布，深部水平一般为 15°~35°。在剖面线铅垂方向，采空区高度一般不超过 20m，局部急倾斜采场采空后达到 80m。顶板跨度一般不超过 20m，局部达到 35m。矿柱形态不规整，局部点柱上宽 0.5~2cm 的裂纹几乎贯通。岩体力学参数见表 3.4。

表 3.4 岩体力学参数

岩性	容重/kN·m^{-3}	弹模/GPa	泊松比	抗拉强度/MPa	凝聚力/MPa	内摩擦角/(°)
白云岩	28.1	22.9	0.33	3.92	9.15	37
沙岩	26.4	11.4	0.20	6.80	9.80	35
铅锌矿	42.1	22.5	0.35	6.40	13.0	32
灰岩	27.4	29.4	0.25	6.67	11.70	31

(1) 地压显现调查结论与安全评价的目的。地压显现调查结论：1) 方黄联办矿及其结合开采部位存在的采空区引起的地压显现不明显；2) 地表塌陷与采矿地压显现无关，可能与浅层未探明的老采空区、老采洞或采矿疏干的浅层溶洞的塌陷有关；3) 采空区可能发生局部片帮、冒顶，不会发生顶板冲击地压。

采空区安全评价的目的，就是要应用采空区的安全评价理论，检验地压显现调查结论的正确性。

(2) 顶板冲击地压可能性评价。根据矿山实际，9 线剖面分布在黄沙坪铅锌矿与方黄联办矿结合开采部位各采空区的边缘，没有代表性。为了更多地剖分两矿结合开采部位的采空区，并评定该采空区的稳定性，在 9 线~5 线之间离 9 线 40m 切取一条剖面。应用 ANSYS 软件，计算采空区的应力、应变特征。计算结果见图 3.16。

从图 3.16 可以看出：仅局部几个单元的拉应力接近或者超过岩体抗拉强度，可能会出现矿柱片帮、失稳或顶板冒落。因此，方黄联办矿及其结合开采部位存在的采空区不会导致顶板冲击地压灾害，但会发生局部片帮、冒顶。

(3) 矿柱布置的合理性评价。依据最新的矿柱设计与评价方法，即 3.3.2 节中式 (1)~式 (5)，设计出方黄联办矿的矿柱参数，见表 3.5。

表 3.5 矿柱参数建议值

块体厚度	矿柱间距/m		矿柱尺寸*/m		矿柱尺寸**/m	
h/m	沿水平	沿倾向	b	a	b	a
≤0.5	13	14	5	7.5	3	4.5
1.0	18	19	6.5	10	3.5	5
1.5	22	23	8	12	4	6
≥2.0	25	27	9	13.5	4.5	7

注：安全系数 $n=1.21$；为了防止爆破损伤矿柱，应用简易光面爆破留矿柱，否则 a、b 各增加 0.5~1.0m；设计过程中取 $\alpha=30°$，其他倾角时可类似设计；* 表示采高 H 按现场调查取值，$H=15$m；** 表示 H 按安全规程取 4m。

现场调查发现：方黄联办矿的采场采高一般达 10~15m；顶板没有采纳任何护顶措施；矿柱开裂严重，矿柱尺寸一般为 3m×4m，极少数达到 5m×7m；矿柱跨度一般不超过 20m，局部达到 35m；顶板常发生厚度超过 1.0~2.0m 的大块冒落。可见，矿柱间距、尺寸都布置得极其不合理，局部会发生片帮、顶板。

【例 3-2】 陈贵矿业集团大广山矿业公司有16个铁矿体。矿体南北长约480m，东西宽约350m，面积0.17km^2。在埋深方向从上至下，整个矿体断面逐步均匀变小。铁矿石平均密度为4.28t/m^3。松散系数k_1=1.6。最小压实性系数一般为1.2。矿体赋存在大理岩、矽卡岩或闪长岩中。矿体倾角大于45°~55°铁矿石硬度系数一般为14~18。

1996年前-110m标高以上矿体都被个体无证露天开采或地下开采完毕，已经在地表形成明显的塌陷坑和100多米深的露天坑。在-110m标高以上基本不存在地下采空区。1997年初至2005年底，大广山矿业公司采用分段矿房法开采了-110~-310m标高之间的矿体，在-100~-290m标高之间留下了40多个大小不等的采空区。其中，-200m以上绝大部分采空区已经冒落充填密实，-200~-250m间的剩余的未冒落采空区随时都有冒落的危险。

为了人为控制采空区的冒落时间，彻底消除采空区危害，同时形成无底柱分段崩落法开采深部矿体的上覆垫层，专门委托中钢集团武汉安全环保研究院设计了《矿柱回收与崩落方案》，分别在-270m和-310m标高采用成排的上向扇形分布的中深孔（φ=90mm），一次性大区微差爆破崩落所有矿柱。矿柱高12m，顶柱高8m。-220~-310m标高区段还有可采矿柱矿量196万吨，其中-270~-310m标高区段还有约66万吨。-270m分段爆破矿柱断面约4000m^2，爆破矿柱总体积4.8万立方米。矿房空间面积10000平方米，体积为12万立方米。可能塌落的顶柱面积为14000平方米，体积为11.2万立方米。-310m分段爆破矿柱断面约2667平方米，爆破矿柱总体积3.2万立方米。矿房空间面积3033平方米，体积为3.637万立方米。可能塌落的顶柱面积为5700平方米，体积为4.56万立方米。

为了验证用大区微差爆破崩落处理矿柱后，是否消除了冲击地压危害，2007年1月陈贵矿业集团公司专门邀请编者和黄石矿山安全卫生检测检验所实施了验收安全评价。

（1）顶柱崩落情况评价。根据表3.3波阻抗z值取16×10^6kg/(m^2·s)。炮孔半径r_e为45mm。铁矿石抗拉强度$S_t=5.30\times10^6$Pa。依据式（3.17），求得采矿爆破裂纹在顶板中可能扩展的深度L为6.89m。

也就是说，在矿柱崩倒的同时，矿柱正上部8m厚的顶底柱中有约6.89m厚被损伤弱化了，因此，顶底柱在矿柱崩落的短期内会沿各矿柱部位折断而跨落。顶底柱在矿柱崩落后自然冒落，按保守计算，其松散系数取k_2=1.2。

出矿证明，上部矿柱和顶底柱都因爆破而断裂倒塌了。只能在-310m中段的底部结构中出矿，或者在上部中段矿体界限外出矿，否则，有人、车下陷的危险。出矿中，常有大块和巨块堵塞底部结构。可见，崩落情况检验是正确的。

（2）空气冲击波危险性评价。假设短期内在-250m标高以上的矿柱暂时未完全冒落时，采空区可能未被充满。采空区被冒落松散矿石充填的最小高度$N_{充}$为：

$$N_{充} = (4.8 \times 10^4 \times k_1 + 11.2 \times 10^4 \times k_2)/1.4 \times 10^4 = 14.4\text{m}$$

在-250~-270m标高之间，至多还有的采空区悬空高度：$N=20-N_{充}=5.6$m。

根据矿山实际分析，-200~-270m间冒落岩块的最大可能冒落高度为$H_{max}=H+N=50+N=55.6$m。粗糙系数$l_n=6.6\times10^{-2}\cdot d_{cp}$。为了安全可靠，结合该矿的实际取$d_{cp}=0.18$m。因为顶底柱厚度为8m，除此外基本都是松散的矿石或松散的岩体，故L_n不会超过8m。显然$L_n<H$，则冒落面积比$F_0/F<1$。为了确保评价的安全，取$L_n=8$m，$F_0/F=1$。依据式（3.19），可求得最大的有效削波松石垫层的厚度h_n不超过8.8m。显然，冒落矿石的充填

高度 14. 4m 大于最大的有效削波垫层厚度 8. 8m，且超过了 5. 6m。因此，即使放出 $1.4\times10^4\times5.6\times4.28\approx33.6$ 万吨矿石，冒落激发的空气冲击波也不可能对井下生产造成危害。

同样验证表明，-310m 中段大区微差爆破崩落所有矿柱后，上部顶底柱会断裂、塌落，冒落矿石的充填高度 17. 5m 超过最大的有效削波垫层厚度 14. 6m，即使放出 $0.57\times10^4\times14.6\times4.28\approx35.6$ 万吨矿石，冒落激发的空气冲击波也不可能对井下生产造成危害。

（3）验收安全评价结论。地表观测及-270m 中段、-310m 中段放矿表明，大区微差爆破崩落所有矿柱后，-200~-250m 标高间的矿柱，在-250m 标高失去底板的支撑力后，随着矿柱回收的凿眼爆破震动，-200~-250m 标高区段约 61. 5 万吨矿柱随之连锁性发生劈裂、塌落而充满了采空区。-270~-310m 标高间的矿柱和顶底柱也断裂、塌落且充填了采空区。-200m 标高以上的充填体随之下陷，进而引起地表多次在圈定的移动警戒线内发生大规模沉陷、塌落。因此，冒落激发的空气冲击波不可能对井下生产和地表人员安全造成危害。

大区微差爆破崩落所有矿柱的采空区处理是成功的，引发了上部所有矿柱、顶底柱坍塌，形成了深部崩落法开采的松石覆盖层，消除了冲击地压危害。

验收安全评价通过后，大广山矿业公司已经在-270m 中段出矿巷道和-310m 中段底部结构中安全放矿 14 个月，放出矿石 30 多万吨。在 1 年多的放矿过程中，地表在圈定的移动警戒线内 3 次发生大规模沉陷、塌落。说明随着放矿，移动警戒线内的地表及崩落采矿的松石覆盖层逐步按矿柱崩落的要求安全沉陷、塌落。

【例 3-3】 天青石矿 I_2 矿体分布在 12~28 线之间，走向长约 325m，倾斜长约 90~165m，平均水平厚度 42. 19m。矿体走向约为北东 75°~80°，倾向北西，倾角 15°，局部达 40°，24~26 线矿体略向南东倾斜，倾角 5°~10°，矿体赋存标高 31. 47~-123. 59m。矿体呈透镜状，中部厚度为 53. 40~94. 01m。+12m 水平以上已经被民采采空，在地表已经引起了一处直径 8~10m 的塌陷坑，坑垂直深约 8m。

+12~+31. 47m 之间由于民采，已经形成了大面积采空区。天青石矿已经应用爆破手段，对民采老空区的边帮、矿柱，以及采高 3m 以上的顶板进行了爆破处理，并用爆破挑顶封闭了连通外部的巷道。挑顶水平长度一般为 5~7m。

（1）空气冲击波危险性评价。根据采空区处理调查，发现一次性冒落的规模绝对不会超过 325×80=2. 6 万平方米。为了确保安全，a、b 分别取 325m、80m。依据式（3. 15），求得冒落可能激起的最大空气冲击波波速 v 不会超过 54. 0m/s。实际老采空区的 a 绝对远小于 325m，b 达到 80m 的地段也很少。因此，实际可能产生的冒落冲击气流速度 v 会远小于 54. 0m/s。

依据式（3. 19），可求得老采空区的有效削波垫层厚度不超过 7. 26m。因此，在采高较厚的老采空区，尽管没有接顶，但是由于有至少 8m 厚的松石垫层（地表塌陷坑垂直深约 8m），完全能够消除冒落激起的空气冲击波的影响。

后续开采用垂直断面的扇形中深孔落矿，至少可以产生 9×1. 6-2. 5=11. 9m 厚的松石垫层隔离老采空区和进路巷道。按照式（3. 17），爆破裂纹在岩体中扩展的最小深度为 5. 38m，这部分岩体还将冒落。因此，中深孔落矿产生的松散岩石、矿石隔离层完全能够消除冒落激起的空气冲击波的影响。

阻力系数 C 取 1. 2。测得空气密度 $\rho_{空}=0.9\mathrm{kg/m^3}$，松散岩块密度 $\rho_{石}=1.79\times10^3\mathrm{kg/m^3}$。

松散岩块间的摩擦系数 f 取最小值 0.25。巷道高度 N 取 2.5m。挑顶松石堆积坝超出巷道的高度 L 取最小值 0.2m。依据式（3.18），求得成功阻隔 $v=54.0$m/s 的空气冲击波的最大挑顶松石堆积坝宽度为 4.5m。实际挑顶封闭的巷道长度为 5~7m，完全能够消除冒落激起的空气冲击波的影响，况且实际挑顶松石堆积坝超出巷道的高度远远超过 0.2m。

（2）评价结论。生产实际证明，产生深 8m 的塌陷坑，未在地表激发起明显的气浪，也未对 12m 水平以下的采矿造成影响。说明气流已经被松石垫层、松石堆积坝削弱了。

计算预测表明（图 3.17）：随着后续逐步向深部中深孔崩落开采，顶板塑性区逐步增大，顶板将随着深部开采而逐步下沉、塌陷。

3.4　倾斜及急倾斜矿体开采的地压控制

3.4.1　围岩应力分布特征及矿柱设计

3.4.1.1　围岩应力分布特征

用空场法开采倾斜及急倾斜矿体时，上下盘围岩居于开采空间两帮，矿柱呈水平或倾斜状支撑着上下盘围岩，如图 3.19 所示，此时围岩及矿柱应力分布及破坏机理均与水平矿体开采略有差异，具体表现在其承压方向（图 3.20）、破裂三带向地表的发展方向（图 3.21）从铅垂相应都变成了垂直倾斜矿体顶板，整个应力分布图与水平面成矿体倾角 α，水平方向的压力分区变成了分区沿倾斜方向展布（图 3.20）。当矿体倾角约超过 60°时，破裂"三带"可能就变成了破裂"四带"，增加 1 个底板移动带，如图 3.21 所示。

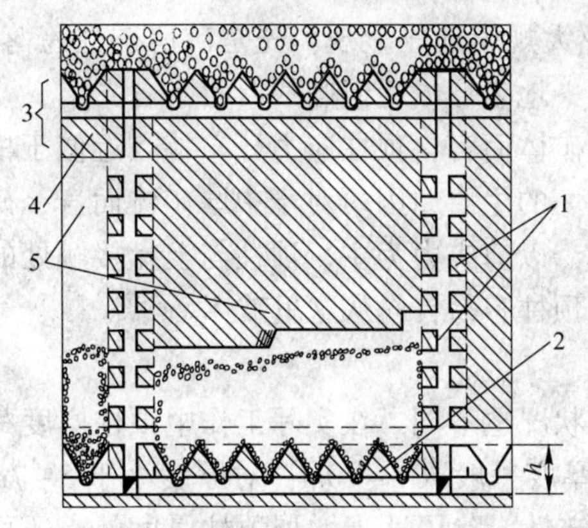

图 3.19　急倾斜矿体开采矿柱名称
1—间柱；2—底柱（h 为其高）；3—阶段矿柱；
4—顶柱；5—矿房

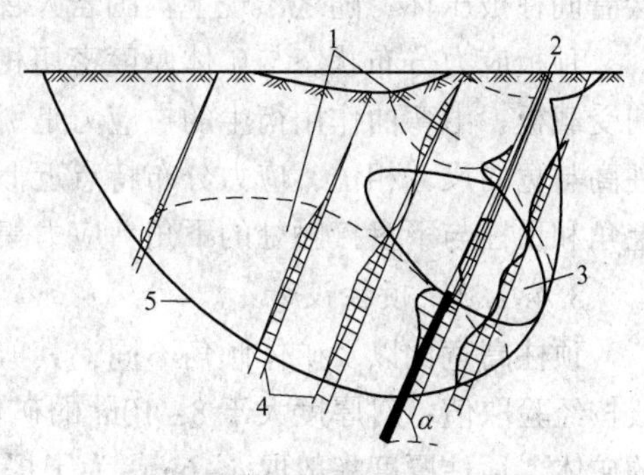

图 3.20　倾斜矿体采动后的应力分布状态
1—承压带；2—矿层；3—卸压带；
4—原岩应力；5—采动影响范围

倾斜矿体上部常出露地表。矿体自上而下的开采，往往在开采初期便形成上部采空区覆岩的破坏，出现对称的楔形崩落体，如图 3.22 所示，初期有点类似 1.1.3 节中所述的松动或蠕动。如果将采空区倾斜连续向下发展（中间没矿柱），则上覆岩体在被张裂缝割裂后呈整体块状向采空区方向下滑。如果采空区不连续，中间有间隔矿柱支撑，则下部采空区上方覆岩的破坏可能呈冒落拱形式发展，如图 3.23 所示。

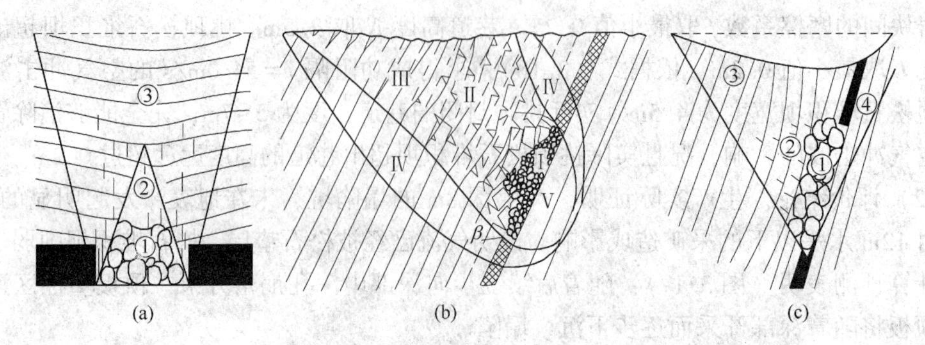

图 3.21 倾斜矿体采动后的覆岩破坏状况

（a）水平矿体；（b）倾斜矿体；（c）急倾斜矿体

①、Ⅰ—冒落带；②、Ⅱ—裂隙带；③、Ⅲ—弯曲下沉带；Ⅳ—承压带；Ⅴ—卸压带；④—底板移动带

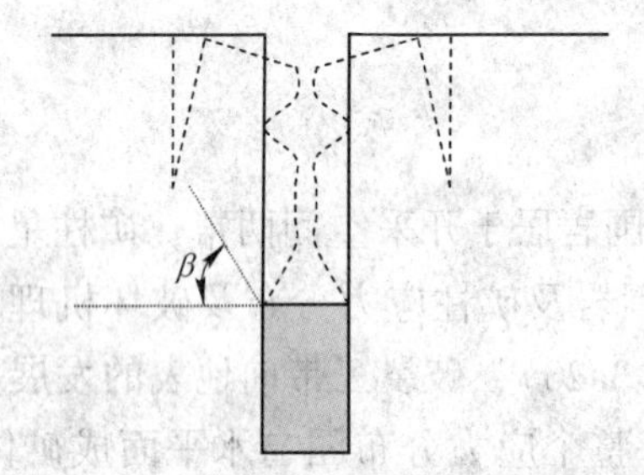

图 3.22 直立矿脉露头空区两帮破坏

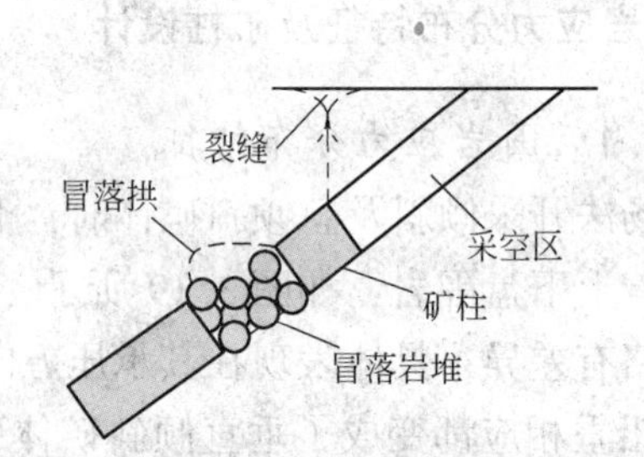

图 3.23 倾斜矿体覆岩的张裂与冒落

与缓倾斜矿体空场法开采可能出现地压显现的机理相仿，对于极倾斜矿体，在多个相邻采场采空后若不及时处理采空区，也有可能酿成大规模地压显现：先是矿房矿柱跨落，接着间柱被压坏，随之出现上盘围岩大冒落及岩移，地表形成近似椭圆形的塌陷坑。

顶板应力分布状态与矿体厚度密切相关。对厚矿体而言，顶柱应力分布特点近似于横向受载板，由弯曲作用衍生的拉应力是引起顶柱破坏的主要原因。对于中厚矿体而言，矿柱高与宽的尺寸相仿，应力分布特点近似受载柱体，以剪应力为主。顶柱与上盘接触处的上角和顶柱与下盘接触处的下角剪应力集中较高，顶柱容易首先从这里破坏。

3.4.1.2 顶柱设计

顶柱高宽比以及矿体倾角不同，其剪应力集中状况也不同。在实际工作中顶柱厚度一般按经验取值：对厚度大于 8~10m 的矿体，顶柱厚度一般取 8~10m；对厚度小于 5~7m 的矿体，顶柱厚度一般取 4~6m。为了提高顶柱稳定性，除了适当增加顶柱厚度外，还可以借助以下措施改善应力分布状态：（1）缩小跨度；（2）厚矿体开采时垂直矿体走向布置采场；（3）重力应力场中，依据轴变论的原理，将顶柱水平布置改为倾斜布置，使矿房椭圆的长轴方向与最大主应力方向一致；（4）构造应力场中，依据轴变论的原理，采用水平布置顶柱，以便矿房椭圆的长轴方向与水平主应力方向一致。

3.4.1.3 间柱破坏机理及其设计

用空场法开采倾斜矿体时，上下盘围岩主要靠房间矿柱（间柱）支撑，顶柱只起辅助支撑作用。只有在开采倾斜薄矿脉时，因不留间柱，或间柱跨度较大时，才主要靠顶柱支撑上下盘围岩。

倾斜厚矿体中的间柱破坏形式，从弓长岭铁矿的实地调查所见，多呈图3.24所示的形式，矿柱在其与上下盘岩体接触处有一个处于三轴应力状态的高应力区，呈三角形，其尖部指向矿柱中心。该区域为三轴应力状态，难于破坏，而在其边缘发生剪切破坏。高应力区的应力楔作用使矿柱中间部分呈拉伸破坏，从而形成如图3.24所示的裂缝。

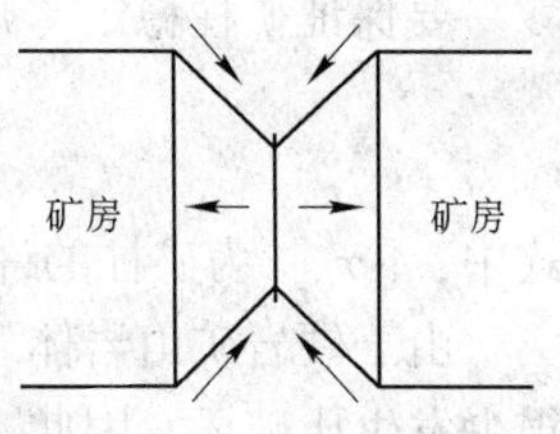

图3.24 间柱破坏机理

当前间柱设计尚缺乏满意的理论依据。实际工作中，可参照缓倾斜矿柱设计原则，或按滑动棱柱体假设及块体极限平衡法计算。

滑动棱柱体假说适用于急倾斜厚大矿体。该假说认为，开采空间结构所承受的荷载(房间矿柱荷载)是其所支承的顶板滑动棱柱体的下滑力，如图3.25所示。

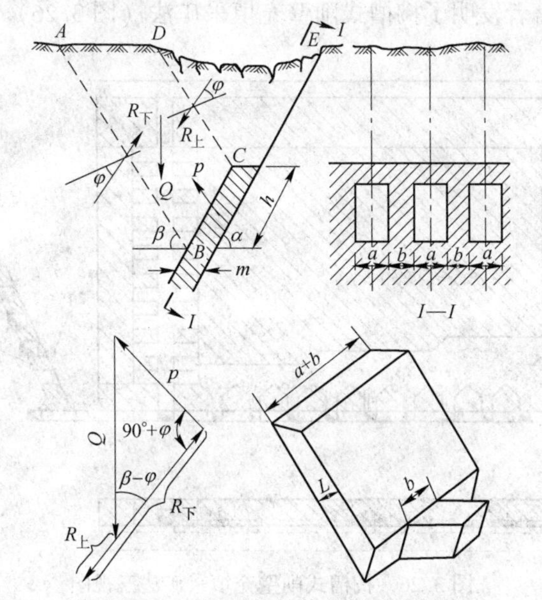

图3.25 滑动棱柱体假设示意图

设 Q 为滑动棱柱体 $ABCD$ 沿走向单位长度的重力；$R_{上}$ 为上部松散楔体 DCE 的作用力的合力；$R_{下}$ 为滑动面 AB 下部岩体的支承反力与摩擦阻力的合力；p 为房间矿柱对每单位长度滑动棱柱体的反力。

平衡条件下，由力三角形可得：

$$\frac{Q}{\sin(90^\circ+\varphi)}=\frac{p}{\sin(\beta-\varphi)}$$

所以

$$p=\frac{Q\sin(\beta-\varphi)}{\sin(90^\circ+\varphi)}=\frac{Q\sin(\beta-\varphi)}{\cos\varphi} \tag{3.20}$$

式中，φ 为岩体的内摩擦角；β 为上盘岩体移动角；α 为矿体倾角。

由式（3.20）可得间柱受滑动棱柱体荷载作用产生的平均应力 σ_{av} 为：

$$\sigma_{av}=\frac{a+b}{bL}p$$

式中，a、b 分别为矿房和矿柱的宽度；L 为滑动棱柱体厚度。

要保证矿柱稳定，则：

$$\sigma_{av} = \frac{a + b}{bL}p \leqslant [\sigma_c] \tag{3.21}$$

式中，$[\sigma_c]$ 为矿柱的许用抗压强度。

由于硬岩矿山岩体、矿体的抗压强度一般都较大，矿柱一般都是发生拉坏破坏，基本很少发生压破坏，因此，式（3.21）一般作用不大。分析顶柱、间柱的稳定性，一般借助数值模拟。

3.4.2 急倾斜薄脉矿体开采的地压控制

留矿法是急倾斜薄脉矿体开采的首选方法。在极薄脉矿体开采中，过去往往应用削壁充填采矿法，目前编著者发明了掏槽式削壁充填采矿法（图3.26）。

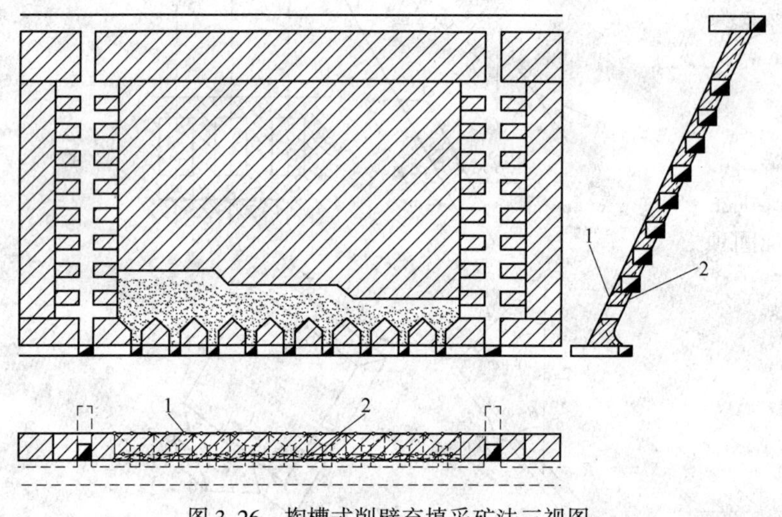

图3.26 掏槽式削壁充填采矿法三视图
1—削壁炮孔；2—掏槽式落矿炮孔

当矿体厚度不大于300mm时，在辟漏和拉底后沿采场走向在矿体上盘、下盘分界面倾斜平行直眼布置两排掏槽式落矿炮孔（图3.26），首段起爆掏槽式落矿炮孔，粉碎矿体并沿矿体倾斜方向形成削壁的自由空间；第二段起爆布置在上盘围岩中离矿体上盘分界线的距离700~900mm处，布置一排倾斜平行的削壁炮孔，崩落围岩，以便采场宽度满足落矿凿岩爆破等施工设备和人员进入采场的要求。如果下盘围岩更稳固，上述第二段起爆的削壁炮孔也可以间隔相同距离而布置在下盘围岩中，只是这时，出矿漏斗或平底结构及下盘脉外运输巷道的布置要向下盘外移上述间隔的距离。

当矿体厚度介于300~600mm时，为了改善掏槽及粉碎矿体的效果，可在上述两排掏槽式落矿炮孔中间再布置一排平行的空心孔，并在该空心孔底装1卷炸药抛出矿体。空心孔底的爆破延时应介于掏槽式落矿炮孔与削壁炮孔之间，只是这时削壁炮孔离矿体边界的距离可缩小为400~700mm。

由于按图3.26掏槽时粉碎了矿体，出矿时借助筛分，可以克服普通的削壁充填采矿法不能在采场实现矿岩分离的缺点，可以大幅度减小出矿贫化率、节省选矿费用。

3.4.2.1　采场顶板管理

采矿过程中，采场顶板常出现个别楔形或板状岩块冒落。此类结构岩块的稳定性问题，可以采用工程地质力学的块体稳定性分析法计算关键块体厚度及重量，采用支撑力超过该关键块体重量的支柱支撑该关键块体；或采用比该块体厚度至少长一个树脂药卷（600mm）的多跟锚杆支护该块体，总锚固力须大于该关键块体重量。一般情况下加强敲帮问顶，可以预防顶板冒落。

如果顶板有裂缝或者易脱层但顶板完整，每次落矿后，对厚度3m以下矿体开采形成的采空区顶板，可以沿采场走向应用0.7~1.0m的排距锚杆条网加固顶板，排内锚杆一般间隔0.7~1.0m；如果顶板有裂缝且岩体不完整，可以应用排距、间距一般约为0.7~1.0m的锚杆方网覆盖式加固顶板。锚杆长度视加固的方便性及裂隙厚度而定，一般树脂锚杆长度约2.20m，锚杆直径为18~20mm。每根锚杆采纳1卷长600mm直径28mm的标准树脂药卷安装。

对厚度3~5m甚至更厚的矿体开采形成的采空区顶板，为了预防顶板垮塌而造成出矿贫化，可以采纳排距、间距1.2~1.5m，长2.8~3.5m、直径22~25mm的预应力树脂锚杆，类似上述条网或方网加固。每根锚杆采纳2卷上述标准树脂药卷安装。

对相对完整的顶板，为了节省锚杆及条网用量，可以根据式（3.1）或现场实际悬空的稳定性状况确定不加固的悬空跨度，即间隔这个跨度用顶柱或沿采场走向布置的2~3排锚杆条网加固顶板，确保出矿过程中顶板不垮塌。如此加固，不仅可确保落矿的施工安全，也可避免出矿过程中发生顶板冒落，从而避免采场出不净而造成损失、贫化，并节省支护费用。对极破碎的采场顶板，还可借助极其破碎的上盘顶板的加筋预裂支护方法加固顶板，如图3.27所示。

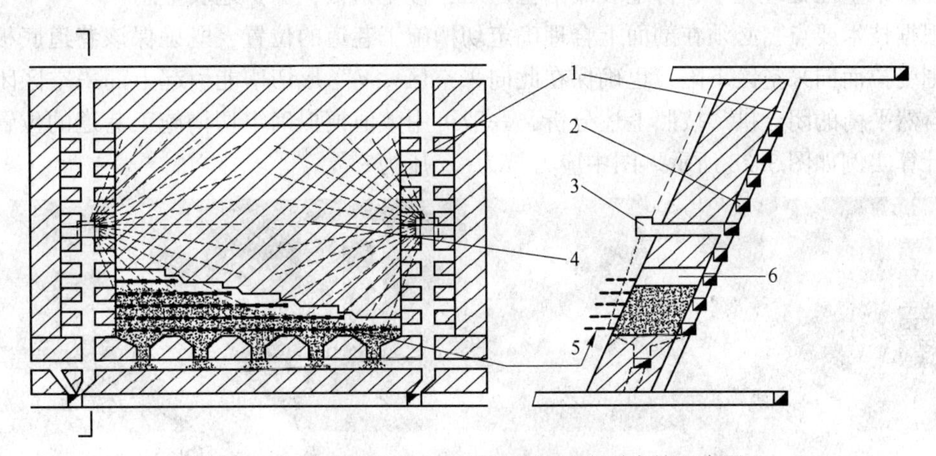

图3.27　极其破碎的上盘顶板的加筋预裂支护示意图
1—上山（人行天井）；2—联络道；3—凿岩硐室；4—深孔；5—锚杆；6—采场

对极破碎的块状顶板，在上盘矿岩分界面深孔预裂爆破，从而避免采矿过程中爆破震动进一步损坏上盘顶板。预裂爆破时，可以用捆绑胶带将炸药卷捆绑在略大于深孔长度的ϕ8钢筋上，实施深孔不耦合或不耦合间隔装药预裂爆破，预裂爆破后ϕ8钢筋留置在深孔中，形成采场上盘顶板的扇形分布的超前支护体。分层落矿后，在留矿堆上类似前述排距、间距应用锚杆条网或方网沿采场走向补强加固顶板，如图3.27所示。

下盘脉外巷道及出矿穿脉、漏斗，往往受本中段矿体采动影响而产生拉应力集中，在该集中拉应力长期拉伸疲劳作用下会发生塌方、冒顶或底臌。为了预防这类破坏，最有效的办法，就是在开穿或拉底切割前，采用预应力锚网喷加固该段巷道拱部及开穿侧的帮墙和底脚。研究表明，施加8kN预应力，能降低受拉巷道的拉应力19.0%~29.8%；若施加32kN的预应力，能降低拉应力28.6%~38.0%。

出矿过程中，由于在某条漏斗或平底结构出矿穿中集中出矿，常易发生留矿堆板结或悬顶，这是由于集中出矿时，出矿穿端部的矿体下落，导致下落漏斗两侧的矿堆被矿石下溜而引起的集中应力反复压实，从而导致此部位的矿堆板结、悬顶。具体力学原理，将在第4章有底柱分段崩落法中讲解。克服这类问题，应从采场最中间的出矿部位（漏斗或平底结构）开始，均匀出矿几吨到几十吨后，对称移至其外侧相邻的出矿部位类似出矿，再继续类似外移出矿，直至推进到采场两端的出矿部位并类似出完矿为止，再从采场最中间的出矿部位开始重复上述循环的出矿过程，直到采场出干净为止。

3.4.2.2　采空区处理

大范围采场采净后，类似3.3节评价采空区的稳定性。对未来可能整体不稳定的采空区，或者地表不停塌陷而引发矿方与周边居民矛盾等问题的采空区，在采场全部采净后，应用“V”形切槽顶板闭合法处理采空区。其技术要点是：每隔2~3个中段就在采空区的上盘沿矿体走向实施“V”形爆破切槽，引导采空区的上盘向“V”形爆破切槽的切槽口发生下滑并向下盘翻转，使“V”形爆破切槽口的上部采空区闭合或形成自然平衡的闭合拱，从而消除“V”形爆破切槽口上部的采空区，并借助切槽和掘进切槽施工巷道产生的废石就地充填到切槽口下一中段开采形成的采空区，从而消除切槽口下一中段开采形成的采空区。采空区处理完毕，待地表塌陷稳定后，覆土植被，保护地表生态环境。

根据技术要点，必须在剖面上合理确定切槽施工巷道的位置，既确保该巷道底板不会大范围受拉而向采空区下陷，也确保在此向采空区“V”形切槽能引起上部采空区闭合或形成自然平衡的闭合拱。按照上述分析，一般可用数值模拟确定切槽施工巷道的位置。某矿的计算实例如图3.28所示。图中应力拉为-、压为+。

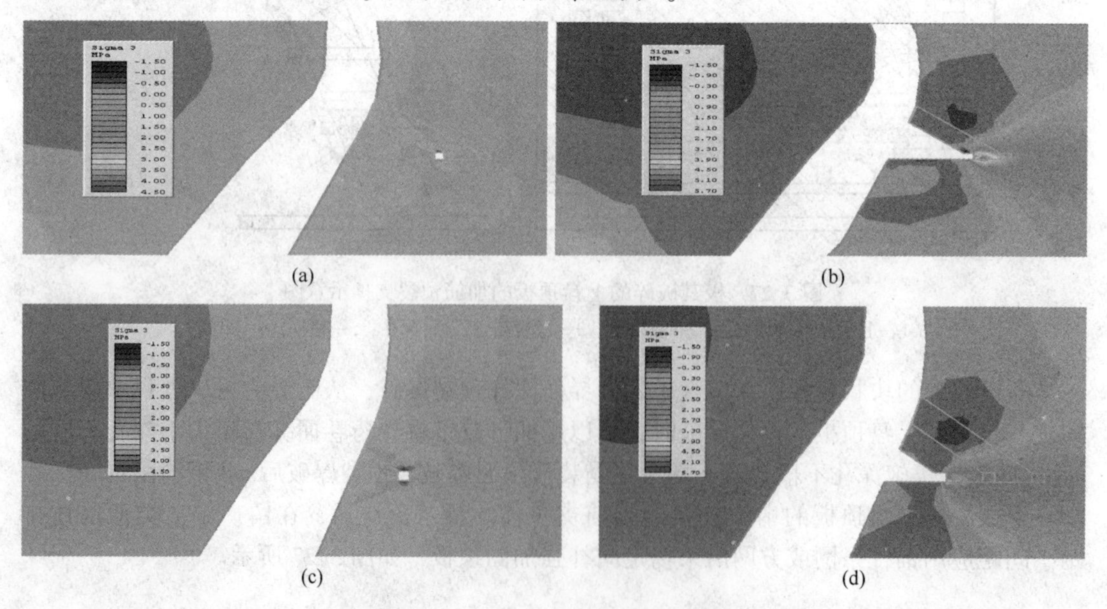

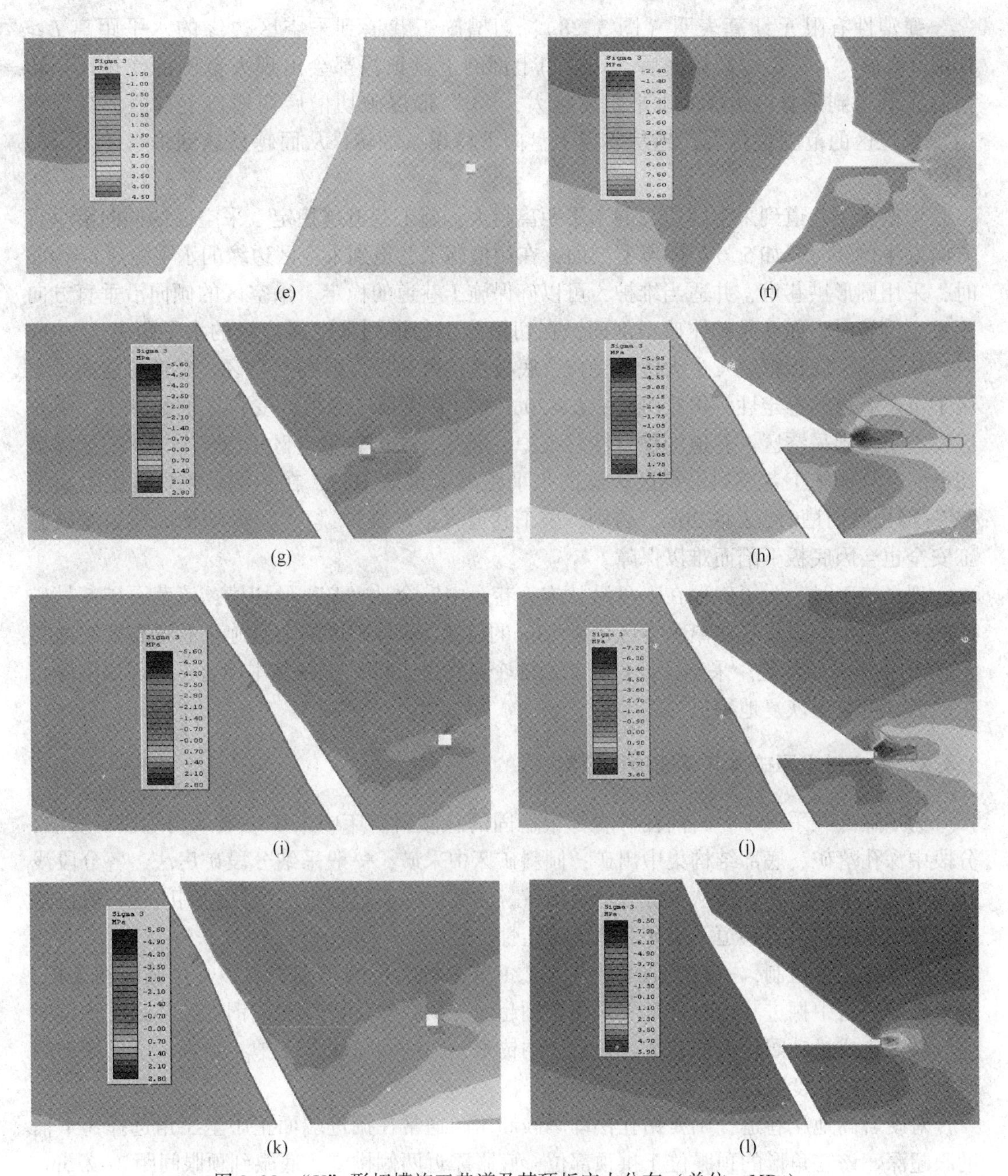

图 3.28　“V”形切槽施工巷道及其顶板应力分布（单位：MPa）

（a）5 号矿体 $L=10$m 施工巷道应力分布；（b）5 号矿体 $L=10$m “V”形切槽应力分布；
（c）5 号矿体 $L=20$m 施工巷道应力分布；（d）5 号矿体 $L=20$m “V”形切槽应力分布；
（e）5 号矿体 $L=30$m 施工巷道应力分布；（f）5 号矿体 $L=30$m “V”形切槽应力分布；
（g）9 号矿体 $L=10$m 施工巷道应力分布；（h）9 号矿体 $L=10$m “V”形切槽应力分布；
（i）9 号矿体 $L=20$m 施工巷道应力分布；（j）9 号矿体 $L=20$m “V”形切槽应力分布；
（k）9 号矿体 $L=30$m 施工巷道应力分布；（l）9 号矿体 $L=30$m “V”形切槽应力分布

“V”形切槽时，垂直巷道断面朝向采空区“V”形布置 3 个切槽深孔，其方向一般为水平、10°~22.5°或-10°~-22.5°。

弹塑性有限元计算表明（图 3.28）：切槽施工巷道到采空区边缘的水平距离 $L\geqslant$ 10m，实施“V”形爆破切槽后，切槽口上部的上盘顶板都会出现大范围的受拉区；切槽施工巷道到采空区边缘的水平距离越大，“V”形爆破切槽后切槽口上部的上盘顶板出现受拉区的范围也越大，越易实现上盘向下垮塌、翻转，从而越易达到采空区闭合的目的。

切槽施工巷道到采空区边缘的水平距离越大，施工巷道越稳定。采空区的倾向沿垂直方向发生倒转时，如 5 号矿体典型剖面，在切槽施工巷道到采空区边缘的水平距离 $L=10$m 时，采用圆形拱巷道，并适当维护，可以确保施工巷道的稳定。采空区的倾向沿垂直方向不发生倒转时，如 9 号矿体典型剖面，在切槽施工巷道到采空区边缘的水平距离 $L=10$m 时，巷道顶、底板都将发生大范围受拉，底板受拉区几乎贯通到采空区，巷道可能向采空区下沉，巷道的稳定性将很难维护；$L\geqslant 20$m 时，巷道顶、底板的受拉区明显减小，受拉区没有贯通到采空区，巷道的稳定性好维护。因此，在倒转采空区上盘实施“V”形爆破切槽时，切槽施工巷道到采空区边缘的水平距离 L 可取 10m；在不倒转采空区上盘实施“V”形爆破切槽时，L 取 20m，否则，施工巷道将很难维护，“V”形切槽的凿岩爆破施工安全也会因底板下陷而难以保障。

现场施工时，为了确保在上盘沿脉施工巷道中安全地“V”形切槽，该萤石矿 5 号矿体的上盘施工巷道布置在离采空区边缘 15m 的位置，9 号矿体的上盘施工巷道布置在离采空区边缘 25m 的位置。采空区处理完工约 2 个月后，上部采空区基本闭合、地面塌陷停止扩展后，可覆土恢复地貌。

3.4.3 急倾斜中厚矿体开采的地压控制

为了降低开采成本，目前在矿岩都很稳固的急倾斜矿床中采矿一般采用阶段矿房法，分段中深孔落矿、底部结构集中出矿；倾斜矿床中采矿，一般采纳分段矿房法，各分段浅孔或中深孔落矿，并直接从本分段巷道出矿。因此，采矿过程中的地压控制问题一般比较简单，仅需维护凿岩巷道及出矿巷道的稳定性。

巷道稳定性控制，一般类似前述 3.4.2.1 节采场顶板的小支护参数采用锚喷网支护；在极破碎围岩中掘进巷道时常常先采用管棚超前支护，然后锚喷网或钢支架补强支护；对分区破裂化或松动圈较大的巷道，通常采纳锚索、锚杆网喷联合支护，锚索长度依松动圈厚度及锚固段长度而定。

对硬岩高地压巷道，则要钻孔松动爆破卸压。通常在掘进端面正中呈三角选择 3 个辅助眼超深。该三角形的顶眼位于拱顶部位，底眼靠近两侧拱腰，底眼到顶眼间距 2~2.5m。超深钻孔深度取掘进进尺的 2 倍，底眼距拱腰帮墙一般约 0.5m。在巷帮的拱腰附近，也要同时两侧对称凿深 2~2.5m、沿巷道走向间距约 2m 的振动炮孔。超深孔全长装药，仅在振动孔孔底装药约 40g 并紧密堵塞。巷道宽度较大时，振动炮孔深度取上限，反之取下限。

矿岩不很稳固时多采纳单进路的无底柱分段崩落法采矿，急倾斜厚大矿体也多采纳无底柱分段崩落法采矿，其地压控制特点将在第 4 章专门介绍，在此不涉及。对矿岩不很稳固的倾斜或急倾斜矿体，在出矿过程中因悬空或暴露时间较长，也会发生顶板坍塌的采场，采用分段或阶段矿房法中深孔开采时，按 3.2.2.1 节点柱设计式（3.1）或顶板可能悬空的实际跨度，布置隔离顶柱（分段矿房法），或切割槽（阶段矿房法）与天井（或上山）的间距，用锚索、锚网加固分层巷道顶板，或沿倾向加固浅孔留矿式施工的切割槽顶板，可避免顶板垮塌时引起的损失、贫化。浅孔落矿时，可类似3.4.2.1节介绍的大锚杆、条网预应力加固采场顶板。

底部巷道及底部结构出矿，也可类似3.4.2.1节方法控制地压。

采矿结束后，可类似3.3节评价采空区的稳定性。对未来可能整体不稳定的采空区，倾斜矿体一般分段矿房法开采后，应有计划地崩落并适当回收顶柱，再按3.2.3.2节切槽放顶处理采空区；阶段矿房法一般应用间隔间柱抽采法回收矿柱，并采用硐室与深孔爆破法处理大面积、连片的不稳定采空区；若深部中段地压较大，常导致采矿过程中发生岩爆，还须及时实施采空区处理与卸压开采，消除深部中段岩爆发生的应力条件。

3.4.3.1　采空区处理的硐室与深孔爆破法

采空区的硐室和深孔爆破法的技术要点是：间柱和其两侧的顶柱抽采后，在沿走向长约93m的采空区上盘实施深孔爆破，避免上盘围岩过度爆破损伤，同时使采空区中充满废石并达到一定充填高度；小硐室爆破形成上盘深孔爆破的自由面；如果废石量难满足充填高度的要求，需要辅助实施下盘硐室爆破。从技术要点中可见，废石充填高度，即上盘深孔爆破或下盘硐室爆破量需要研究；类似“V”形切槽上盘闭合法，上盘施工巷道的位置也可数值模拟确定，确保上盘施工巷道不会向采空区下陷。

如果不需限制上盘岩移，依据式（3.19）设计废石充填高度即可，否则必须数值模拟确定废石充填高度。

A　上盘施工巷道的位置确定

七角井铁矿深孔凿岩的施工巷道周边所受的拉应力正好为零时，施工巷道到采空区边缘的水平距离约为12.5m，如图3.29所示。

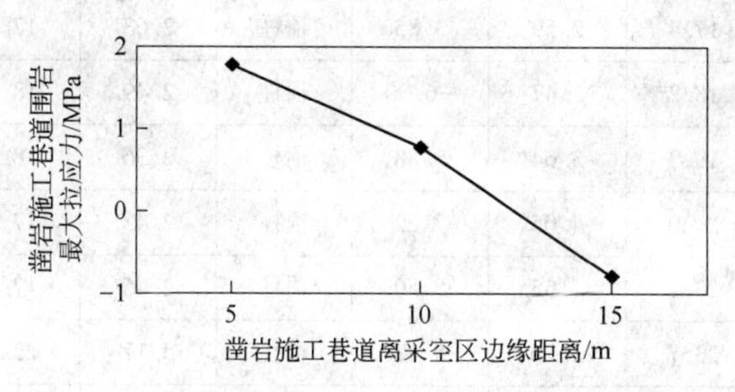

图3.29　离采空区边缘距离—巷道最大拉应力变化曲线

B　纵向间隔间柱抽采的中段数及充填高度确定

为了避免上中段矿柱回收后爆破充填的废石引起下中段回收的矿柱贫化，回收顺序可调整为：上中段矿柱爆破后，出矿的同时对应在下中段的矿柱上凿岩，然后一次性大区微差爆破，随后在下中段底板上继续出矿。可见，间隔间柱抽采法的矿柱回采强度高，在矿石覆盖层下出矿，因而贫化率低，爆破充填的工艺简单；但在无底部结构的采场中出矿时，由于采空区悬空较高，出矿不安全。若矿体厚度超过8m或矿体倾角小于80°，因人不能进采空区时，铲运机铲斗难以垂直延伸到上盘壁面，因而难以铲满、难以出净，为了安全、干净出矿，在厚大矿体平底结构出矿时，需要采用堑沟受矿。要限制上盘移动时，采纳采空区的硐室和深孔爆破法处理采空区，爆破充填的废石量也较大。

数值仿真表明，采用间隔间柱抽采法回收矿柱，七角井铁矿可在纵向连续、安全回收3个中段的矿柱，但3个中段的矿柱回收完后必须及时采空区处理，限制上盘移动时必须至少充满第三中段。如图3.30、表3.6所示。

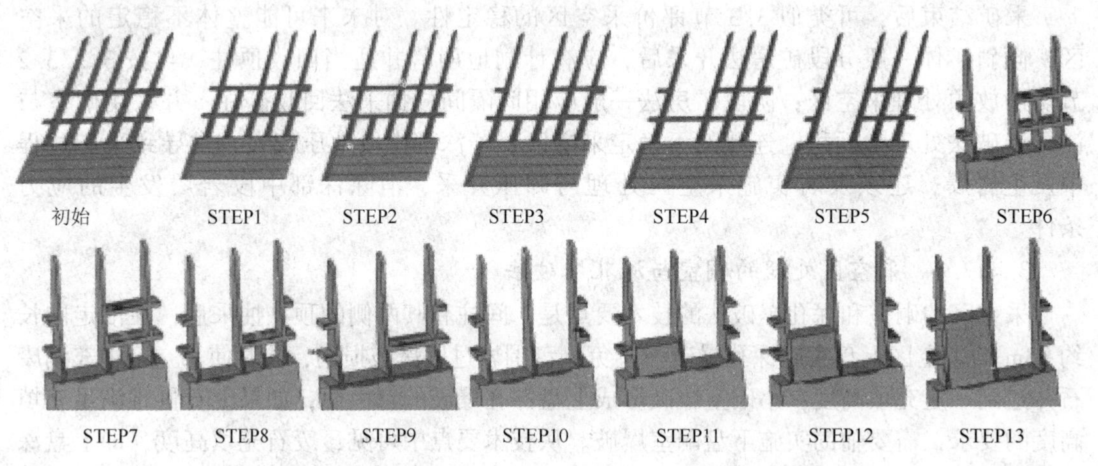

图3.30　间隔间柱抽采及采空区的硐室与深孔爆破法仿真步骤

表3.6　间隔间柱抽采及采空区硐室与深孔爆破的各步最大应力与位移

步骤地压	矿柱应力/MPa		矿柱最大位移/mm			上盘应力/MPa		上盘位移/mm	
	拉	压	水平	垂直	垂直位移显现位置	拉	压	水平	垂直
初始	4.63	17.2	-4.33	-97.46	地表	2.02	14.9	-3.16	-105.06
Step1	5.11	17.4	2.59	3.85	顶柱	2.63	17.3	-3.87	-8.25
Step2	6.12	18.2	3.47	-6.00	顶柱	2.49	18.1	-4.02	-9.03
Step3	6.12	19.3	3.64	5.88	顶柱	2.36	18.6	-4.25	-9.16
Step4	7.30	20.0	4.05	7.22	顶柱	2.43	17.2	-4.23	-9.48
Step5	5.63	22.2	2.55	5.50	顶柱	2.45	17.5	-4.26	-9.40
Step6	6.02	23.7	2.70	5.47	顶柱	3.17	22.2	-4.52	-9.93
Step7	7.19	24.6	-3.83	-7.34	顶柱	3.33	22.3	-4.55	-10.24
Step8	7.00	25.1	3.95	5.95	顶柱	3.42	22.3	-4.65	-10.30
Step9	8.32	26.6	4.38	-8.44	顶柱	3.49	22.3	-4.60	-10.52
Step10	6.63	24.4	2.82	5.43	底板	3.50	22.4	-4.61	-10.40
Step11	6.25	24.5	4.00	82.66	充填体	3.52	22.4	-4.61	-10.67
Step12	6.26	24.5	4.05	87.02	充填体	3.53	22.4	-4.63	-10.83
Step13	6.27	24.5	4.10	89.49	充填体	3.54	22.4	-4.66	-11.05

比较表3.6可见：(1) 各步开挖引起的矿柱压应力最大值都没有达到矿柱抗压强度。这说明压应力对矿柱回采及采空区处理无影响。(2) 从 Step1、Step2、Step4、Step6、Step7、Step9 各步又可见，抽采间柱较紧随之后的抽采顶柱引起矿柱最大应力增加得更大。这说明倾斜采矿时，间柱比顶柱起的支撑作用更大，顶柱只起辅助支撑作用。(3) 一中段矿柱回收时矿柱最大应力的增加相对不大，但二中段回采后局部矿柱的最大拉应力接近矿体强度，三中段回采后许多矿柱单元的最大拉应力超过了矿体强度。因此，爆破充填矿柱回采后的采空区时至少必须充满第三中段。(4) 间柱抽采时最大拉应力常显现在本中段的顶柱中，因此，为了确保出矿的安全，本中段间柱和顶柱应该一次性微差爆破。(5) 从一中段到三中段同时抽采一根间柱及其两侧顶柱，矿柱拉应力基本没有达到其抗拉强度，但不充填而连续间隔抽采相邻的间柱，会促进顶柱最大拉应力快速升高而超过抗拉强度。因此，从一中段到三中段一根间柱及其两侧的顶柱回收完后，必须立即实施采空区处理，随后再后退间隔回采相邻的矿柱。(6) 一至三中段的矿柱回采对深部开采的影响总体不明显，上盘水平位移不超过 5mm、垂直位移变化基本不超过 10mm。(7) 从一中段到三中段抽采1根间柱及其两侧的顶柱对上盘稳定性的影响不明显，上盘岩体的拉应力没有达到其抗拉强度，但不充填而连续间隔抽采相邻的间柱会促进上盘岩体的最大拉应力快速升高而超过其抗拉强度，可能引起局部拉破坏。

仔细比较 Step11 ~ Step13，发现矿柱、上盘压应力都相同，拉应力变化不超过 0.01MPa，水平位移变化不超过 0.05mm，垂直位移变化不超过 4.36mm，而且充填高度从 40m 变化到 62m 与从 62m 变化到 84m 的垂直位移变化规律正好相反、变化速度也明显减小。因此，考虑施工经济因素和松石自重限制松石上浮而增强对保留矿柱及上盘围岩移动的限制作用，可取二中段一半高度以下充满，即充填高度取 62m。

从研究的严谨性看，还应讨论按实际切割分层联络道、三个中段一侧矿柱采完后先充填再类似上述后退抽采、充填后两侧同时类似后退回采，或堆坝法等其他方案，充分论证各类情况下施工的可靠性，并借助位移矢量分析再论证充填的可靠性。有关研究表明，切割分层联络道与上述忽略分层联络道，计算结论无差异。三个中段一侧矿柱采完后先充满二中段一半高度以下的采空区，再类似上述后退抽采矿柱（间柱及其两侧顶、底柱）是安全、可行的。间隔间柱抽采并及时充满二中段一半高度以下的采空区后，然后类似上述两侧后退抽采矿柱也是安全、可靠的。堆坝法抽采矿柱会引起矿柱及顶板失稳。充填越高限制岩移的效果越好。

C 矿柱回收与采空区处理施工与评价

研究表明，间隔间柱抽采，从上向下抽采3个中段，悬空高度达到 150~190m 时，爆破三棱柱体充满采空区的厚度达到 62.0m，能限制上盘及3号、5号间柱的移动及破坏，如图 3.31 所示。

如图 3.31 所示每间隔抽采一个间柱，形成长约 93m 的采空区后，再立即充填该采空区，就能满足控制岩体移动和保护上层钒矿的需要；而且按图 3.31 爆破上盘近地表的3棱柱体，可进一步削除上盘下移的荷载，有利上盘稳定。

在凿岩一中段4号间柱的同时，可在一中段沿保留的3号或5号间柱向上盘围岩打水平穿脉，等穿脉延伸到离采空区边缘的距离约为 16m 时，再沿采空区走向凿深孔爆破的水平施工巷道，同时确保施工巷道离采空区边缘的距离不小于 12.5m。根据深孔凿岩设备的施工要求，水平施工巷道可取高 3m、宽 2.5~3m。

深孔爆破的水平巷道施工完毕后，可在回收二、三中段的 4 号间柱及顶柱的同时，按图 3.31 凿扇形深孔。沿 93m 长的采空区走向切开 2~3m 宽的爆破自由面时，可按图 3.31 布置深孔和小硐室，小硐室可以借助钻孔扩孔或药壶爆破产生。第一段起爆紧邻小硐室的两排扇形深孔，第二段起爆小硐室，然后依次起爆后排扇形深孔，从而产生爆破自由面。除产生爆破自由面的最中间 2 排扇形深孔间布置小硐室外，其他按图 3.31 凿扇形深孔时不必再布置小硐室。沿上盘的水平施工巷道走向，产生爆破自由面的几排扇形深孔的排距约为 1m，其他正常爆破的排距约为 3m。每排扇形面布置 6~9 个深度介于 9~30m 之间的炮孔。

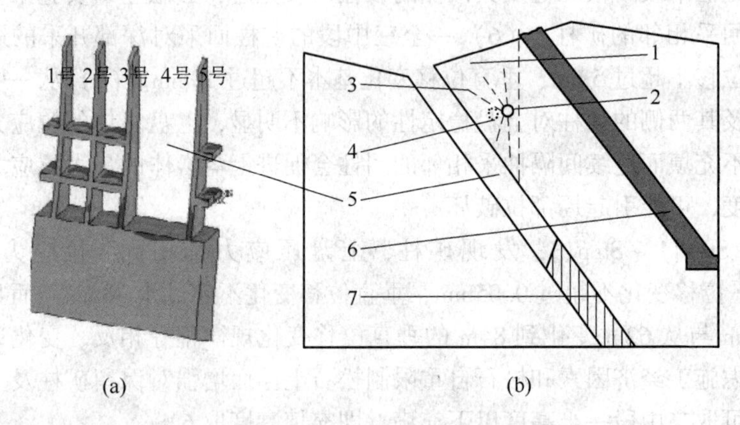

图 3.31　采空区处理施工方案示意图

（a）部分矿柱、采空区纵投影；（b）施工方案剖面示意图

1—三棱柱体；2—上盘深孔爆破的水平施工巷道；3—凿岩深孔；4—辅助小硐室；5—4 号间柱抽采后的采空区；6—上层钒矿；7—2280m 以下的铁矿体

从上到下三个中段的矿柱爆破并出干净后，一次性大区微差爆破上盘长 93m 的近似三棱柱体充填该矿柱回收后的采空区。之后，再类似后退间隔抽采 3 号、5 号间柱之外的 2 号、6 号间柱。各中段矿柱回收时，间柱都采用分段集中上向深孔凿岩，从回收的间柱向保留间柱方向集中对底柱水平深孔凿岩。一般在底柱上凿 2 排水平扇形深孔，每排内布孔 5~7 个。起爆时，从中段的最下一个分层向最上一个分层一次性微差爆破间柱和底柱。为了确保保留间柱不受爆破损伤，水平深孔凿岩的深度比矿房长度至少小爆破裂纹的扩展深度 3.74m，实际凿岩时取小于 4m。

由于采场长度不规整，局部采场长度超过 50m、两采空区的跨度超过 113m，这是可能在矿柱回收中导致七角井铁矿的上盘垮塌的原因。因此，遇到这种情况时，可间隔 2 根间柱抽采，这时实际矿柱总回收率达到 60%。后期受采空区处理与卸压开采（见 3.4.3.2 节）回收矿柱并卸压开采的启发，将保留的间柱回采一半宽度，也能确保回采过程中上盘不垮塌，并能确保充填的爆破废石不会因保留的半个间柱垮塌而混入正在爆破矿柱回采的矿石中，这时实际矿柱总回收率超过 75%。

3.4.3.2　急倾斜矿体开采的采空区处理与卸压开采方法

矿山进入深部开采后，往往在上部开采形成大面积采空区，如果不及时处理采空区，不仅会因为采空区冒落或垮塌形成顶板冲击地压事故，而且集中在深部矿岩上的高地压也将导致岩爆或大变形事故。目前的新方法只能在采空区处理的同时，局部消除或转移该采空区内部或深部邻近作业面的局部地压，还没有一种合适的方法，既能全面处理浅部采空区，还能对其深部一个中段实现卸压开采。

压力拱理论适合解释开采保护层（解放层）或免压拱内采矿等卸压工艺的力学机制。水平地应力与隔断开采理论适合解释爆破垂直切槽或开挖垂直空间隔断而削弱水平地应力的力学机制。笔者等在压力拱理论及水平地应力与隔断开采理论的基础上，发明了一种急倾斜矿体开采的采空区处理与卸压开采方法。其技术要点是：回收完采空区的矿柱后，使采空区上盘和下盘在深部待采矿体以上形成一个以上盘、下盘沿脉巷道的外侧完好围岩为拱脚的免压拱，从而消除上部开采形成的采空区可能造成的地压危害；并通过上盘、下盘沿脉巷道底板的下向垂直深孔爆破形成的塑性化带，隔断高水平应力对深部待采矿体的影响，最终达到深部卸压开采的目的。

从技术要点可见：本项发明借助压力拱与隔断开采理论的巧妙结合，利用爆破技术一种施工手段，提出了转移或释放地应力，服务安全、高效开采的科学问题；必须研究解决如下技术核心问题：压力拱拱宽（上盘脉外巷道布置位置）、上盘或下盘脉外巷道底板隔断开采是否必须都施工、隔断开采深度、隔断开采施工工艺等。该方法适合急倾斜矿体空场法开采的采空区处理与卸压开采。

A　隔断开采深度

某铅锌矿的上、下盘围岩都是完整稳固的灰岩。当上、下盘巷道离采空区边缘的距离都为10m时，其隔断开采的深度约为20m，见表3.7，因为开采深度20m前后在深部900m下相同埋深的待采矿体压应力变化趋势正好相反。

表3.7　典型剖面不同隔断开采深度时深部待采矿体的压应力比较

方　案	深部相同埋深待采矿体的压应力/MPa	
	垂直	水平
未隔断开采	3.09~5.95	9.04~18.2
10m深钻孔爆破隔断开采	2.80~5.14	4.94~15.4
20m深钻孔爆破隔断开采	2.29~4.55	4.75~14.5
30m深钻孔爆破隔断开采	2.15~4.38	4.75~14.5

B　上盘施工巷道位置

在900m水平下盘脉外离采空区10m布置矿柱回收的脉外运输巷道后，分别在上盘脉外离采空区10m、20m、30m布置上盘卸压施工巷道。分别计算“V”形切槽处理采空区及巷道底板下向钻孔10m、20m、30m而实施隔断开采时，深部待采矿体相同深度范围的最大压应力变化，结果见表3.8。

表 3.8 典型剖面上盘巷道处在不同位置时深部待采矿体的压应力比较

上盘巷道离矿体的水平距离/m	深部相同埋深处待采矿体的最大压应力/MPa							
	“V”形切槽		隔断 10m 深		隔断 20m 深		隔断 30m 深	
	垂直	水平	垂直	水平	垂直	水平	垂直	水平
10	5.95	18.2	5.14	15.4	4.55	9.63	4.38	9.64
20	4.99	21.1	3.61	15.5	3.33	12.0	3.21	11.7
30	5.36	16.4	4.78	15.3	4.38	10.2	4.25	10.5

从表 3.8 可见，上盘脉外巷道间隔采空区的水平距离小于 20m 与超过 20m 时，最大压应力变化规律正好相反，因此，取上盘脉外巷道离采空区的水平距离为 20m。

从表 3.8 也可见，隔断开采深度超过 20m 时，深部 900m 下相同埋深的待采矿体压应力减小速度较隔断开采深度小于 20m 时大幅度降低，因此，隔断开采深度取 20m 是经济合理的。

上下盘脉外巷道离采空区分别为 20m、10m，按该新方法实施采空区处理与 20m 深的隔断开采后，数值模拟表明 890～870m 水平附近待采矿体的垂直压应力处于 0.778～3.33MPa、水平压应力处于 5.89～12.0MPa，900m 水平附近待采矿体基本不受拉（图 3.32），较矿柱回收并上下盘“V”形切槽（图 3.33）有明显改善，远低于秦岭地区发生岩爆的原岩应力条件（约 700m 埋深、原岩应力约 20MPa）。因此，采纳该新方法实施该矿的采空区处理与卸压开采能消除深部中段的岩爆。

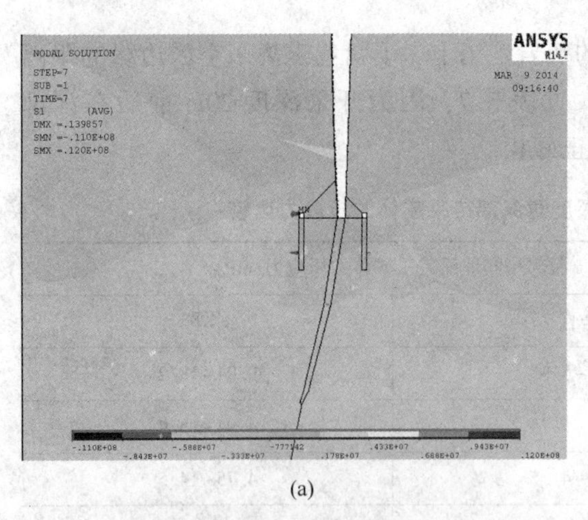

(a)

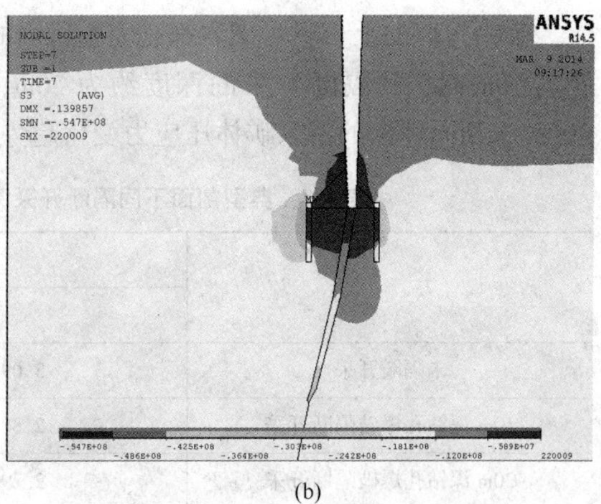

(b)

图 3.32 典型剖面矿柱回收、上下盘“V”形切槽并卸压开采的主应力分布（单位：Pa）
（a）垂直应力；（b）水平应力

C 上下盘巷道同时“V”形爆破和底板隔断开采的必要性

在图 3.32 方案的基础上，开展如下三种仿真。即：方案Ⅰ仅下盘底板不实施隔断开采；方案Ⅱ下盘不实施隔断开采和 V 形切槽；方案Ⅲ仅上盘底板不实施隔断开采。计算结果见表 3.9。

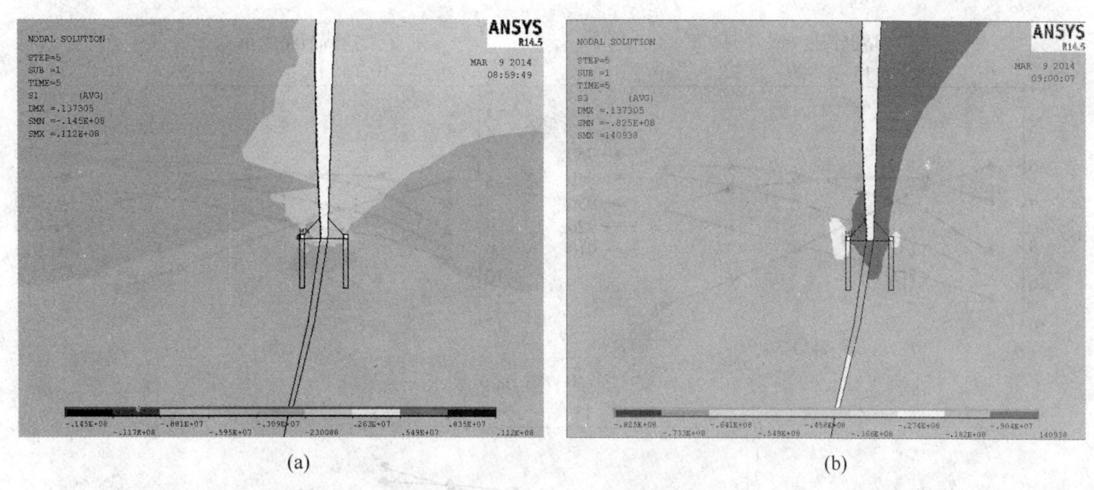

(a) (b)

图 3.33 典型剖面矿柱回收并上下盘“V”形切槽的主应力分布（单位：Pa）

（a）垂直应力；（b）水平应力

表 3.9 典型剖面 850~870m 水平待采矿体的压应力比较

压应力	图 5.6 方案	方案Ⅰ	方案Ⅱ	方案Ⅲ
垂直	5.88~3.33	5.93~3.32	5.41~2.79	8.64~5.26
水平	12.0~5.89	11.80~5.77	17.30~11.50	15.90~7.0

将方案Ⅰ~Ⅲ分别与图 3.32 方案比较，发现方案Ⅰ卸压效果与图 3.32 几乎相当，方案Ⅱ和方案Ⅲ的卸压效果较差。因此，应用该采空区处理与卸压开采新方法，必须同时在上下盘巷道向采空区“V”形槽松动爆破，可只在上盘巷道底板实施隔断开采。

D 隔断开采施工工艺

上盘围岩是完整稳固的灰岩时，上述对上下盘巷道向采空区“V”形槽松动爆破，并在上盘巷道底板实施送动爆破隔断开采。参数折减数值仿真及现场实践都证明，可实现深部一个中段的卸压开采。

另一个铅锌矿，上盘围岩为较大理岩、灰岩软弱的千枚岩（抗压强度低 30%以上），下盘为完整稳固的灰岩，类似上述实施“V”形切槽松动爆破及隔断开采，降低深部中段应力的效果不明显（图 3.34(a)、(b)），采用开挖并回填方式仿真发现降低深部中段应力的效果较明显（图 3.34(c)）。可见，对上盘稍软弱的围岩卸压开采，一般松动爆破降低隔断部位强度的幅度不大，必须强力抛掷松动爆破大幅度降低其强度，才能实现深部一个中段的卸压开采。

对于这类相对软弱的上盘围岩，上盘施工巷道位置不仅要考虑压力拱的卸压效果，也要类似 3.4.2.2 节考虑上盘施工巷道的稳定性。在凤县地区，上盘千枚岩顶板卸压开采时，上盘施工巷道离采空区边缘的距离一般取 25m，才能确保施工巷道在凿岩、施工中不向其深部的采空区下陷。

E 分隔间柱的抽采比例

对上盘围岩为千枚岩的这个铅锌矿，为了避免间隔间柱抽采及卸压开采后垮塌的上盘

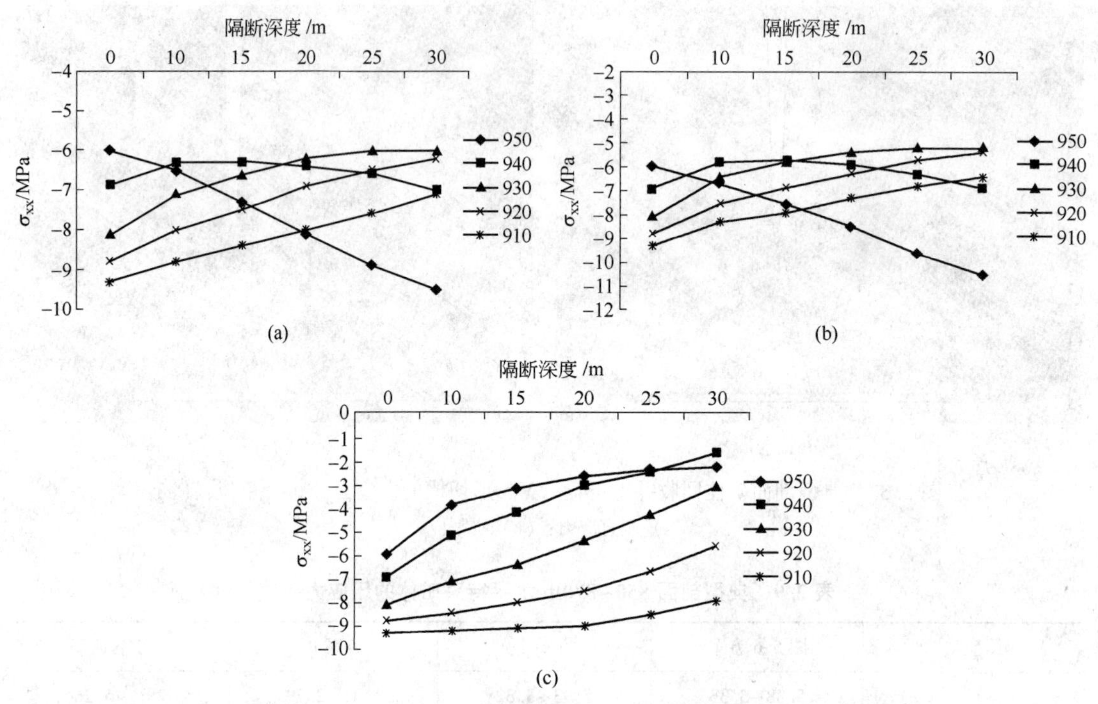

图 3.34　典型剖面随隔断开采深度变化的不同深度处矿体水平应力

（a）参数弱化；（b）大幅度参数弱化；（c）开采后再充填岩石

千枚岩贫化相邻采空区中矿柱爆破产生的矿石，临近回采采空区的分隔间柱必须保留一部分，以便隔开垮塌的千枚岩。应用 $FLAC^{3D}$ 数值模拟临近采空区回收分隔间柱的比例分别为其宽度的 1/3、1/2 或 2/3 时矿柱、上盘应力分布，结果如图 3.35 所示。

从图 3.35 可见，从矿柱抽采后的临近采空区回收分隔间柱宽度的 1/3 或 1/2 后，尽管该间柱剩下的部分不可能倒塌，但临近采空区的上盘千枚岩微弱受拉，拉应力不超过 0.41MPa，受拉深度不超过 2.6m（图 3.36）；回收 2/3 宽度的分隔间柱后，间柱剩余部分可能倒塌（图 3.35(f)），临近采空区的上盘千枚岩微弱受拉，拉应力不超过 0.42MPa，受拉深度不超过 2.8m（图 3.36）。

从图 3.36 还可见，典型剖面在一个采空区中间隔抽采完矿柱并卸压开采后，其相邻采空区中分隔间柱从不回采→回采宽度的 1/3→回采宽度的 1/2→回采宽度的 2/3 时，该临近采空区上盘千枚岩顶板的拉应力从 0.314MPa 逐步增大到 0.420MPa，拉应力区深度从 2.4m 逐步增大到 2.8m，但回采 2/3 宽度的分隔间柱后，剩余 1/3 宽度的分隔间柱都处于

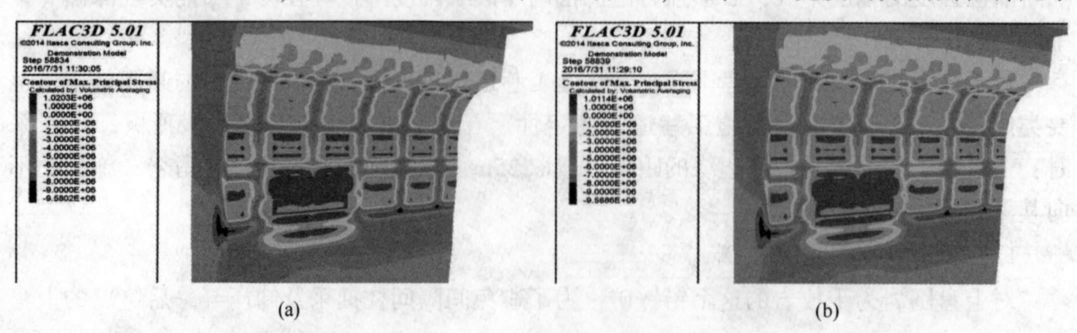

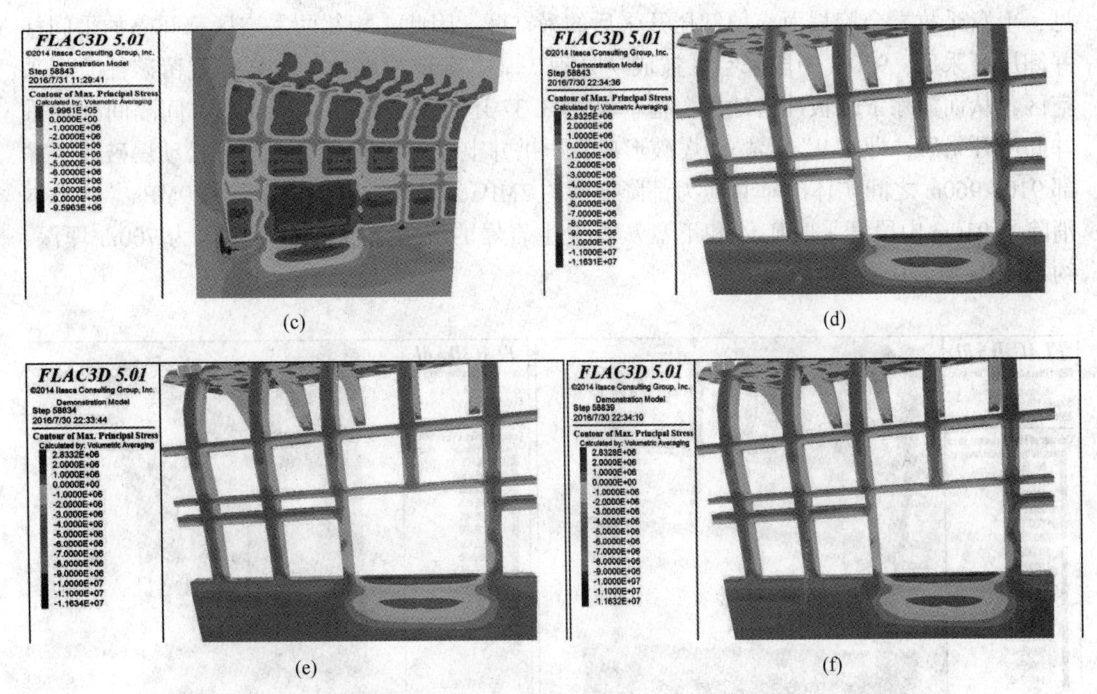

(c)　(d)　(e)　(f)

图 3.35　典型剖面临近采空区中分隔间柱部分回采后上盘、矿柱最大主应力分布（单位：Pa）

(a) 回收 1/3；(b) 回收 1/2；(c) 回收 2/3；(d) 回收 1/3；(e) 回收 1/2；(f) 回收 2/3

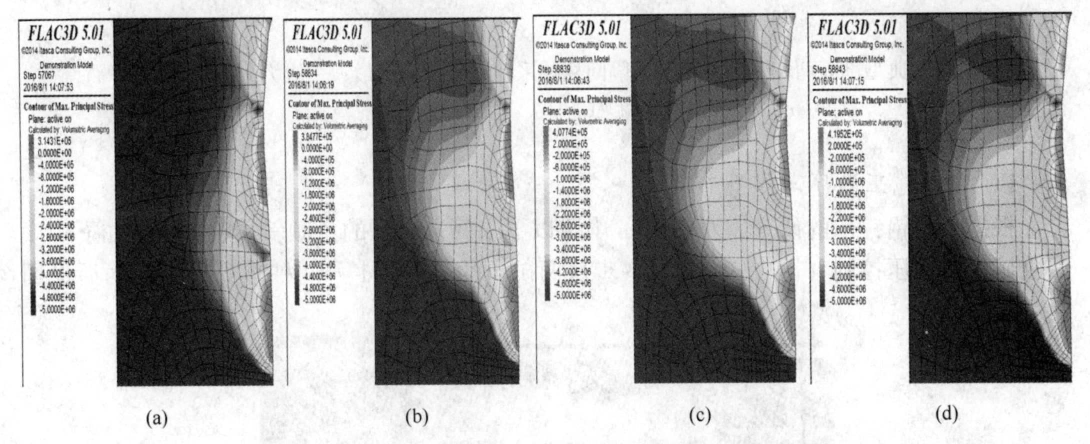

(a)　(b)　(c)　(d)

图 3.36　典型剖面分隔间柱不同回采比例时上盘千枚岩最大主应力分布（单位：Pa）

(a) 不回收；(b) 回收 1/3；(c) 回收 1/2；(d) 回收 2/3

拉压平衡状态或微弱受拉状态（图 3.35(c)），在“V”形松动爆破冲击等作用下易倒塌，从而导致已抽采采空区中的垮塌围岩混入临近回采采空区，导致该采空区抽采的矿柱发生贫化，甚至不能安全出矿。因此，其相邻采空区的分隔间柱的回采比例不应超过间柱宽度的 1/2。

两相邻采空区都间隔间柱抽采并卸压开采后（图 3.37），中间残留的 1/2 宽度的分隔间柱局部基本处于全断面拉压平衡状态，在“V”形松动爆破冲击等作用下可能发生倒塌；抽采矿柱后的上盘千枚岩顶板普遍受拉，最大拉应力一般接近千枚岩的抗拉强度，可见，上盘千枚岩会垮塌而充填卸压开采后的采空区。因此，相邻两采空区都间隔抽采间柱并卸压开采后，960m 中段采空区被成功处理，基本实现垮塌的千枚岩或残留矿柱充填采空区，从而消除了顶板冲击地压隐患。从图 3. 37 还可见，两相邻采空区都间隔间柱抽采并卸压开采后，即“V”形松动爆破形成免压拱并上盘施工巷道底板充分松动爆破后，深部 910~960m 之间矿体的垂直应力都降低到约 2MPa，水平应力都降低到约 9MPa，这基本消除了 910m 中段开采时矿体和下盘灰岩发生岩爆的应力条件（秦岭地区为 700m 埋深、约 20MPa 原岩应力）。

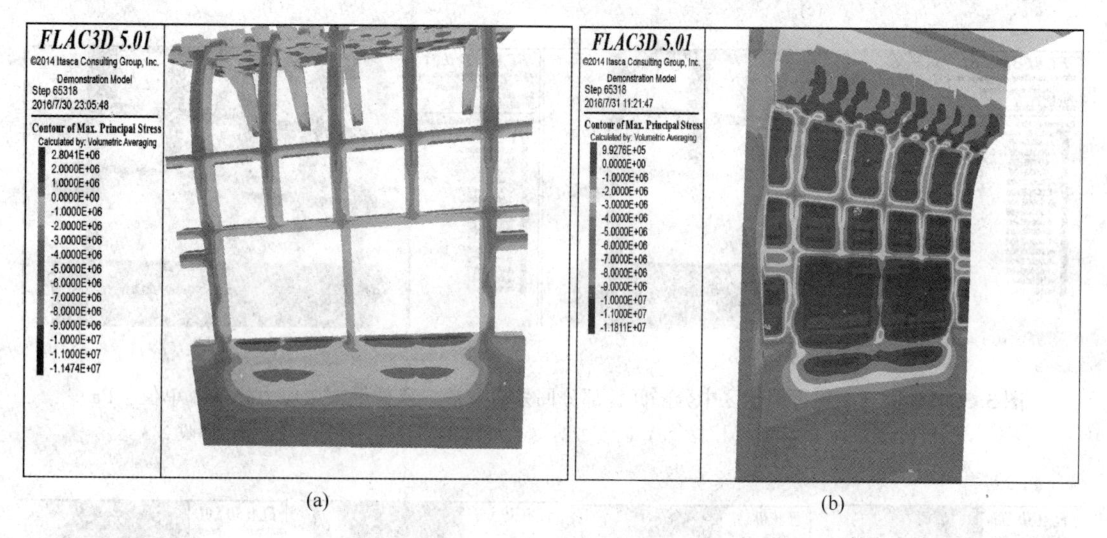

(a)　　(b)

图 3. 37　典型剖面两相邻采空区都间隔间柱抽采并卸压开采的最大主应力分布（单位：Pa）

（a）矿柱；（b）上盘千枚岩

F　现场施工顺序与炮孔布置

根据上述铅锌矿的研究，对 1010m 中段以下未回采矿柱的急倾斜采空区，按如下顺序回收矿柱及地压控制（图 3. 38）：第一步从两矿山的分界（1 号间柱）处开始向西后退回

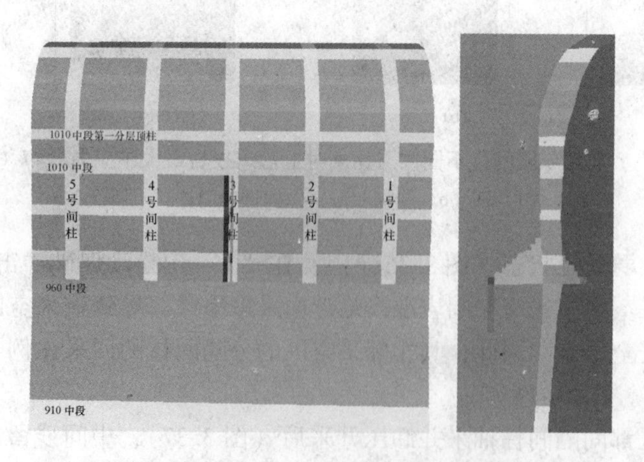

图 3. 38　矿柱回收及卸压开采示意图

（a）矿柱回收顺序；（b）采空区处理与卸压开采

收2号间柱及其2侧的顶柱（见图3.38(a)），第二步类似图3.38(b)实施“V”形切槽及上盘巷道底板的下向深孔充分松动爆破隔断开采，第三步回收4号间柱及其2侧的顶柱和3号矿柱的左半部分（见图3.38(a)中色），第四步又类似图3.38(b)实施“V”形切槽及上盘巷道底板的下向深孔充分松动爆破隔断开采。如此向西后退间隔间柱抽采并采空区处理与卸压开采，直至矿柱抽采并采空区处理与卸压开采完毕。

由于1010m中段仅按传统办法间隔间柱抽采了第一分层顶柱以下的间柱，且采用脉内出矿，部分崩落的矿石还残留在960m中段的顶柱上而未出干净。随着960m中段矿柱（间柱、顶柱）回收，上述残留的矿石一起垮塌到960m中段的平底结构中出矿。在960m中段的平底结构中出矿时，可以同时施工该采空区对应的上盘、下盘巷道中的“V”形深孔、底板隔断开采深孔，一般先施工上盘深孔，等矿石快出净时再施工下盘“V”形深孔，以便不影响下盘脉外巷道及平底结构出矿。间柱及顶柱回收的钻孔及凿岩硐室布置如图3.39所示。

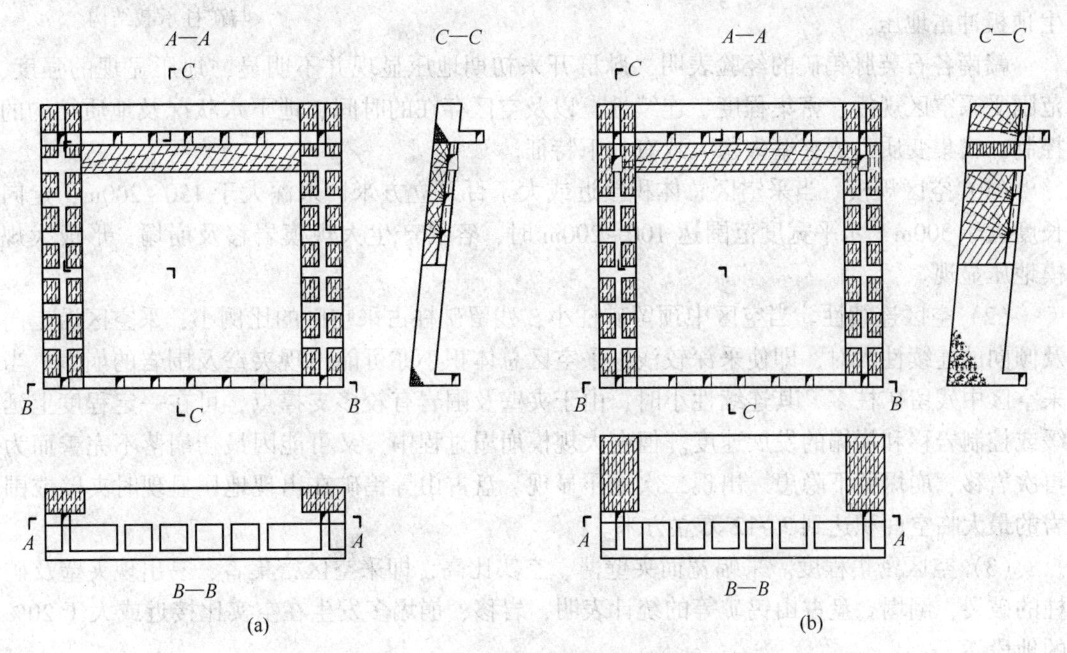

图3.39 矿柱回收的凿岩硐室及炮孔布置
（a）薄矿体；（b）中厚矿体

按照上述方法，实现了深部中段的卸压开采，矿柱回收率超过75%，试验采场的矿体实际总回采率达到92%。在上盘千枚岩中的巷道底板凿3排排距1m的炮孔，中间排深1~1.5m，且仅孔底1~1.5m装药并延迟爆破抛掷，可以实现强松动卸压开采。

3.4.4 急倾斜薄脉群地压显现与夹壁稳定性

3.4.4.1 薄脉群地压特点

用留矿法、削壁充填法或掏槽式削壁充填法开采数条至数十条采幅0.2~2m的平行矿脉时，在开采空间之间遗留有厚薄不一的板状夹壁，其规模：小者长50m，高50m，厚3~4m；大者长、高超过300m，厚10~15m以上。在倾斜方向，夹壁由矿房顶、底柱支撑；在走向方向，夹壁由间柱支撑，间柱宽 3~5m，高 50m 左右。实际上夹壁与矿柱是互相支撑的，它们共同形成一个复杂的支撑结构，靠自身强度支撑来至上下盘岩体的地压。如图 3.40 所示，此处 T_1、T_2 分别为上下盘滑动棱柱体作用在矿柱上的荷载，此荷载通过矿柱传至夹壁；P 为上部岩帽作用在夹壁上的荷载，当荷载超过矿柱或夹壁的强度时会使之发生破坏。通常在采动范围扩大、地压增强时，由于地压作用较强或应力集中过大，在夹壁较薄或有断层切穿处会先行破坏，继而引起地压重新分布，应力转移使其他矿柱、夹壁因荷载增大而失稳。当矿柱与夹壁的破坏扩展到相当范围时，将使支撑上下盘围岩的整个荷载结构失去支撑作用，导致大范围的岩体移动、崩塌，形成大规模地压显现，甚至发生顶板冲击地压。

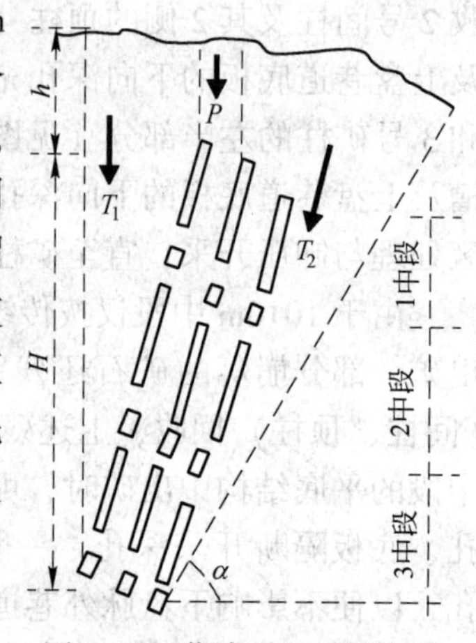

图 3.40 薄脉群开采后夹壁与矿柱承载结构

赣南各石英脉钨矿的经验表明，脉群开采初期地压显现并不明显，地压显现的强度、范围受采空区规模、密集程度、连续性，以及空区存在的时间、地下水状况及地质结构的控制，密集变质砂岩夹壁失稳大致有如下特征。

（1）空区规模。当采空区总体积接近或大于百万立方米，采深大于 150~200m，走向长度大于 300m，水平宽度范围达 100~200m 时，容易产生大规模岩移及崩塌，形成大规模地压显现。

（2）空区连续性。当空区中预留矿柱小，残留矿柱占采空区的比例小，采空区沿走向及倾向的连续性大时，即使采深较浅，采空区总体积小亦可能出现夹壁及围岩的崩塌。当采空区中残留矿柱多，其连续性小时，由于夹壁及围岩有较多支撑点，可在一定程度上延缓或控制岩移和崩塌的发展速度。但在大规模崩塌过程中，又可能因最初崩落不完善而为再次岩移、崩塌留下隐患，出现二次地压显现。盘古山等钨矿在出现地压显现时夹壁或围岩的最大临空面积达到 3~12 万立方米。

（3）空区密集程度。采幅宽而夹壁薄、空实比高，即采空区密集者，易出现夹壁及矿柱的破裂、倒塌。盘古山钨矿等的统计表明，岩移、崩塌多发生在空实比接近或大于 20% 的地段。

（4）水的影响。赣南矿区地下水来源于大气降雨，结构面由于受雨水的冲刷，抗剪强度降低，故雨季地压显现频繁。

（5）构造控制及岩移随时间发展。赣南各矿大规模地压显现的岩移范围主要受构造控制。图 3.41 所示为小龙钨矿实例，脉群采空区上盘有两断层 F_2、F_3，其走向平行于矿脉，倾向与矿脉相反，它们将上盘矿体分割为Ⅰ、Ⅱ两个可能的滑移体。经多年开采，258 中段以上各条矿脉已陆续采空，从 1970 年底开始观测到岩体有沿断层 F_2、F_3 滑移的迹象，采空区附近部分矿柱出现片剥、掉渣现象。此后岩移的发展如图 3.41(b) 所示。图 3.41 中Ⅰ、Ⅱ表示滑移体，F 为断层，203、204 分别表示沿 315 中段巷道在 F_2、F_3 断层处布置的位移监测点。

3.4.4.2 夹壁稳定性分析

采空区密集、断层交错部位夹壁的破坏常常是形成大规模岩移的突破口，故需要深入

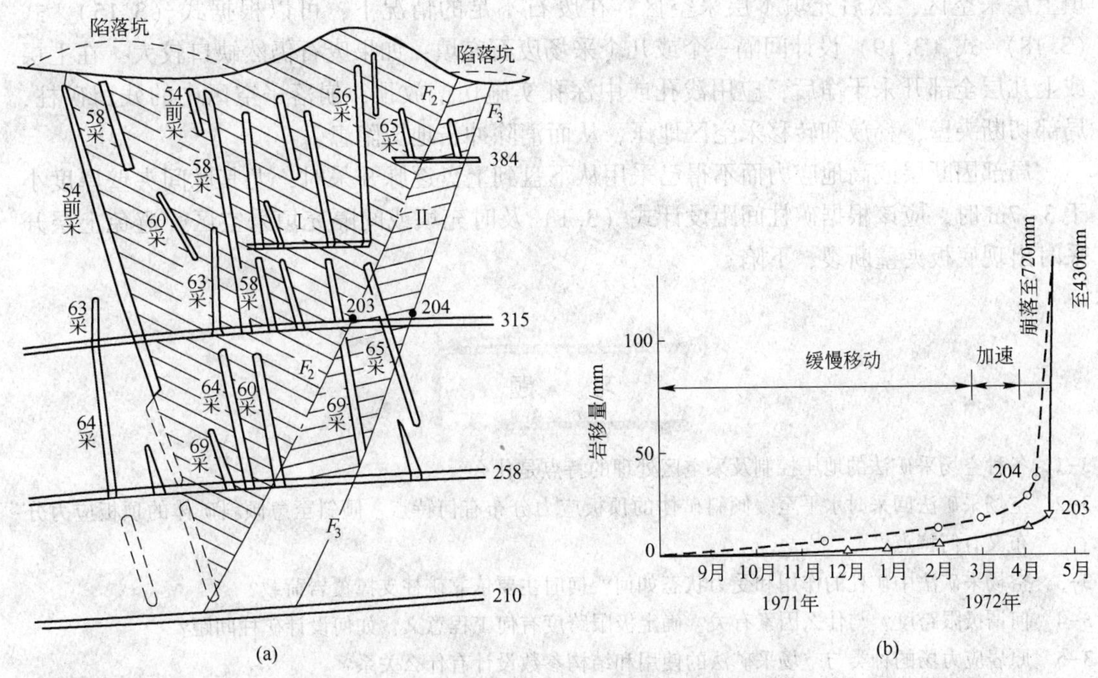

图 3.41　小龙钨矿位移监测点布置及监测预报曲线

（a）采空区、构造及监测点；（b）岩体位移-时间曲线

分析夹壁的稳定性问题。

脉群开采中的夹壁可简化为一块斜置于矿柱上的板，该板除承受本身重力外，还有由矿柱传递来的地压作用。作用在该板上的荷载，大部分分力沿着板的倾（纵）向起着压缩、下滑作用，少部分自重分力沿板的横（垂）向起着横向弯曲变形作用。此时，导致夹壁失稳的原因可能有三种：

（1）纵向压缩应力超过夹壁岩体的抗压强度，压破坏；

（2）纵向压缩作用使夹壁因纵向弯曲而丧失稳定，亦即纵向压应力超过保持“板”稳定的临界应力而发生溃曲破坏；

（3）横向弯曲应力超过夹壁岩体的抗弯强度，发生弯曲拉伸破坏。

由于夹壁破坏的突破口多位于采深 6/7 处，故纵向压缩与横向弯曲的综合作用造成的失稳在夹壁破坏中起着主导作用。

3.4.4.3　夹壁稳定性控制

在多层密集薄脉矿体开采时究竟应该采用从上盘到下盘逐脉开采，还是采用从下盘到上盘逐脉开采；从上盘到下盘逐脉开采时，怎样经济合理地利用井下开采废石有效充填采空区，而避免冲击地压事故；从下盘到上盘逐脉开采如何控制地压；如果井下产生的废石不足，怎样控制多层密集薄脉开采所产生的地压，等等。这些问题都是薄脉开采地压控制中值得重点关注的问题。

一般地，在同一中段开采时，应先采断层附近的薄脉矿体。如果无大的结构面和明显的高应力区，一般采用从上盘到下盘逐脉开采的顺序，因为上层采空后相当于给下层开采实施了卸压。为了控制上层采空引起的顶板冲击地压，一般将开采废石不出笼，就地先充填上层采空区，然后充填本层采空区；在废石不足的情况下，可以根据式（3.15）、式（3.18）~式（3.19）设计间隔一个或几个采场废石充填；如果废石仍然缺口较大，在上层或上几层全部开采干净后，应用浅孔或中深孔实施切槽放顶，崩落采空区中的残留矿柱，局部切断夹壁，释放和转移采空区地压，从而消除冲击地压隐患。

局部因断层或高地应力而不得已采用从下盘到上盘逐脉开采时，尤其脉间夹壁厚度小于3~7m时，应该根据矿柱间距设计式（3.1）及时充填或间隔充填采空区，避免上层开采时出现底板夹壁断裂、下陷。

习　题

3-1 各种空场采矿法的地压控制及采空区处理的特点是什么？

3-2 空场采矿法回采时水平至缓倾斜矿体的顶板应力分布有何特点？倾斜至急倾斜矿体的顶板应力分布又有何特点？

3-3 空场采矿法中矿柱的作用和受力状态如何？何时主要依靠矿柱支撑覆岩荷载？

3-4 何谓极限跨度？与什么因素有关？确定极限跨度有何工程意义？如何设计矿柱间距？

3-5 原岩应力场的种类与空场采矿法的使用和结构参数设计有什么关系？

3-6 若顶板跨度一定，增加倾向长度如何引起顶板应力状态的变化？

3-7 某水平矿房距地表100m，覆岩容重 $\gamma=28\text{kN/m}^3$，极限抗拉强度1.8MPa，安全系数取1.21，试设计采场矿柱及崩顶极限跨度。

3-8 埋深300m，倾角20°，矿体平均厚3.5m，采用房柱法回采，设计矿柱长、宽比为3∶1，设计要求回采率不少于80%，矿石 $f=10$，完整性好，节理不发育，覆盖岩层为砂岩 $\gamma=25\text{kN/m}^3$，若取安全系数为4，试用最新的矿柱设计方法设计矿柱。

3-9 使用留矿法采一急倾斜矿体，沿走向单位长的滑动棱柱体重 $W=3.5\times10^8\text{N/m}$，岩石移动角为65°，岩石内摩擦角为40°，矿房宽50m，滑动棱柱体高60m，矿体许用压应力为7.3MPa，试求间柱宽度。

3-10 如何控制薄脉群矿体开采的地压？其夹壁失稳的力学机理如何？

3-11 急倾斜薄脉矿体开采的采空区处理与地压控制方法有哪些？急倾斜中厚矿体开采的采空区处理与地压控制方法有哪些，他们如何实现卸压开采？

3-12 如何控制留矿法开采过程中的顶板冒落？

3-13 某铁矿为多层状水平矿体，第一层距地表20m，第二层距地表80m，第三层距地表200m，矿床厚3m，采用房柱法，矿房、矿柱宽为10m，围岩为砂岩 $\gamma=28\text{kN/m}^3$，$\mu=0.25$，试确定顶板中央的应力值，及它们开采对地表的影响。

参 考 文 献

[1] 李俊平．缓倾斜采空场处理新方法及采场地压控制研究［D］．北京：北京理工大学，2003.
[2] 李俊平主编，周创兵主审．矿山岩石力学［M］．2版．北京：冶金工业出版社，2017.
[3] 高磊．矿山岩石力学［M］．北京：机械工业出版社，1987.
[4] http：//www.mkaq.org/Article/anquanzs/201011/Article _ 43634.html（中国煤矿安全生产网（www.mkaq.org））.

[5] 陆文．岩石力学（课件）．西南科技大学环境资源学院，2006.
[6] 冯盼学．一种极薄矿体的高效精细爆破方法［P］．中国专利：201610782314.0，2018-10-16.
[7] 李俊平，周创兵，冯长根．矿山岩石力学——缓倾斜采空区处理的理论与实践［M］．哈尔滨：黑龙江教育出版社，2005.
[8] 李俊平，周创兵，冯长根．缓倾斜采空区处理的理论与实践［J］．科技导报，2009，27（13）：71~77.
[9] 李俊平，陈慧明．采空区安全评价的理论与实践［J］．科技导报．2008，26（9）：50~55.
[10] 科茨 D E. 岩石力学原理［M］．雷化南，等译．北京：冶金工业出版社，1978.
[11] 李俊平，赵永平，王二军．采空区处理的理论与实践［M］．北京：冶金工业出版社，2012.
[12] 李俊平．卸压开采理论与实践［M］．北京：冶金工业出版社，2019.
[13] 李俊平，刘非，朱斌，等．急倾斜极薄脉矿体开采的掏槽式削壁充填采矿法［P］．中国专利：201610051510.0，2017-11-10.
[14] 李俊平，刘非，朱斌，等．浅孔留矿法开采的极其破碎的上盘顶板的加筋预裂支护方法［P］．中国专利：201511025411.7，2017-09-05.
[15] 李俊平，胡文强，张浩，等．某铅锌矿巷道围岩破坏原因及治理对策分析［J］．安全与环境学报，2018，18（2）：451~456.
[16] 李俊平，连明杰，刘金刚，等．采空区的 V 形切槽顶板闭合方法［P］．中国专利：201110286775.6，2013-07-31.
[17] 邢万芳，郭树林，姚香．岩金矿山采空区处理技术探讨［J］．有色矿冶，2007，27（6）：7~10，16.
[18] 李俊平，刘武团，赵永平，等．采空区的硐室与深孔爆破法［P］．中国专利：201210075984.0，2013-12-04.
[19] 訾玉荣，刘武团，郭生茂．硐室爆破在空区处理中的应用［J］．化工矿物与加工，2004（2）：30~32.
[20] 李俊平，曾喜孝，王红星，等．一种急倾斜矿体开采的采空区处理与卸压开采方法［P］．中国专利：201310675099.0，2016-01-20.

4 崩落法采矿的采场地压控制

【本章基本知识点（重点▼，难点◆）】：了解无底柱分段崩落法回采进路的地压特点◆，掌握静荷载下进路支承压力的相互叠加规律及地压控制措施▼；了解有底柱分段崩落法底部结构的地压特点◆，掌握底部结构卸压掘进方法和放矿控制方法▼，了解下盘变形带、矿体回采顺序，知道出矿巷道的地压控制措施；了解自然崩落采矿法的适用条件，掌握切割、拉底控制崩落的原理▼，理解地压变化规律▼◆。

崩落采矿法按崩落方式分为强制崩落法和自然崩落法。所谓强制崩落法，是利用炸药爆破落矿，如无底柱崩落采矿法、有底柱崩落采矿法。所谓自然崩落法，它是利用岩体应力作为破碎岩体的能源，自然崩落矿体，不以炸药爆破落矿为主。

崩落采矿法在我国地下矿山开采中所占的比例很大。据对我国 18 个重点铁矿山的统计，崩落采矿法占 94.1%，空场采矿法占 5.9%；黄金矿山充填采矿法占 31%，空场采矿法占 65%，崩落采矿法占 4%；有色金属矿山空场采矿法占 46.1%，充填采矿法占 19.6%，崩落采矿法占 34.3%。

在不同矿山，因为岩体应力、地质构造、岩体力学性质及崩落法开采的具体方法不同，反映出的地压现象也不相同。地压大的矿山，影响正常生产，造成资源损失和经济浪费相当严重。本章重点论述应用崩落采矿法时出现的地压现象和应该采取的控制措施。

崩落采矿法是随着回采工作的进行，矿体上部的岩层自然或被强制崩落下来充填采空区，矿石在崩落围岩的覆盖下放出。因此，这种采矿方法与空场法、充填法等房式采矿法的地压显现有本质区别，控制地压的措施也有很大差异。不仅如此，即使是同属崩落采矿法，也有有底柱和无底柱、自然和强自崩落采矿法之分，在地压显现上也有区别。

4.1 无底柱崩落法回采进路的地压控制

无底柱崩落采矿法应用铲运机在进路出矿，采矿强度高、结构简单、成本低廉，因此，在我国得到了广泛应用。据统计，我国铁矿山现在使用无底柱分段崩落法的设计规模占铁矿山地下总规模的 70%，产量占铁矿石总产量的 60%。但是，进路断面大（宽 3.5~4.0m，高 3~3.5m，断面积 10.5~12m^2），进路间距小（7~10m），造成相邻进路应力叠加，加上进路全水平拉开，给进路维护增加了难度。此外，各进路受采动影响，所受到的应力在时间和空间上不断变化，地压显现十分复杂。因此，必须掌握无底柱分段进路的地压变化规律，才能维护好进路稳定，确保安全生产。

4.1.1　回采进路的地压特点

爆破动荷载、岩体压力静荷载同时作用，是进路回采的地压特征。

4.1.1.1　静压力引起进路应力场变化及进路地压显现

回采进路上所受的静压力源于三个方面，即矿体和崩落矿石的自重、已崩落覆盖岩层的重量和上下盘围岩失去支撑所形成的下滑棱柱体对进路产生的压力。如图4.1所示。

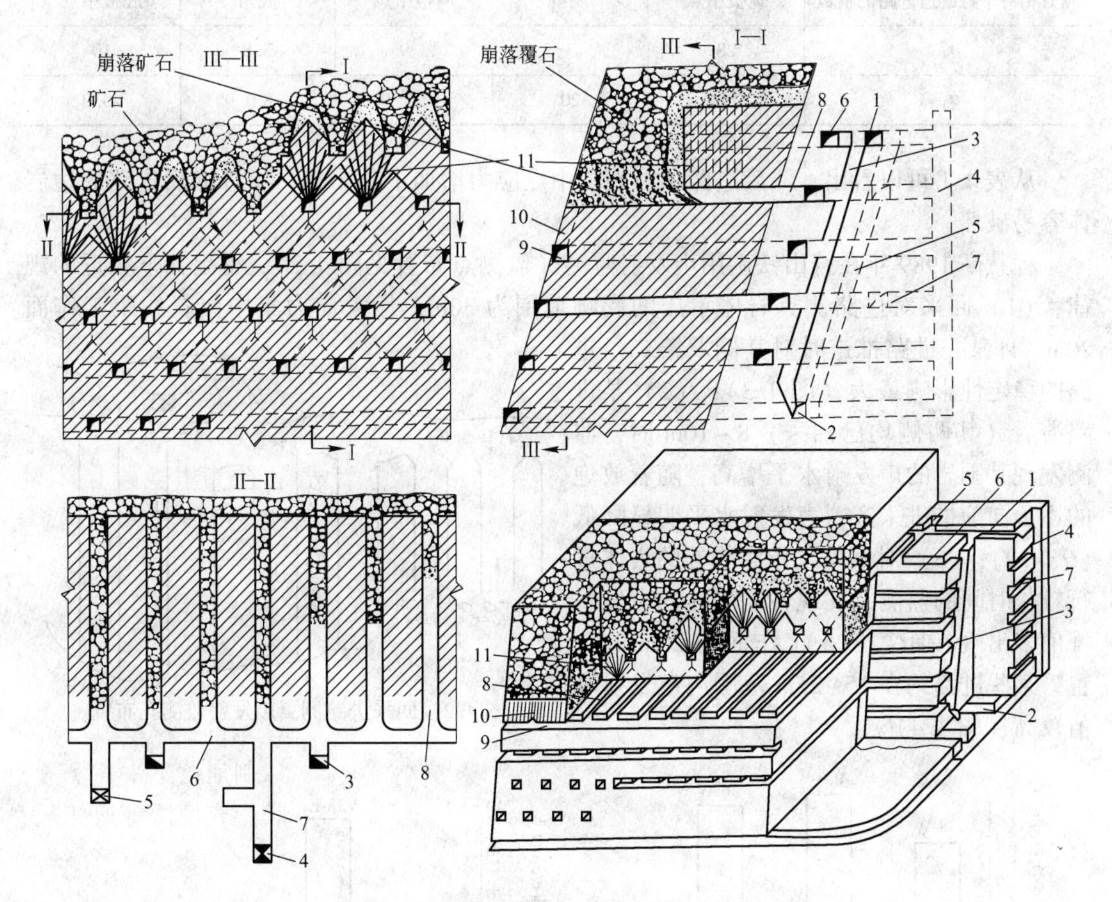

图4.1　无底柱分段崩落法典型方案及进路所受静压力示意图

1，2—上、下阶段沿脉运输巷道；3—矿石溜井；4—设备井；5—通风行人天井；6—分段运输巷道；7—设备井联络道；8—回采巷道；9—分段切割平巷；10—切割天井；11—上向扇形炮孔

A　回采过程中单一进路应力场变化

单一进路的支承压力分布与巷道支承压力分布规律相同，只是沿进路垂直断面向上扇形中深孔或深孔落矿，切断进路与上盘围岩（一般从上盘分界线向下盘方向后退崩落矿体）的连接后，沿进路轴线方向后退回采。从工作面向后退的应力降低区较宽，有时可达10m。应力升高区离工作面一般为10～30m，之外又逐步恢复到正常应力区（原岩应力区）。如果进路掘在松软破碎岩体中，又遇到高应力区，容易发生破坏、坍塌。

回采方式不同，对进路周边应力分布的影响也不相同。数值模拟和相似模拟表明，当各条进路平行后退回采时，位于回采水平下部相邻分段中各条进路的周边应力分布相同，进路顶角处垂直应力最大，而顶底板中点的垂直应力最小，进路周边各点的水平应力均小于垂直应力，但分布规律与垂直应力相似；当回采进路的爆破工作面不是平行推进，而是其中有一条明显滞后，则滞后进路周边应力比平行推进的回采进路周边应力增大许多倍（表4.1），这就是滞后进路难于维护的原因。

表4.1　滞后进路周边应力分布

应力相对平行后退进路的倍数	顶板中点	顶角	两帮中点	底角	底板中点
σ_y	28	3	3.9	3.8	10
σ_x	80	20	22	8.1	45.9

从表4.1可以看出，滞后进路顶、底板中点应力增加了几十倍，所以滞后进路周边岩体容易破坏。

程慧高1989年在符山铁矿用声发射监测（监测点布置见图4.2），得出如下相近的规律：（1）回采对进路侧翼岩体承压的影响范围为30m，最大应力集中位置约距工作面20m，即某一进路推进时对其侧翼第二条进路的稳定性影响最大（图4.3）；（2）某进路滞后（其两侧均已回采）8~10m时，监测发现其围岩的声发射水平增高，随着放炮的逐步向前推进采齐，声发射水平明显降低（表4.2）；（3）对回采工作面前方的岩体进行较长时间的监测，发现各监测孔的声发射峰值多出现在距离回采工作面约20m的位置，某些进路约在15~25m范围内声发射峰值较高（图4.4）。

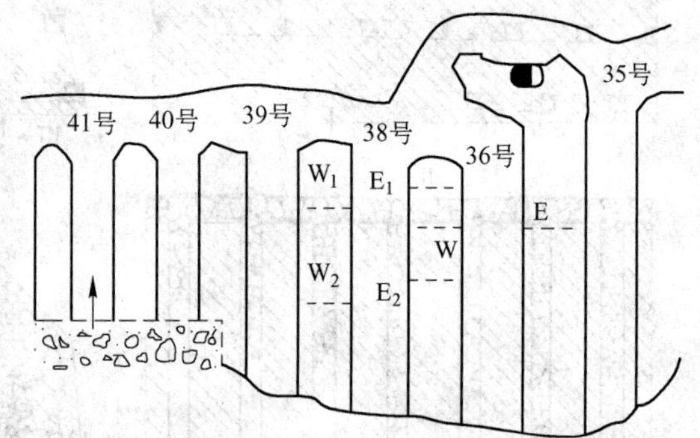

图4.2　回采进路侧翼声发射监测孔布置

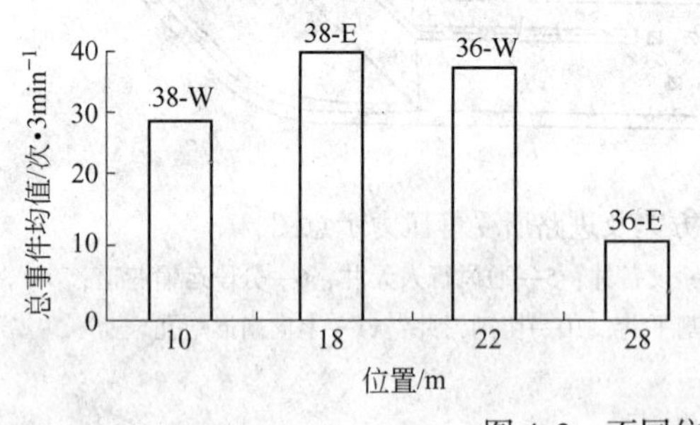

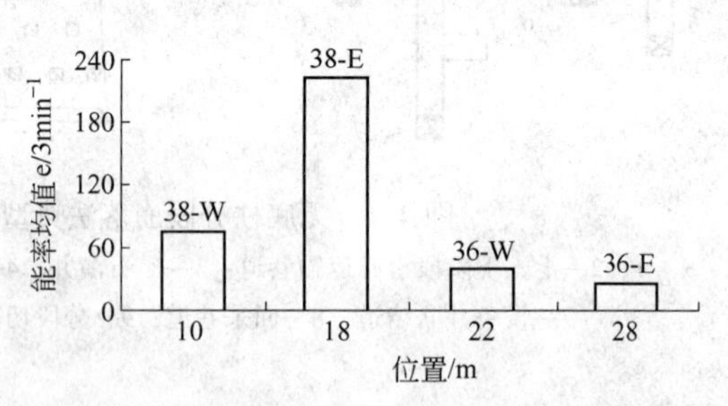

图4.3　不同位置的声发射均值

表4.2　某滞后进路逐步采齐的声发射特征

声发射值	时间（日/月）					
	26/6	27/6	4/7	7/7	11/7	13/7
每3min大事件/次	13	9	7	3	1	0
每3min总事件/次	56	51	25	13	12	3
每3min能率/e	366	444	294	290	208	65

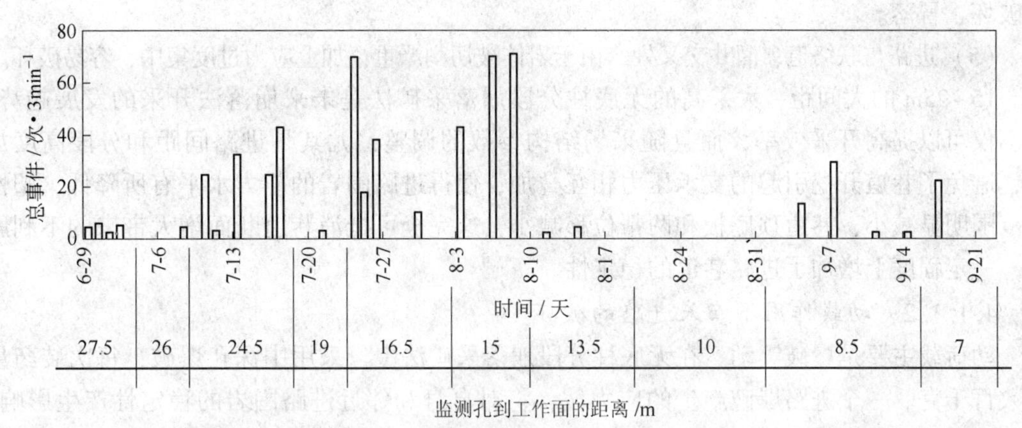

图 4.4 70 号进路 E1 孔声发射-时间柱状图

当上分段有残留进路使矿体没有进行回采时，下分段正对的进路周边应力分布更加不均匀，顶底板出现拉应力，进路最容易破坏。

B 进路与联络巷道、溜井交叉处应力变化

在垂直应力为 γH、水平应力为 $1.3\gamma H$ 的“十字”交叉或“T 形”交叉联巷通过三维光弹模拟试验，得到交叉点处的应力变化规律：

(1) 切割回采之前，未受采动影响，联巷周边的应力受原岩应力场中水平构造应力支配，巷道顶板受轴向（联巷轴向）与切向（进路轴向）二向压应力，两帮受切向（进路轴向）拉应力；回采作业开始以后，采矿过程中卸除了水平构造应力的影响，联络巷道周边应力发生了变化，顶板由原来的二向压缩变为二向拉伸，而两帮则由切向拉伸变为轴向压缩。

(2) 受回采影响，位于采空区下方及支承压力带中的联络巷道周边的应力分布变化规律与 (1) 相同，但应力大小有很大差别，如支承压力带中的联络巷道比在采空区下的应力值大，两帮的压应力高达 8.5~15.7 倍，顶板最大拉应力值高达 10~18.5 倍。

(3) 由于联络巷每隔约 4~17m 与一条回采进路相交，此处巷道断面突然增大，又因该处应力叠加，所以交叉口处应力最高，顶板受拉应力作用是联络巷围岩应力状态的普遍特征。

回采前联络巷两帮受切向拉伸，回采期间联络巷的顶板受切向与轴向的二向拉伸，因此造成联络巷道最容易破坏；同时，处于支承压力带中的联络巷道周围的应力比处于采空区下的应力高出许多倍，这也是造成联络巷道破坏的主要原因。

C 静荷载下进路围岩的破坏现象总结

静荷载下进路围岩的地压显现主要表现为：

(1) 距工作面 5~6m 以外，由于进入支承压力的高应力区，进路两壁有倾斜裂纹，炮孔严重变形破坏，甚至在该段出现冒顶塌方。

(2) 上部进路回采不完全，使相邻分段的下部进路由于应力过大而破坏。

(3) 平行推进回采进路时，如果有一条进路滞后回采，该进路周边应力很大，容易破坏。

(4) 相邻进路掘进顺序未避开相互的支承压力区峰值叠加，使处于高应力区的进路容易破坏、冒落。

（5）进路与联络道、溜井交叉处，由于岩体被切割严重，加上应力过度集中，容易破坏。

15~25m 的大间距、大采高的无底柱分段崩落采矿法是未来崩落法开采的发展趋势。它不仅可以提高开采效率，而且随采场结构参数的调整，尤其是进路间距和分段高度加大，避免了巷道开挖引起的支承压力相互叠加，使得进路围岩的应力水平有所降低，塑性区范围明显减小，巷道顶底板和两帮位移减小，这完全可抵消巷道断面增大带来的不利影响，一定程度上增加了进路巷道的稳定性。

4.1.1.2　动载作用下回采进路的破坏

动荷载主要是爆破震动。在无底柱分段崩落采矿法中，采用中深孔爆破，每次装药量达数百千克。一个进路爆破产生的应力波，将对自身和邻近进路围岩的稳定性产生影响。由于无底柱的进路后退式回采，生产的特殊性决定了进路受到的爆破震动作用具有冲击性、多向性和频繁性。其中多向性是指进路在服务期内会受到来自本分段、上部或下部相邻分段等不同方向上的应力波作用。

每次动载作用都会在围岩中引起动应力，造成围岩环向裂隙剥离，纵向裂隙大块片落，甚至围岩冒落。

因此，无底柱回采进路的地压显现，除了静载荷引起的应力变化以外，频繁的爆破震动、冲击及挤压对进路稳定性的影响，也是不可忽略的重要因素。

4.1.2　回采进路的地压控制措施

根据进路地压显现特征，应采用如下地压控制措施：

（1）实施强化开采，缩短服务期限。在矿石不稳固，岩体中原岩应力大的矿区，最有效控制地压的措施是对每条进路实施强化开采，缩短每条进路的生产周期，使进路的准备与回采工作紧密衔接，不过多准备待采进路，根据产量需求掘进一条就回采一条，以避免因进路开掘时间过长而冒落破坏。

（2）合理安排进路的回采顺序。各分段进路要依次回采，上分段不要残留矿体，避免下分段进路顶板出现较大水平应力，导致进路破坏。

相邻进路同时回采时，应形成梯形工作面，如图 4.5 所示，使相邻进路回采工作面有

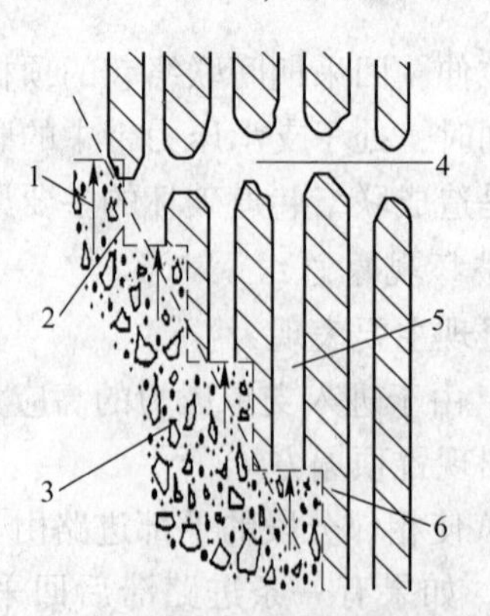

图 4.5　回采工作面梯形推进

1—推进方向；2—回采工作面；3—采下矿石；4—联巷；5—进路；6—待采矿石

一定超前距离，这一距离应使下一条进路的工作面避开上一条进路的支承压力峰值区。大约距工作面15~25m为应力升高的峰值应力区。假若相邻两进路的回采工作面处于该峰值应力区，则回采工作进展困难，因此，超前距离一般须控制在2~5个崩矿步距（每个崩矿步距一般长5~8m）内。

（3）采用适宜的支护。对于不同位置的进路，由于所受的应力不同，应采用不同的支护方式。

对处于高应力区的进路，应采用允许较大变形的喷锚或喷锚网联合支护。若选择套管摩擦伸缩式锚杆，将比其他锚杆更适应矿体较大变形的要求。对主要受拉应力作用的进路与联巷交叉处，如果早进行预应力喷锚网支护，既可提供侧向压力，封闭暴露表面，锚杆又能改变巷道顶板或两帮中点的应力状态，变受拉伸状态为压缩状态，能维护巷道稳定。

喷锚支护对动载荷和静载荷作用都有很好的适应性，在巷道、进路维护中都获得广泛应用。支护参数及支护方式请参阅3.4.2.1节。研究表明，施加8kN预应力，能降低受拉巷道19.0%~29.8%的拉应力；若施加32kN的预应力，能降低拉应力28.6%~38.0%。

4.2 有底柱崩落法采矿的地压控制

有底柱崩落采矿法的主要特点是在矿块底部留有底柱，在底柱内布置漏斗、堑沟、电耙道或放矿溜井等出矿巷道，通常把这部分称为底部结构。

用崩落法回采倾斜矿体时，首先是最上一个中段或分段的采场顶部覆岩开始崩落，先呈拱形冒落向上发展，然后形成一楔形崩落体。随着矿石回采由上中段转入下中段，上盘围岩由于失去支撑作用而呈滑动棱柱体下滑。其发展状况如图4.6所示。

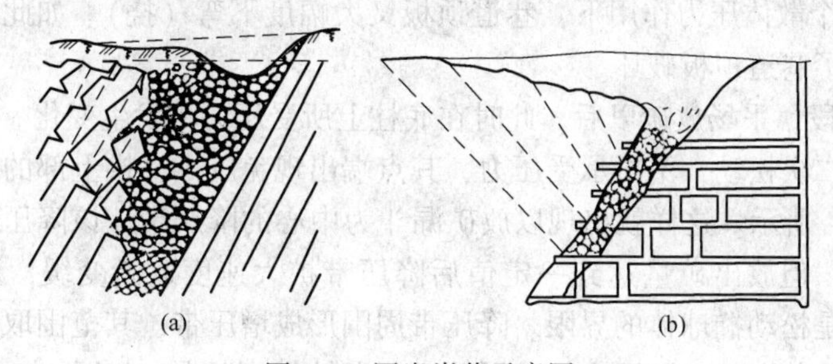

图4.6 围岩崩落示意图
（a）最上部楔形崩落体；（b）上盘围岩呈棱柱体下滑

底部结构要承担采下的矿石及上部崩落围岩的全部重量，是整个矿块矿石放出和运走的通道，只有它稳定，才能保证采矿作业的顺利进行。因此，有底柱崩落采矿法的地压表现在回采过程中电耙巷道的变形和破坏上，这些底部结构的稳定与否，对这种采矿方法的经济效益及推广应用具有重要意义。

底柱中要掘电耙巷道、放矿漏斗及溜井等，对矿体严重切割，削弱了底柱的强度，加大了被切割部分的应力集中，加上回采过程中不断爆破崩矿和在电耙巷道中二次破碎的爆破振动，都会对漏斗和电耙巷道的破坏起加速作用。因此，在采用有底柱崩落法采矿时，维护好底部结构的稳定、完好是至关重要的问题。一旦电耙巷道垮冒，整个回采工作将无法进行，并将造成大量矿产资源丢失。

随着无轨设备的发展，当今许多矿山都倾向于应用铲运机经过平底穿脉，直接在穿脉端头的垂直漏斗颈下出矿，不仅加快了出矿进度，也减少了对底部结构矿体的切割量，有利于底部结构稳定。另外，由于漏斗颈直径加大到1.5~2.5m，基本消除了漏斗堵塞问题，借助机械破岩，也减少了二次破碎的爆破振动对平底结构巷道及漏斗稳定性的影响。

4.2.1 底部结构的地压特点

上部围岩的崩落，对相邻支承压力带起卸压作用，但崩落的矿岩却都压在位于崩落体下方的矿体及底部结构上。因此，有底柱崩落采矿法底部结构所受的压力，主要来自崩落岩石和矿石的重力，作用在底部结构上的压力将随矿石和围岩的崩落而增加，又将随采场崩落矿石的放出而变化，它随着回采作业的进行而周期性地发生变化。如采矿的不同时期，漏斗的放矿顺序和放矿强度，以及切割拉底与掘进电耙道在时间上的先后顺序等，都对底部结构所受的压力变化产生明显影响。上述这些规律掌握不清晰，采矿作业顺序安排不合理，会造成底部结构压力过大而破坏，尤其是矿石不稳固时底部结构破坏更严重。

底部结构上地压显现规律可分为三个阶段：

(1) 第一阶段。采场尚未进行拉底切割和落矿。此时电耙道上面是完整的矿体，作用在底部结构上的压力均匀且较小，在均布荷载的作用下巷道顶板微弱下弯（挠）。

(2) 第二阶段。采场进行拉底切割但未落矿。此时电耙道顶板在采场两侧垂直压力的作用下，引起其上弯（挠）。

(3) 第三阶段。大量崩落矿石之后。在拉低空间落矿后，在底柱上部充满了松散的和已崩落的矿石，作用在底部结构上的压力比落矿前增大很多，但压力分布不均匀。由于存在摩擦阻力和松散矿石的呈拱作用，采场四周压力较小，而中心部分压力最大，如图4.7(a) 所示。在这个散体压力作用下，巷道顶板又大幅度下弯（挠）。如此下弯、上弯、下弯的反复，加速了巷道顶板破坏。

(4) 第四阶段。采场放矿以后。此时在底柱上所受压力将发生变化。由于放矿漏斗上部松散矿岩发生二次松动，不再承受压力，其点端出现免压拱，拱上部的压力将传递到四周，如图4.7(b) 所示。这样就出现以放矿漏斗为中心的降压带。该降压带范围随放出矿石量增加而扩大，但放出矿量达到一定值后降压带扩大速度逐渐变缓，至一定极限而终止，它的范围即是松动椭球体的界限。降压带周围形成增压带，其范围取决于崩落矿石的高度及松散矿石的状况，并随远离放矿漏斗而逐渐转为稳压带，如图4.7(c) 所示。

按照能量原理，若不考虑放出矿石的重量，则降压带总压力的降低值大致等于增压带总压力的增加值。

如果几个漏斗同时放矿，则由各个漏斗的松动椭球体共同组成了一个大的免压拱，拱顶上部的压力向四周传递，其基本情况与单个漏斗放矿时相似，如图4.7(d) 所示。但若同时放矿的漏斗数量相当多，放矿面积增至一定值，则不易形成卸压拱，底部结构上的压力便又类似放矿前那种状况，即类似图4.7(a)。

了解上述地压变化规律，可以调整采场的放矿面积，利用压力转移的规律，防止压力过分集中于某一地带，同时可以利用压力转移规律处理漏斗堵塞和悬顶事故。见3.4.2.1节的放矿管理。如果某个漏斗放出几至几十吨矿石后，恰好可以利用其上部转移压力压实相邻漏斗的松动椭球体，若此时立即从相邻漏斗放矿，则既可以避免压力集中于相邻漏斗

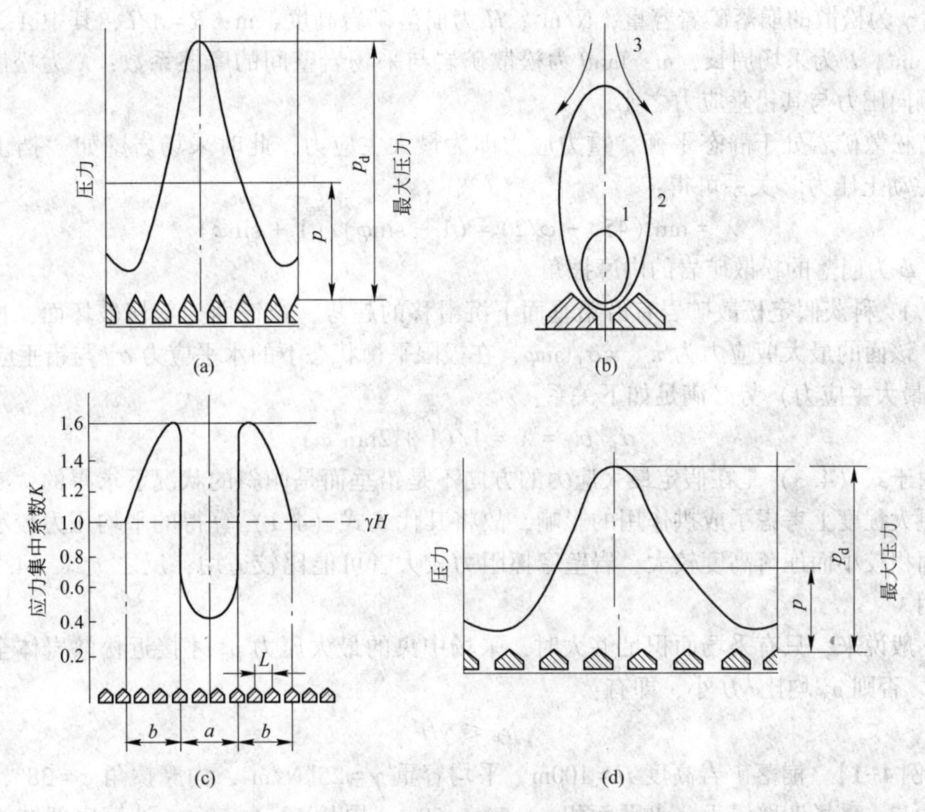

图 4.7 回采时底部结构上的压力变化

(a) 放矿前松散矿岩在底部结构上的压力分布状况；(b) 放矿椭球体的卸压作用；
(c) 漏斗放矿时底部结构上的压力分带；(d) 多漏斗放矿时底部结构上的压力分布
1—放出椭球体；2—松动椭球体；3—压力传递方向；a—卸压带；b—增压带；
K—应力集中系数；L—放矿宽度；γH—原岩应力；p_d—最大应力

上，而导致底部结构某一部分因压力过分集中而破坏；又可以避免该漏斗上的矿石被压实而板结、悬顶。又如中条山有色金属公司篦子沟矿，曾利用加强相邻漏斗放矿速度的办法来解决漏斗上部的悬顶或被大块卡住而堵塞的问题。再如，上下分段的超前回采距离，不应小于一个分段的高度，既可避免上下分段的支承压力峰值叠加而破坏下分段巷道，又可避免由于下分段的放矿而引起上分段的相邻采场覆岩破坏，从而可保证各分段的正常生产。

实践证明，加大放矿强度可以降低放矿期间底柱承受的荷载。

4.2.2 松散矿岩对底部结构的地压计算

如上底部结构地压分阶段的论述，松散矿岩作用在底部结构上的压力不是均布的，采场四周压力较小而中心部分压力最大，如图 4.7(a) 所示。当采场四周为整体岩石，且边界呈铅垂时，松散介质对底部结构的平均应力 p 可以参照太沙基推导散体地压的类似方法推导，即

$$p = \gamma R[1 - \exp(-H\lambda\tan\theta/R)]/(\lambda\tan\theta) \tag{4.1}$$

式中，γ 为松散的崩落矿岩容重，N/m^3；H 为崩落矿岩高度，m；$R=A/L$，其中 A 为采场面积，m^2；L 为采场周长，m；$\tan\theta$ 为松散矿岩与采场岩壁间的摩擦系数；λ 为松散矿岩水平侧向压力与其铅垂应力之比。

若松散矿岩处于静态平衡，重力应力即为最大主应力，此时采场岩壁如“挡土墙”，按“主动土压力”关系可得：

$$\lambda = \tan^2(45° - \varphi/2) = (1 - \sin\varphi)/(1 + \sin\varphi) \tag{4.2}$$

式中，φ 为崩落的松散矿岩的内摩擦角。

D. F. 科茨假定松散矿岩有沿铅垂面下沉滑移的趋势，视该面为剪切破坏面，按库伦理论，该面的最大剪应力为 $\tau_{max}=\sigma_h\tan\varphi$，在极限平衡状态下的水平应力 σ_h 与铅垂应力 σ_v（不是最大主应力）势必满足如下关系：

$$\sigma_h/\sigma_v = \lambda = 1/(1 + 2\tan^2\varphi) \tag{4.3}$$

由于式（4.3）是在假定最大应力的方向不是铅垂而是倾斜的状况下求得的，实际上是在更大程度上考虑了成拱作用的影响，故将其代入式（4.1）算得的平均压力较小。对采场面积较小而崩落高度较大、岩壁摩擦阻力较大者可能比较适用；反之，式（4.2）则更适用。

一般说来，只有采场面积足够大时，采场中央的最大压力 p_d 才接近松散岩体全高压力 γH。否则 p_d 均比 γH 小，即有：

$$p_d \leqslant \gamma H \tag{4.4}$$

【例 4-1】 崩落矿岩高度 $H=100$m，平均容重 $\gamma=25kN/m^3$，内摩擦角 $\varphi=38°$，系数 $\tan\theta=0.7$，采场四壁铅垂，水平面积 $A=50m\times50m$，周长 $L=4\times50m$，计算底部结构上的压力。

解：根据式（4.4）得，底部结构上的最大压力 $p_d\approx\gamma H=2.5MPa$

按式（4.1）和式（4.2）计算平均压力为：

$$\lambda = \tan^2(45° - \varphi/2) = (1 - \sin\varphi)/(1 + \sin\varphi) \approx 0.2379$$

$$\begin{aligned} p &= \gamma R[1 - \exp(-H\lambda\tan\theta/R)]/(\lambda\tan\theta) \\ &= 25 \times 10^3 \times 12.5[1 - \exp(-100 \times 0.2379 \times 0.7/12.5)]/(0.2379 \times 0.7) \\ &\approx 1.38MPa \end{aligned}$$

平均应力约为全高压力的 55.2%。

按式（4.1）和式（4.3）计算平均压力为：

$$\lambda = 1/(1 + 2\tan^2\varphi) \approx 0.450$$

$$\begin{aligned} p &= \gamma R[1 - \exp(-H\lambda\tan\theta/R)]/(\lambda\tan\theta) \\ &= 25 \times 10^3 \times 12.5[1 - \exp(-100 \times 0.450 \times 0.7/12.5)]/(0.450 \times 0.7) \\ &\approx 0.91MPa \end{aligned}$$

平均应力约为全高压力的 36.5%。

4.2.3 矿体下盘变形带

在崩落采矿法中，如前所述，随矿块回采时矿石的崩落，上盘覆盖岩石也呈滑动棱柱体下滑（图 4.6）。这样，矿体下盘不仅受崩落矿岩的压力，还受上盘滑动棱柱体的压力作用。由于压力大，常产生大的变形或破坏。矿体下盘的这个变形或破坏区域称为下盘变形带，处于该带范围内的巷道很难维护。如图 4.8 中的巷道 1 常常易发生破坏。该带压力最大的地点在矿体走向的中部。

下盘变形带宽度随开采深度而增加。例如，在苏联克里沃洛格矿区“巨人”矿井中，当开采深度为 170m 时变形带宽度为 15m，当采深增至 290m 时变形带宽度达 60m。

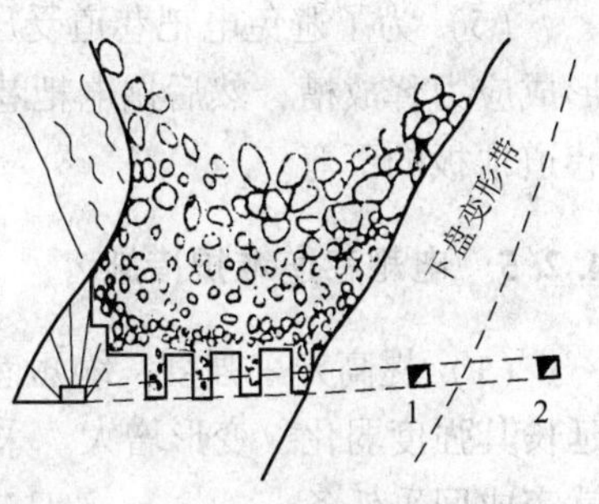

图 4.8 下盘变形带宽度示意

不难看出，为了保持脉外巷道的稳定，其位置宜选择在下盘变形带之外，如图 4.8 中巷道 2 的位置。如果下盘围岩不稳固，而上盘围岩较稳固时，也可以考虑将巷道位置选在上盘。例如，江苏冶山铁矿采用分段崩落法时，脉外运输巷道在下盘接触变质带的绿泥石花岗闪长岩中距矿体边界 7m 处，结果出现严重破坏，后改在上盘白云岩中，巷道稳定。

4.2.4 矿体回采顺序

在采用崩落法开采时，其合理开采顺序的选择应考虑已崩落矿石及其放矿对相邻待采矿体及底部结构的影响。现举例说明如下：

（1）垂直走向回采矿体时，应从下盘向上盘回采。实践证明依此顺序回采，整个矿块回采均较顺利，上盘围岩直至上盘三角矿柱采完后才崩落下分层靠下盘的矿体（图 4.8）；反之，若从上盘向下盘回采，则下盘三角矿柱常被压坏而难于回采，其处境如同下盘变形带。

（2）开采平行矿体时，应使下盘主矿体超前上盘平行矿体。由于矿体下盘受压能引起较大变形或破坏，为了避免这一影响，故宜采取图 4.9 所示的超前关系，先采下盘矿体。由几何关系可知：

$$Y = L\sin\alpha\sin\beta/\sin(\alpha + \beta) \tag{4.5}$$

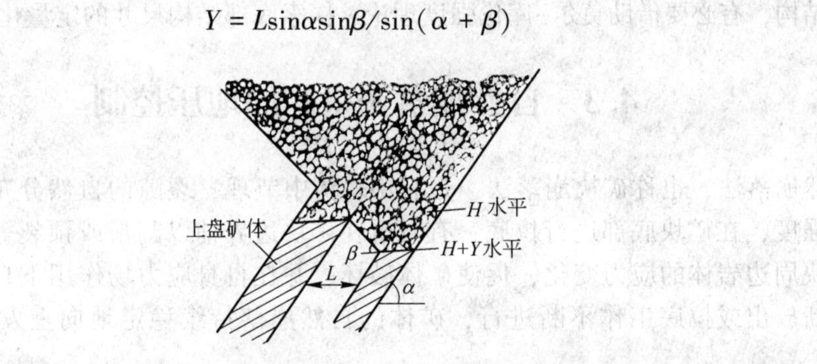

图 4.9 崩落开采平行矿体的超前关系

β—上盘崩落角；H—上盘矿体开采深度；$H+Y$—下盘矿体开采深度；Y—超前回采深度；L—两矿层间的水平距离

（3）在矿体回采时不宜在已采完区域中残留矿柱。因为在崩落采矿法中，如有孤立矿段存在，如下盘三角矿柱、盘区间柱等，则由于其四周均为崩落的松散矿岩，势必因承受大的地压而难于回采。尤其当其附近放矿时，孤立矿体受的地压更大。

（4）为了避免采场放矿时压力转移影响或破坏相邻待采矿块，最好使相邻矿块提前落矿（爆破）而暂不放出。

（5）为了避免电耙巷道受压过大不易开掘，在不稳固矿体中可首先考虑先拉底切割，形成应力释放槽，然后掘电耙巷道等底部结构。这样，按 4.2.1 节的分析，可以减少一次巷道顶板的下弯。

4.2.5　电耙巷道维护措施

（1）提高开采强度，缩短巷道服务时间。在不稳固矿体中布置电耙巷道，随着时间的延长其强度弱化，变形增大。采取强化开采方式可缩短巷道服务时间，使电耙道还未破坏就完成回采任务。

（2）电耙巷道尽量在卸压区开掘。卸压开采是利用压力拱转移原理，将采区上部的压力转移到四周，形成免压拱，此时底柱只承受免压拱内的矿岩重量，而其余上部压力由矿块以外的拱基岩体承担。当矿体处于免压拱下时，由于压力降低，得以顺利开采，耙道稳定性也好。若先拉底切割或落矿，然后掘电耙巷道，耙道周围应力和位移都将减小。

（3）改变矿块参数。在不稳固矿体中掘巷道时，尽量采用小断面尺寸。断面愈大，巷道稳定性愈不好维护。此时最好采用只需小断面巷道的电耙出矿，而不采用需要大断面巷道的铲运机出矿。采用对底柱切割少的漏斗式底部结构较对底部结构切割严重的堑沟，有利于维护底部结构的稳定性。电耙巷道或漏斗尽量采用拱形断面，漏斗呈交错布置，可降低底部结构中的应力集中。

（4）采用合理的掘进和支护方法。采用光面爆破、超前锚杆掩护掘进，可以减少对巷道围岩的损伤。采用喷锚或喷锚网等允许大变形的柔性支护，或先喷锚后混凝土砌碹联合支护，有利于巷道稳定。对电耙道和漏斗联结的斗穿部分，因经常受二次破碎的冲击，可以用钢台棚子加固。

为了避免落矿导致的散体地压破坏底部结构，在落矿前，类似 3.4.2.1 节采用锚喷网支护底部结构中的巷道，有利巷道承受突然施加的过高压力。为了克服过高的散体地压破坏底部结构，有必要借助莫尔-库伦强度理论，探索底部结构尺寸的定量化设计方法。

4.3　自然崩落法采矿的地压控制

自然崩落法，也称矿块崩落法，是利用岩体中节理、裂隙的自然分布特点，和较低的岩体强度，在矿块底部进行拉底；有时也在矿块边界辅以割帮或预裂等诱导工程，以引起矿块周边岩体的应力变化，促使矿体破坏，并在自身应力场作用下自行崩落。随着矿石不断放出或拉底工作不断进行，矿体的自然崩落持续稳定地向上发展。如图 4.10 所示。

19 世纪晚期，美国密歇根州北部在铁矿山开采中发明了现代矿块崩落法。20 世纪早期，美国在铁矿石开采中发展了矿块崩落法，随后拓展到西部的铜矿开采。20 世纪 20 年代，加拿大和智利开始引进矿块崩落法采矿。20 世纪 50 年代后期，非洲南部在钻石矿开采中引进了矿块崩落法，接着石棉矿开采也开始使用。1970 年智利的厄尔萨尔瓦多（El Salvador）矿在矿块崩落采矿中开始使用铲运机。1981 年智利的厄尔特尼恩特矿在开采原生矿石中首次使用机械化盘区崩落法。20 世纪 90 年代，北帕克斯（Northparkes）、帕拉博拉（Palabora）等矿在坚硬矿体的自然崩落开采中采用了大崩落高度。2005 年后，东卡地

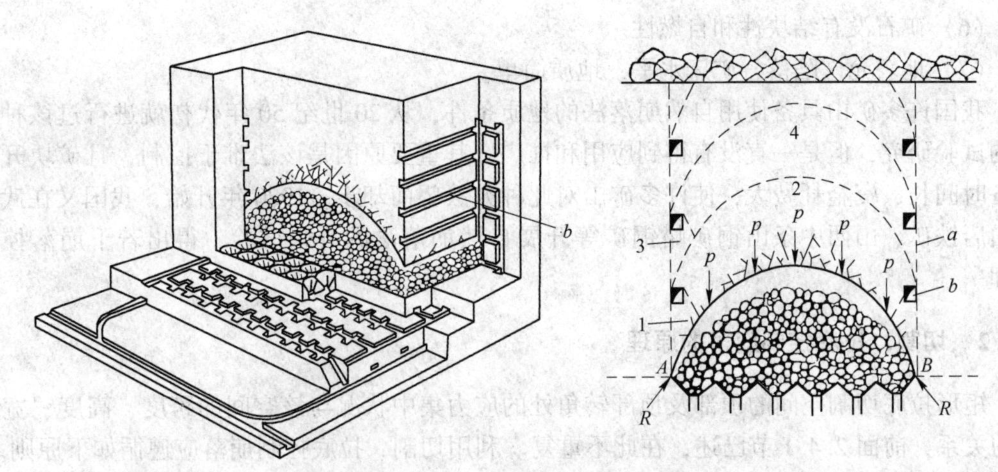

图 4.10 矿块自然崩落法示意图

a—控制崩落界限；*b*—切帮巷道；1~4—崩落顺序

亚（Cadia East）、奥尤陶勒盖（Oyu Tolgoi）、瑞哲鲁申（Resolution）等矿规划和建设了更大崩落高度的“超级自然崩落法”。

自然崩落法是开采强度大、成本低、安全性好的高效采矿方法，主要用于开采斑岩铜矿、浸染状钼矿、赤铁矿、磁铁矿、石棉矿、石灰石等松软破碎或节理发育的坚硬矿床。我国于20世纪60年代在云南易门铜矿、山东莱芜铁矿开展自然崩落法的采矿试验，用于开采松软破碎矿体。20世纪80年代以来，国内许多科研单位分别在金山店铁矿、镜铁山铁矿、漓渚铁矿和铜矿峪铜矿等开展自然崩落法的试验研究，已在理论研究和工程实践方面取得了重大进展。目前铜矿峪铜矿、金山店铁矿、夜长坪钼矿等很多矿山已较好地应用自然崩落法高效、低成本地采矿。

4.3.1 自然崩落法的适用条件

自然崩落法适用条件比较苛刻，只有满足相应条件要求，才能保证自然崩落顺利进行。所要求的条件有：

(1) 大型厚矿体。矿体埋藏深、储量大、分布范围广、垂直高度大、水平尺寸足以开辟一拉底区，以便在一旦建成拉底层后可保证矿石借助重力崩落。

(2) 矿体有适当的节理强度和方位。节理强度和方位是确保矿体能否自然崩落的头等重要因素。以前曾把它作为评价矿石可崩性的主要地质特征。

(3) 裂隙的分布方式。矿体中裂隙的分布方式至少应由两个相互交叉而又近似垂直的节理和至少一水平节理组成。裂隙不会重新黏结或者裂隙中的充填物较软弱。这样将容易使矿体裂隙分裂而使岩块自然崩落。

(4) 具有良好的覆盖层或废石崩落特性。废石必须在崩落进行过程中随着矿石下降，否则将形成具有潜在危险的大空洞。如果废石的破碎块度比矿石的粗，矿石的贫化率最小；如果废石破碎为较小的块度，则将更多地混入破碎矿石中而增大贫化率。

(5) 矿石品位分布均匀，矿体轮廓比较规整。因为自然崩落法的选别回采性差，如果矿体内有夹层和低品位矿石，不能在坑内分采，势必增加矿石的损失和贫化。

(6) 矿石没有结块性和自燃性。

(7) 地表允许陷落，矿床水平，地质简单。

我国许多矿山具备使用自然崩落法的地质条件，从 20 世纪 50 年代初就进行过该种方法的试验研究，但是一直没有得到应用和推广，其重要原因是该法难于控制，且矿块开采准备时间长、资金耗费大，使许多矿山对此种方法望而却步。1980 年开始，我国又在武钢金山店铁矿、山西中条山铜矿峪铜矿等开展自然崩落法的开采试验，得出若干崩落控制原理。

4.3.2　切割、拉底控制崩落的原理

矩形拉底切割空间的顶部及顶部转角处的应力集中状况与该空间的跨度、高度、宽度比的关系，前面 2.4.1 节已述，在此不重复。利用切割、拉底控制崩落应遵循如下原则。

4.3.2.1　在重力应力场中的崩落控制

当矿体中的原岩应力场仅为重力应力场时，若在矿块下部进行拉底，则随着拉底面积的扩大，顶板拉应力、顶板转角处压应力亦随之增加。增至一定值后，拉底空间顶部矿体将出现塌落。若崩落是由顶板转角处压应力集中引起的，那么由于这种崩落作用会使顶板下垂，从而可能使顶板矿石呈大块冒落。所以，应该尽可能利用顶板中央的拉应力来引起矿体崩落，防止产生大块。

当拉底空间宽度（即采场跨度）不变时，欲使尚未崩落的矿体崩落，可通过增加拉底空间长度使顶板中央增大拉应力促使矿体崩落。但增加长度的办法只在长宽比小于 2~3 时有效，见 2.4.1 节中矩形简支板梁理论。

假设原岩应力场的水平应力 σ_h 为铅垂应力 σ_v 的 1/3，并假设拉底空间宽高比 $l/h=6$。这时，当崩落呈拱形向上发展时，拱顶上的拉应力 σ_t 逐渐减为零，而后变成压应力。与此同时，拱脚处压应力 σ_c 则迅速变小。故冒落速度也逐渐变缓，拱顶渐趋稳定。冒落拱表面上的切向应力随冒落拱的发展高度 d 而变化的状况如图 4.11 所示。图 4.11~图 4.14 中拉为“-”，压为“+”。

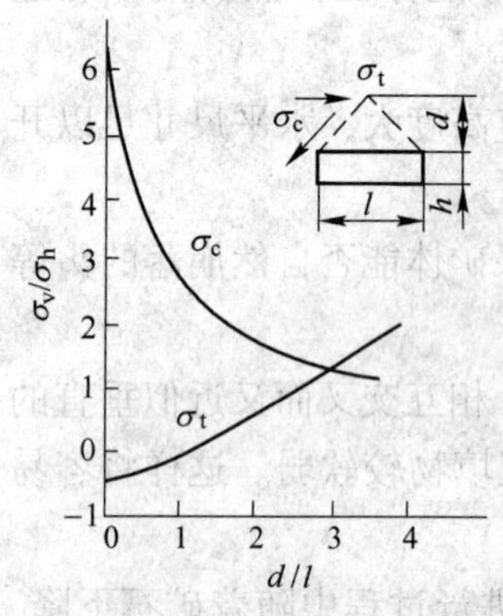

图 4.11　冒落拱应力与其高度之间的关系

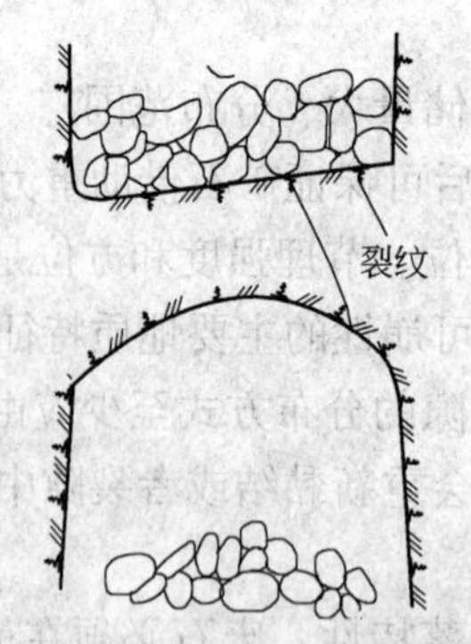

图 4.12　阶段矿柱的崩落

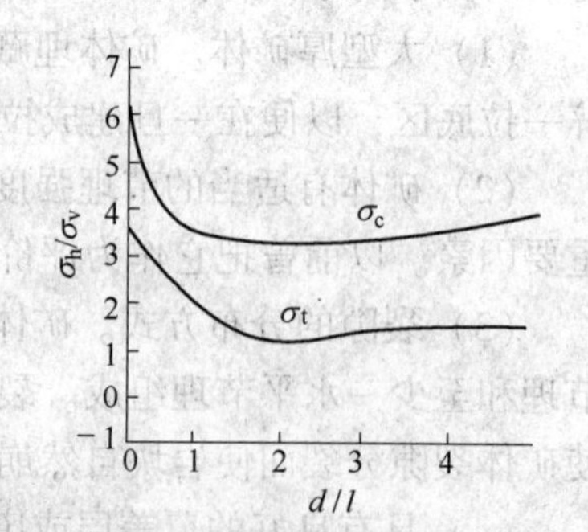

图 4.13　构造应力场中顶板应力随开采空间跨度变化（D.E. 科茨）

当崩落面上部所剩矿层厚度较小时，如图 4.12 所示，其受力状况与梁类似，将因弯曲变形而开裂。此时将产生大块崩落，块度极不均匀。

4.3.2.2 在构造应力场中的崩落控制

当矿体中的原岩应力场以构造应力场为主时，即水平应力大于铅垂应力时，拉底空间的形成仅能在顶板及顶板转角处形成压应力而无拉应力，且随拉底面积的扩大而变化很小(图4.13)。

拉底空间上部矿体崩落，可能因转角处压应力超过矿体抗压强度而引起，或更可能在平行顶板的压应力作用下衍生的横向拉伸劈裂引起片状冒落（图4.12）。当崩落继续向上发展时，顶板周围应力随冒落高度增加的变化如图4.14所示。可以看出，随着崩落向上发展，矿柱厚度变薄，顶板水平压应力迅速增高，其衍生的垂直拉伸劈裂应力促使崩落向上发展，随着冒落高度增加拉应力又快速变小，直至平稳。

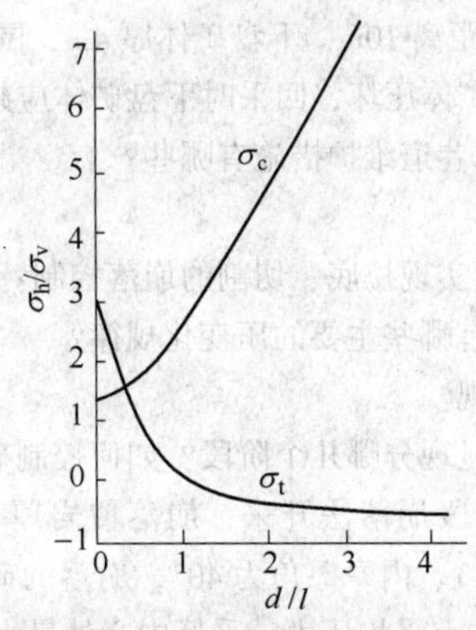

图4.14 构造应力场中顶板应力随冒落高度 d 增加的变化

在构造应力场中进行崩落时，阶段矿柱将类似拉底空间上部的矿体崩落，矿柱内将出现极高压应力集中，且随该矿柱厚度变薄而增高。当崩落迅速向上发展时，将导致整个阶段矿柱突然破坏。

若欲加速崩落，可采用爆破法破坏冒落拱拱腰，因为此处是拱的支点，故会促使自然冒落加速进行。此外，这样做有助于形成一平缓顶板，又可能促进横向拉伸劈裂的发展。

4.3.3 自然崩落法采场的地压变化规律

从王宁和韩志型研究金川贫矿区自然崩落法采场底部结构稳定性的结果，可得出如下地压变化规律：采场崩落初期，采场边界围岩及拉底推进线外矿体承受的压应力急剧增加，底部结构上部顶板出现较大范围的拉应力区；随着崩落面积增大，应力集中系数 k 增大到约2.2后，最大拉、压应力都几乎不再增大；随着崩落面积增大，采场崩落高度几乎随崩落面积线性增大，底部结构因崩落散体荷载增大而出现大范围塑性破坏，采场边界围岩及拉底推进线外矿体出现局部拉坏。

随着崩落面积增大，自然崩落法采场的崩落散体等施加在底部结构上的压应力可达109MPa，底部结构上的应力集中系数可达4.8。因此，为了防范如此大的应力损伤底部结构，在底部结构形成后、采场拉底工作展开前，采用二次预应力锚喷网支护底部结构的出矿巷道，是一种经济、有效的维护措施。

为了防止底部结构破坏，避免因此而报废采场，除了采用上述地压控制措施外，应该结合自然崩落的矿岩量，应用莫尔-库伦强度理论，探索底部结构尺寸的定量设计方法。

习　题

4-1　无底柱分段崩落法、有底柱分段崩落法、自然崩落法控制地压的实质分别是什么？

4-2　如何实现覆盖岩层的自然崩落？

4-3　若顶板跨度一定，增加倾向长度是否会引起顶板应力状态的变化？

4-4　有底柱崩落法放矿过程中，常遇到矿石堵塞漏斗现象，如果不允许用爆破方法解决，你能想出更好的解决办法吗？

4-5　无底柱分段崩落法进路的地压控制方法一般有哪些？

4-6　两个平行矿体倾角为60°，水平距离10m，下盘矿体厚4m，围岩完整稳固，上盘移动角为70°，覆岩平均深100m，为了避免下盘矿体压坏，回采时下盘矿体应超前上盘多少米？

4-7　有底柱崩落法放矿过程中，电耙巷道维护措施有哪些？

4-8　自然崩落法有哪些适用条件？

4-9　自然崩落法在重力应力场中如何实现拉底、切割的崩落控制？在构造应力场中呢？

4-10　崩落初期及过程中自然崩落法有哪些主要的压变化规律？

4-11　如何预防底部结构的高地压显现？

4-12　有底柱崩落法底部结构的地压显现分哪几个阶段？如何控制矿体下盘变形？

4-13　某厚水平铜矿，采用有底柱分段崩落法开采，崩落覆岩厚40m、$\gamma=24kN/m^3$（松散），矿房高100m、容重$\gamma=28kN/m^3$（松散）、内摩擦角为40°，崩落的矿石与围岩壁摩擦系数为0.65，采场水平面积50m×100m，试求底柱上平均压力、采场中心处最大压力。

参 考 文 献

[1] 秦豫辉，田朝晖．我国地下矿山开采技术综述及展望［J］．采矿技术，2008，8（2）：1~2，34.

[2] 高磊．矿山岩石力学［M］．北京：机械工业出版社，1987.

[3] 陆文．岩石力学（课件）．西南科技大学环境资源学院，2006.

[4] 李兆权，张晶瑶，王维刚．应用岩石力学（讲义）．东北工学院采矿系岩石力学教研室，1990.

[5] 陈慧高，岩体声发射监测在符山铁矿地压研究中的应用［J］．工业安全与防尘，1989，15（4）：7~10.

[6] 布朗．矿块盘区崩落法岩土工程技术讲座（课件）．北京：北京矿冶研究院主办，2015年8月8日．

[7] 袁海平，曹平．我国自然崩落法发展现状与应用展望［J］．金属矿山，2004（8）：25~28.

[8] 科茨 D E. 岩石力学原理［M］．雷化南，等译，北京：冶金工业出版社，1978.

[9] 李俊平，胡文强，张浩，等．某铅锌矿巷道围岩破坏原因及治理对策分析［J］．安全与环境学报，2018，18（2）：451~456.

[10] 宋卫东，梅林芳，谭玉叶，等．大间距无底柱分段崩落法采场地压变化规律研究［J］．金属矿山，2008，总第386期（8）：13~16，39.

5 长壁后退法采矿的采场地压控制

【本章基本知识点（重点▼，难点◆）】：了解采场地压假说，掌握岩梁或板梁破断的规律◆▼，知道老顶初次、周期来压的矿压显现特征，掌握初次、周期来压及步距▼，了解回采工作面顶底板分类及特征、支架类型及特征、影响端面顶板稳定性的因素，掌握支柱布置及受力特征▼。

长壁后退采矿法是开采缓倾斜层状矿床所广泛应用的方法。该方法是采用采后回柱崩落处理采空区，因此有点像空场法。但是，它不是全部采完后集中处理采空区，而是随采随回柱随处理，因此，属于崩落法的范畴。

它与崩落法亦有区别，即它不是像崩落法那样随着矿体的崩落而同时崩落顶板围岩，而是在回采工作面推进过程中与回采作业交替循环进行“放顶”，即当回采工作面推进一定距离后，为了控制悬顶距 l 不过大，可自然或人工切断顶板，引起直接顶板断裂、冒落。经相当长时间后，才有老顶折断、冒落，如图 5.1 所示。放顶后，冒落碎块由于碎胀而填满采空区，支承上覆岩层，使回采工作面前方的支承压力适当减轻，有利于安全回采。

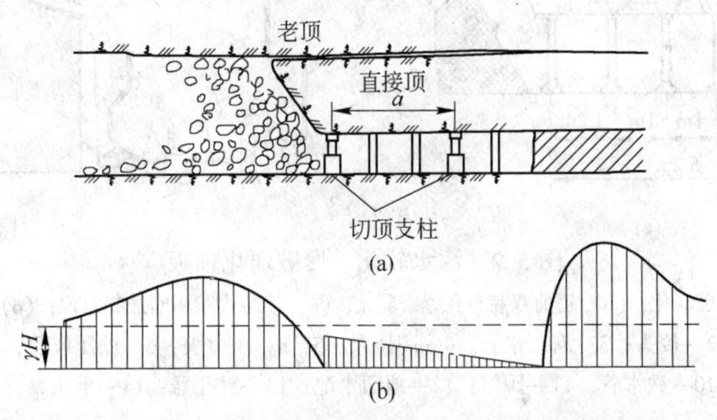

图 5.1　长壁式采矿法及其工作面前、后支承压力带

（1）直接顶。指层状岩体撤除支架以后能及时冒落的顶板岩层，称为直接顶。

（2）老顶。直接顶上方不易冒落的岩层称为老顶。

长壁后退采矿法“放顶”所使用的方法有回柱自然跨落；由最靠近冒落采空区布置的这排刚性支柱——切顶支柱，回柱前，升柱切断顶板（图 5.1）；回柱前在顶板凿放顶眼，并装药，回柱后一次性爆破放顶；在煤壁超前注水软化或爆破弱化顶板（图 5.2），使得直接顶板在采完回柱后能自然垮落。

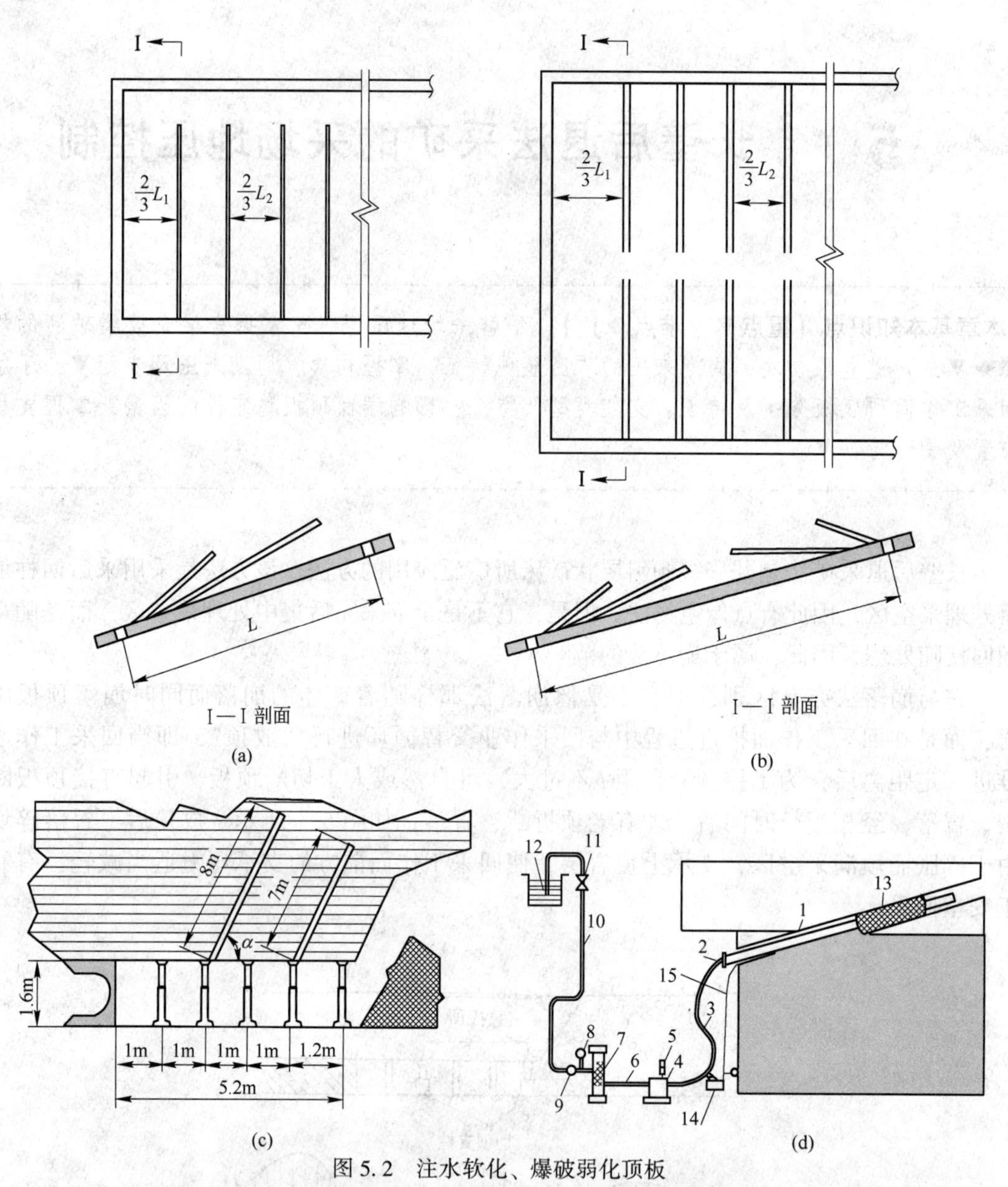

图 5.2　注水软化、爆破弱化顶板

（a）超前单巷布孔爆破弱化；（b）超前双巷布孔爆破弱化；（c）步距式双切槽强制放顶；（d）超前布孔注水软化
1—注水管；2—接头；3—高压水管；4—高压泵；5，8—压力表；6—低压胶管；7—过滤器；9—计量计；10—铁水管；11—阀门；12—地面水池；13—封孔器；14—手压泵；15—集水管

5.1　采场地压假说

5.1.1　外伸悬臂梁假说

外伸悬臂梁假说认为，用长壁法开采，采场初次放顶后，直接顶可视为悬臂梁，其一端与采场前方岩体连接，另一端呈悬臂状态。悬臂梁主要靠自身与固定端岩体的连接力来维持其稳定。采场支架的作用在于阻止悬伸岩层出现离层和松脱，控制裂缝发展，阻止在

回采期间冒落。如图 5.1 所示。

为了安全，防止悬伸顶板意外冒落，减小悬臂梁长度，减缓支架压力，可在工作面推进一定距离后，拆除若干排支架，使直接顶板悬伸部分崩落。每次崩落的距离称为“放顶距”。一般放顶距可取 1.5~7m。

老顶岩层的压力，一部分传给前方形成支承压力，一部分传至采后崩落岩体上，形成后支承力；随时间推移，老顶逐渐下沉、断裂，引起新的地压活动，使采场地压增大。通常把老顶第一次破断失稳而产生的工作面顶板来压，称为老顶初次来压。由开切眼到初次来压时工作面推进的距离称为老顶初次来压步距。以后每隔一段时间，工作面每推进一段距离，老顶岩层就出现一次断裂，这种因老顶周期性断裂引起的采场周期性地压活动称为“周期来压”或“二次地压”。由初次来压到下一次周期来压时工作面推进的距离称为老顶周期来压步距。

直接顶板越薄越易冒落，老顶越坚固，则周期来压越明显、剧烈。

5.1.2 缓慢下沉假说

缓慢下沉假说认为，开采厚度不大的水平或缓倾斜矿体，如顶板为塑性岩层，则工作空间上部岩体不会发生折断，而是整体缓慢下沉（图 5.3）。采场支架主要承受顶板下沉的变形压力。

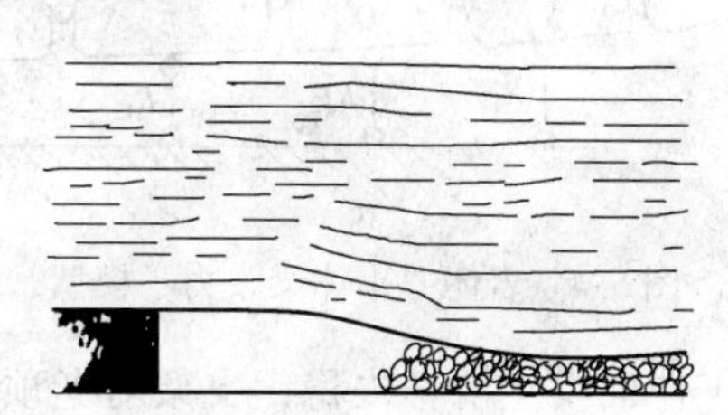

图 5.3 缓慢下沉假说示意图

5.1.3 传递岩梁假说

传递岩梁假说也称砌体梁假说。如 3.2.1 节所述，采矿工作面上覆岩层中裂隙带是介于冒落带和弯曲下沉带之间的承上启下的岩层，一般为老顶岩层，对工作面矿压显现有显著影响。在裂隙带及其以上岩层内，已断裂的岩块并不一定立即垮落，岩块间由于互相咬合可能形成外形如梁实则是拱的结构。又由于岩块排列如“砌体”，故称之为砌体梁。此结构由“煤（矿）壁—支架—采空区已垮塌矸石”所支撑，其情况如图 5.4(a) 所示。由此可以提出如图 5.4(b) 所示的岩体整个的结构力学模型，每层结构力学模型如图 5.4(c) 所示。此结构的特点为：

（1）离层区悬露岩块的重量几乎全由前支撑点承受。

（2）岩块 B 与 C 间的剪切力接近于零。因此，此处相当于岩块咬合形成半拱的拱顶。

（3）此结构的最大剪切力发生在岩块 A_i 与 B_i 之间，它等于岩块 B_i 本身的重量及其载荷。

从岩块间的滑落失稳分析，此结构必须满足下列平衡条件，即：

$$T_i \tan(\varphi - \theta) \geqslant (R_i)_{0\text{-}0} \tag{5.1}$$

式中，T_i 为岩块间咬合时的水平推力；φ 为岩块间摩擦角；θ 为岩块破断面与垂直面的夹角；$(R_i)_{0-0}$为结构中 A_i 与 B_i 岩块之间的滑移力，见图 5.4(d)。

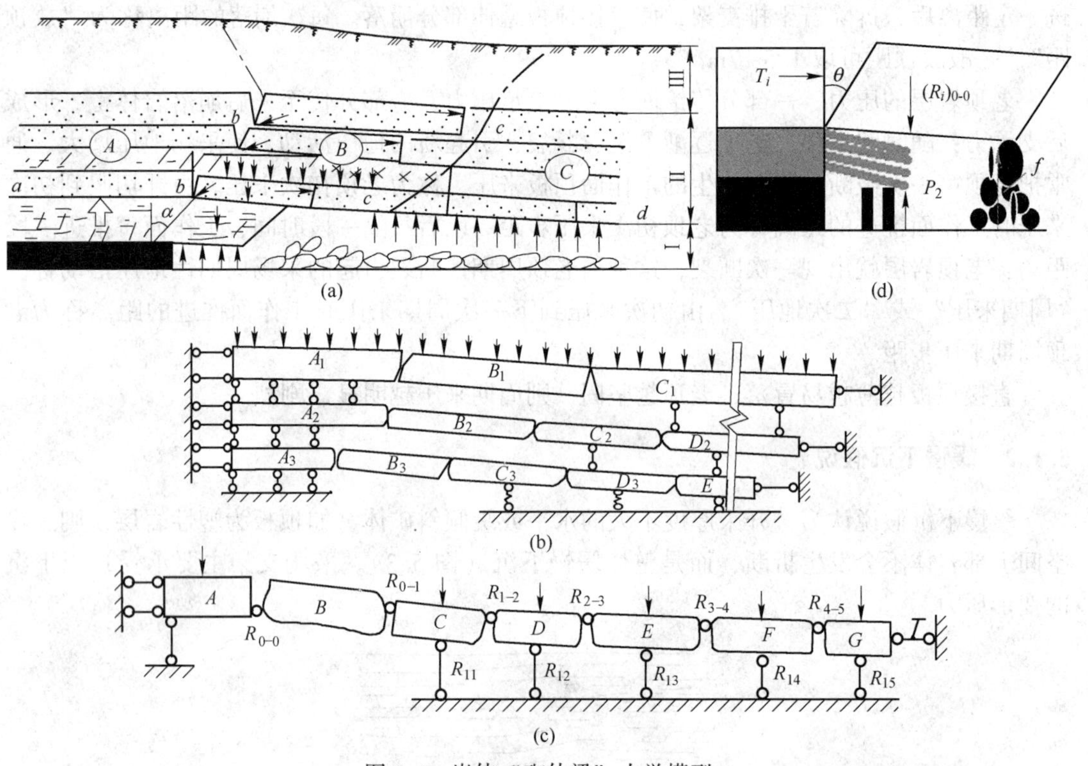

图 5.4　岩体“砌体梁”力学模型

显然，为了防止老顶沿工作面发生滑移失稳，支架对老顶的作用力 P_2 应为：

$$P_2 > (R_i)_{0-0} - T_i\tan(\varphi - \theta) \tag{5.2}$$

当岩块间由水平挤压力引起的摩擦力小于块间剪切力时，工作面将引起滑移失稳（台阶状）。在失稳岩块回转时，将引起变形失稳，即工作面顶板下沉量加大。可见，回转失稳有时可能伴随着滑落失稳。这两种失稳对工作面带来严重的地压显现，甚至危及生产和人身安全。

如果冒落岩体（矸石）接顶，支架对老顶的作用力 P_2 应为：

$$P_2 > (R_i)_{0-0} - T_i\tan(\varphi - \theta) - f \tag{5.3}$$

5.2　老顶岩层的稳定性

5.2.1　老顶梁式破断

冒落松石充满采空区所需直接顶的厚度 h 为：

$$h = N/(k - 1) \tag{5.4}$$

式中，h 为冒落松石充满采空区所需直接顶的厚度，m；N 为煤（矿）层厚度或采高，m；k 为冒落松石的松散系数。

如果实际直接顶厚度小于 h，则顶板将成悬臂状态。

对于深埋煤或矿体，按两固定端梁推导求解，其两端弯矩 M 最大，即：

$$M_{max} = -qL^2/12 \tag{5.5}$$

对于浅埋煤或矿体，按两端简支梁推导求解，其最大弯矩发生在梁中部，即：

$$M_{max} = qL^2/8 \tag{5.6}$$

式中，M_{max}为岩梁弯矩，N·m；q 为均布荷载，N/m。

使岩梁中线轴下表面受拉的弯矩是正弯矩，使岩梁中线轴下表面受压的弯矩是负弯矩。

根据材料力学知识，可求得老顶初次破断时的极限跨距（初次来压步距）L_s(m) 为：

$$\left.\begin{array}{l}\text{固端梁：} L_s = h(2R_T/q)^{1/2} \\ \text{简支梁：} L_s = 2h[R_T/(3q)]^{1/2}\end{array}\right\} \tag{5.7}$$

式中，R_T 为顶板岩体抗拉强度，N/m²；h 为梁高度，m；q 为岩梁均布荷载，N/m。

计算老顶极限跨距时，关键是确定老顶岩层所承受的荷载 q。若老顶由一层厚而坚硬的岩层组成，其上部岩层对老顶没有影响，则 q 直接取 $q = q_1 = \gamma_1 H_1$；若由若干岩层组成，根据组合梁原理，n 层岩层对第一层影响所形成的荷载 $(q_n)_1$ 为：

$$(q_n)_1 = \frac{E_1 h_1^3(\gamma_1 h_1 + \gamma_2 h_2 + \gamma_3 h_3 + \cdots + \gamma_n h_n)}{E_1 h_1^3 + E_2 h_2^3 + \cdots + E_n h_n^3} \tag{5.8}$$

式中，E_1，E_2，…，E_n 为各层岩层的弹性模量，MPa；n 为岩层层数；h_1，h_2，…，h_n 为各层岩层的厚度，m；γ_1，γ_2，…，γ_n 为各层岩层的容重，N/m³。

计算中，$(q_{n+1})_1 < (q_n)_1$ 时，则以 $(q_n)_1$ 作为作用于第一层岩层的单位面积上的荷载。

式（5.8）是按单层岩梁计算的老顶初次来压步距。多层岩梁组合时，一般按第一层岩梁设计。按第二层及以上各层计算的极限跨距，都较上述公式大；按剪切强度计算的跨距，也对应较上述大。

当老顶周期来压时，其折断常常按悬臂梁计算，极限跨距即周期来压步距 L(m) 为：

$$L = h[R_T/(3q)]^{1/2} \tag{5.9}$$

式中，符号意义同式（5.8）。L 与初次来压步距 $L_s = h(2R_T/q)^{1/2}$ 或 $2h[R_T/(3q)]^{1/2}$ 相比，一般 $L_s = (2\sim4)L$。

5.2.2 老顶板结构破断

将老顶假设为板，薄板的类型有四周、三周、二周或一周固支，或简支等类型。随着弯矩的增长，老顶岩层达到强度极限时，将形成断裂。断裂前老顶结构形式及支承压力分布如图 5.5 所示。

在四周固支条件下，根据“板”弯矩分布图 5.6 可知，老顶板断裂先从长边中部开始，在长边中部形成裂缝；随着工作面向前推进，原形成的长边裂缝闭合；后又在短边中央形成裂缝；待四周裂缝贯通成“O”形破断后，板中央弯矩又达到最大值，超过强度极限而形成裂缝，最后形成 X 形破断，如图 5.7 所示。

5.2.3 老顶初次来压时工作面矿压显现特征

（1）顶板剧烈下沉。由于老顶破断失稳，迫使直接顶压缩支架而迅速下沉。

（2）支架荷载突然增加。老顶断裂，同时发生压块回转失稳，支架荷载普遍加大。

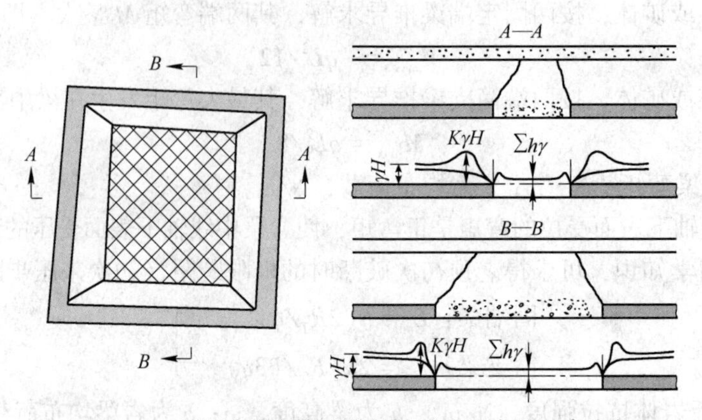

图 5.5　四周固支老顶断裂前结构形式及支承压力分布

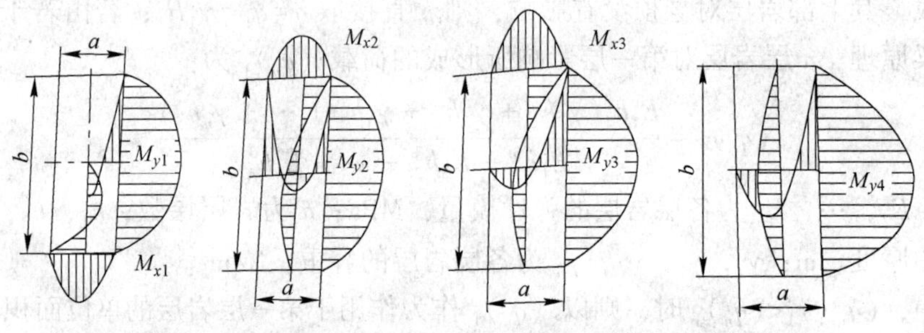

图 5.6　各种支承条件下“板”四周及中心轴线上弯矩分布

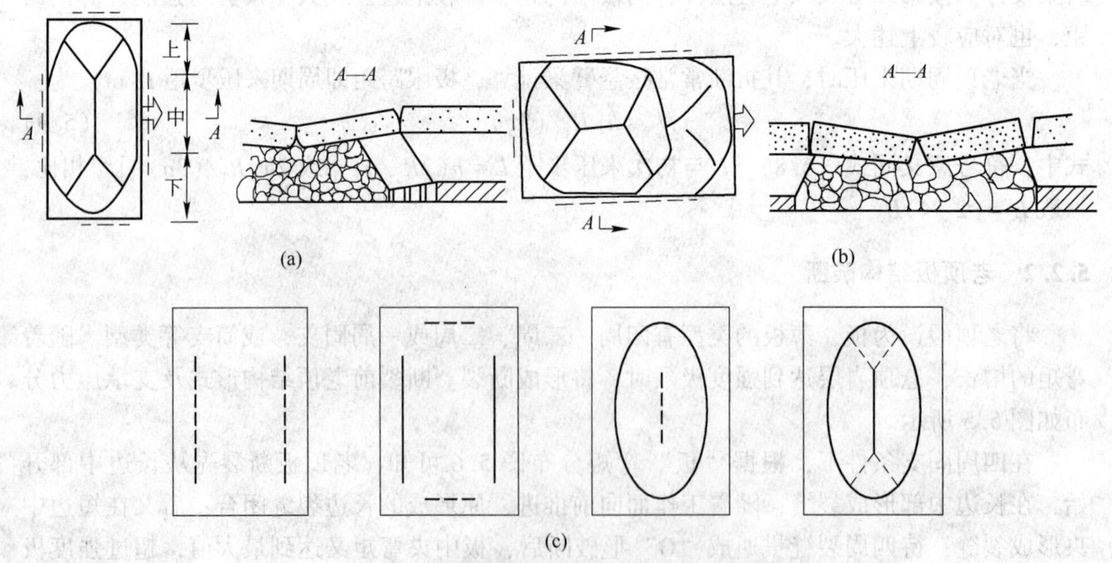

图 5.7　长短工作面及板断裂过程示意图

（a）长工作面；（b）短工作面；（c）老顶板断裂发展过程

（3）煤（矿）壁片帮严重。初次来压前夕，工作面前方支承压力达到峰值，可使直接顶和煤（矿）壁剪切破坏，因压酥压碎而片帮。这一现象发生在老顶破断前夕，往往是一种来压预兆。

（4）采空区有顶板断裂的闷声，有时伴随老顶的滑落失稳，导致顶板台阶下沉。

老顶初次来压比较剧烈，由于来压前工作面顶板压力较小，往往容易使人疏忽大意。老顶初次来压时，跨距比较大，影响的范围也比较广，工作面易发生冒落事故，因此，在生产过程中应严加注意。在来压期间必须注意工作面的支护质量，加强支撑力，增强支架的稳定性。

由于老顶初次来压时一般要经历2~3d才能将工作面推进过去，来压时工作面顶板下沉急剧增加，对工作面生产和安全影响较大。因此，必须掌握初次来压步距的大小，以便及时采取对策。老顶初次来压步距与其岩层的力学性质、厚度、破断岩块之间互相咬合的条件等有关。根据大量实测资料统计，我国煤矿长壁后退开采的工作面初次来压步距为10~30m的约占54%，30~55m的约占37.5%，其余为大于55m。特殊的砾岩、砂岩顶板可达100~160m。如果遇到地质构造有变（如断层）时，可能会减小来压步距。

5.3　回采工作面顶板控制

回采工作面是地下移动着的空间，为了保证生产工作的正常进行与矿工的安全，必须对回采工作面空间进行维护，然而回采工作面的矿山压力显现取决于回采工作面周围所处围岩的开采条件，因此必须对回采工作面形成的矿山压力加以控制。总体上讲，对矿山压力控制，一方面应在矿井设计中加以考虑，如开采顺序，采煤工作面布置等；另一方面就是对工作面空间的支护以及对采空区的处理。

回采工作面的直接维护对象是直接顶，然后通过直接顶控制老顶岩层，采空区的具体处理措施对老顶活动有着明显的影响。常见的采空区处理方式有：（1）煤柱支撑法；（2）缓慢下沉法；（3）采空区充填法；（4）全部垮落法。

控制采场矿山压力的另一个基本手段是回采工作面支架。回采工作面支架是平衡回采工作面顶板压力的一种构筑物。由于回采工作面支架形成的构筑物必须与开采后形成的上覆岩层大结构相适应，因此，支架必须具备以下三方面特征：具备一定的可缩性、具有良好的支撑性能、能维护顶板。

由于支架是处于“煤壁-支架-采空区已冒落的矸石”这一支撑体系中，相对而言，煤壁具有较大的刚性，采空区已冒落的矸石具有较大的可缩性，支架介于二者之间，因此支架性能将直接影响支架受力大小。支架性能用“工作阻力-可缩量”关系曲线表示，即$P-\Delta s$曲线。

5.3.1　顶板分析

5.3.1.1　直接顶分析

直接顶是工作空间直接维护的对象，显然直接顶的完整程度将直接影响工作面的安全及工作面生产能力的发挥，而且直接影响所选择的支护方式。

直接顶的完整程度取决于岩层本身的力学性质和直接顶岩层内由各种原因造成的层理和裂隙的发育情况。综合这两者，结合我国的实际情况，曾将直接顶分为三种状态：（1）破碎的顶板，如页岩、再生顶板及煤顶等。这种顶板若护顶不及时，很易造成局部冒顶。（2）中等稳定顶板，其直接顶板的岩层力学强度较大。有些岩层，如砂页岩或粉砂岩等，虽由于受到一系列裂隙所切割，但局部尚较完整，因而仍属于中等稳定型。（3）完整顶板，其允许悬露面积大，稳定性好，不易发生局部冒顶，如砂岩或坚硬的砂页岩等。

有学者从节理裂隙的发育情况研究直接顶的稳定性，一般可将各种裂隙分为三类：(1) 原生裂隙，是在成岩过程中形成的；(2) 构造裂隙，是在地质构造运动过程中形成的；(3) 压裂裂隙，是在采动过程中形成的。

根据裂隙面与工作面顶板岩层层面的位置关系，德国学者 O. 雅可毕曾将其分为五类，如图 5.8 所示，分为 R_1，R_2，…，R_5 五种基本裂隙。实际情况可能是这五种基本裂隙的组合，如 R_{12}，R_{23}，…，R_{34} 等，这种组合裂隙对顶板的支护极为不利。

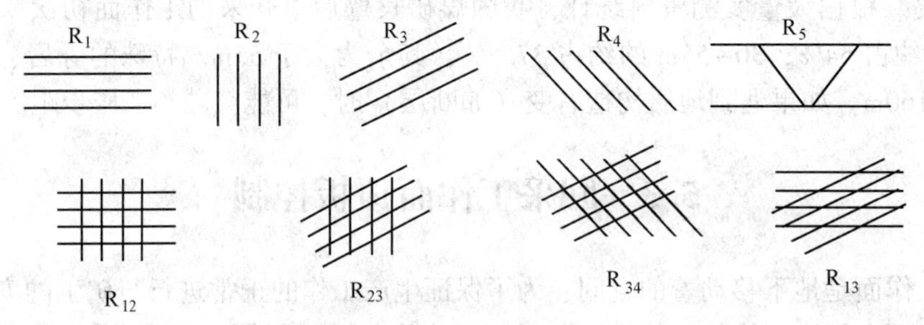

图 5.8 顶板裂隙基本类型及其组合示意图

直接顶冒空将使支架顶梁与顶板的接顶情况恶化，无法利用支架的工作阻力通过直接顶防止老顶岩块的失稳与滑落，由此引起对工作面的不良影响并造成一系列影响生产的事故。

理论上讲，可通过对裂隙面方位、位置等对直接顶的顶板岩块受力进行分析。但实际上，直接顶常为很多的裂隙交割，很难精确分析，因此原则上支架应能承受全部直接顶的重量。同时，支架要有通过直接顶而控制老顶的作用。因此任何情况下都希望直接顶完整，能传递给老顶以支架的约束力。然而实际上直接顶往往破碎，如果不施加一定的初撑力，支架护顶约束力难以有效地传递给老顶。

为了定量分析直接顶的稳定程度，通常采用直接顶的端面破碎度作为衡量直接顶稳定性的指标，它反映了支架前梁端部到煤壁间顶板破碎的程度。其含义如图 5.9 所示。顶板破碎度为 F_A/F 的百分数。其中，F_A 指冒落高度 h 超过 10cm 时的破碎顶板面积；F 指支架前梁端部到煤壁间的整个面积。

为了便于比较，我国以支架前梁端部到煤壁间，即端面距 $b=1$m 时的顶板破碎度进行计算分析，称之为顶板破坏指数 E。$F=b\times L_c$，其中 L_c 为工作面长度。当 $b=1$m 时，$F=L_c$。图 5.10 所示为端面距 b 对顶板破碎度 F_A/F 的影响。当 $E<10\%$时，b 对 F_A/F 的影响很小。

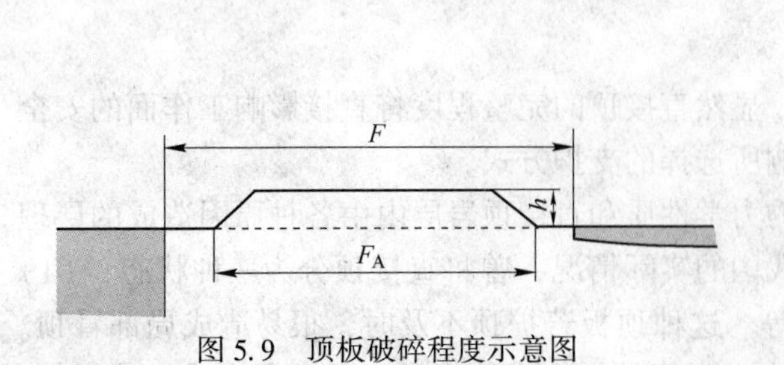

图 5.9 顶板破碎程度示意图

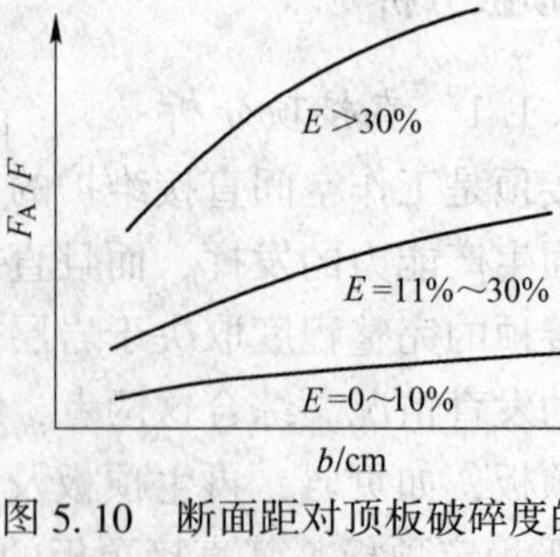

F_A/F

$E>30\%$

$E=11\%\sim30\%$

$E=0\sim10\%$

b/cm

图 5.10 断面距对顶板破碎度的影响

按初次垮落步距 L_0 进行顶板完整性分类，直接顶板可被分为如下四类：

1类 $L_0 \leqslant 8\text{m}$ 不稳固顶板

2类 $8\text{m} < L_0 \leqslant 18\text{m}$ 中等稳固顶板

3类 $18\text{m} < L_0 \leqslant 28\text{m}$ 稳固顶板

3类 $L_0 \geqslant 28\text{m}$ 非常稳固顶板

总之，直接顶的完整性对支架选型、支护方式和顶板局部冒落起主导控制作用。直接顶岩块离散、破裂的原因主要有：

（1）节理、裂隙切割；

（2）初次放顶前直接顶挠度大于老顶挠度而离层断裂；

（3）单体支柱刚支设时初撑力低，或液压支架支撑时无支护空间宽达2m左右，因而离层断裂；

（4）工作面较短时，悬露老顶的挠度较小，直接顶挠度常大于老顶而离层；

（5）放顶回撤支柱导致直接顶离层；

（6）分层回采时，第二分层及以后各层的直接顶处于离散状态。

5.3.1.2 老顶分析

老顶对直接顶稳定性、支护强度、支架性能、采空区处理等起决定性作用。

如前所述，根据老顶取得平衡的条件，在采用全部垮落法的工作面中，一般情况下老顶岩层对工作面顶板的压力影响主要取决于直接顶的厚度。显然，老顶离煤层越远，即直接顶越厚，破断后形成“结构”和呈现缓慢下沉式平衡的可能性也越大。因此长期以来，生产单位常以直接顶厚度作为预计影响工作面矿山压力显现的重要指标之一。

为了对老顶有个定量的认识，以便预计老顶来压强度，在对老顶的分类中引入直接顶厚度与采高的比值 K_m，一般认为：（1）$K_m \geqslant 5$，老顶垮落与错动对工作面支架无大的影响，称为无周期来压或周期来压不明显的顶板；（2）$5 > K_m > 2$，老顶失稳对工作面支架有影响，称为有周期来压的顶板；（3）$K_m \leqslant 2$，甚至没有直接顶，老顶失稳对工作面支架有严重影响；（4）老顶特别坚硬，又无直接顶，顶板常在采空区内悬露上万平方米而不垮落，不及时切顶，易发生顶板冲击地压，这类顶板称为坚硬顶板。目前通常采用爆破方法强制放顶或高压注水方法使顶板软化；（5）能塑性弯曲的顶板，随着工作面的推进缓慢下沉，而后逐渐与煤层底板相接触。这种情况的形成，显然与顶板岩层的性质、采高及岩层厚度有关。一般在薄煤层和中厚煤层的石灰岩顶板中出现。

显然老顶的失稳不仅与 K_m 有关，还与节理、裂隙的发育程度及其在岩层中的分布有关，以及与老顶的厚度和含水情况有关。因此对于具体条件，必须进行具体分析。

还有其他分类方法，除了考虑 K_m 外，还要考虑老顶初次来压步距 L_s。

5.3.2 底板特征

底板岩层在矿山压力控制中涉及两类问题：（1）煤层开采后引起底板破坏，其范围将与开采范围及采空区周围的支承压力分布有关。由于底板破坏可能导致地下水分布的变化，如我国华北地区许多煤层的底板为奥陶纪石灰岩、富含水性，煤层开采后底板的破坏可能引起突水等事故，因此必须研究开采后的底板破坏规律；（2）支护系统的刚度是由

“底板-支架—顶板”组成，因此底板岩层的刚度将直接影响支护性能的发挥。由于单体支柱的底面积仅 100cm²，在底板比较松软的情况下，支柱很容易插入底板，从而影响对顶板的控制。将支架底座对单位面积底板所施加的压力，称为底板载荷集度，即底板比压。工作面支柱插入底板的破坏形式有三种（图 5.11）：整体剪切、局部剪切和其他剪切。

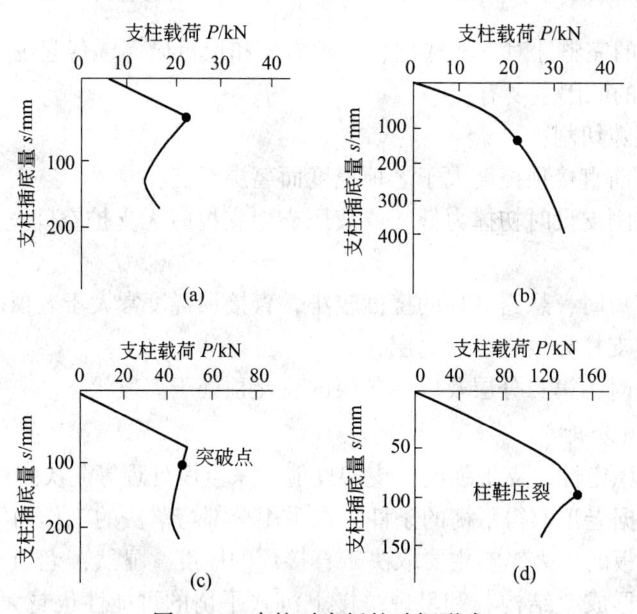

图 5.11 支柱对底板的破坏形式

（a）整体剪切；（b）局部剪切；（c）其他剪切；（d）穿鞋破坏

整体剪切的特征是，当载荷达到某一定值后，突然下降，压入深度迅速增大，此突破点称为底板的极限抗压入强度；局部剪切的特征是，没有明显的突破点，但随载荷的增加，压入深度的变形率增长较快；其他剪切的破坏形式介于前两者之间，有突破点，但不明显，但载荷超过突破点后压入深度明显增大。

实践中为防止支柱插底，提高支护系统的刚度，通常采取穿柱鞋的措施。当支柱穿上底鞋时，则其承受的载荷将随底鞋的特点而明显增加，当底鞋压裂后其承载能力迅速下降，且穿底量明显增长。此处应指出，底鞋不宜采用木材，因为木材的横向抗压强度甚小，只有 3MPa 左右，与软底板情况相近，抗插入能力差，因此效果不明显。

根据我国煤矿开采工作面底板对支柱的影响对底板进行分类，见表 5.1。可根据此表选择支柱应具有的底面积。

表 5.1 我国缓倾斜煤层工作面底板分类方案

底板类型		基本指标		辅助指标	参考指标	一般岩性
名称	代号	容许比压 q_c/MPa	容许刚度 K_c/MPa · mm⁻¹	容许穿透度 β_c/mm⁻¹	容许单轴抗压强度 R_c/MPa	
极软	Ⅰ	<3.0	<0.035	<0.20	<7.22	充填砂，泥岩，软煤
松软	Ⅱ	3.0~6.0	0.035~0.32	0.20~0.40	7.22~10.80	泥页岩，煤

续表 5.1

底板类型		基本指标		辅助指标	参考指标	一般岩性
名称	代号	容许比压 q_e/MPa	容许刚度 K_e/MPa · mm^{-1}	容许穿透度 β_e/mm^{-1}	容许单轴抗压强度 R_c/MPa	
较软	Ⅲa	6.0~9.7	0.32~0.67	0.40~0.65	10.80~15.21	中硬煤，薄层状页岩
	Ⅲb	9.7~16.1	0.67~1.27	0.65~1.08	15.21~22.84	硬煤，致密页岩
中硬	Ⅳ	16.1~32	1.27~2.76	1.08~2.16	22.84~41.79	致密页岩，砂质泥岩
坚硬	Ⅴ	>32	>2.76	>2.16	>41.79	厚层砂质页岩粉砂岩，砂岩

5.3.3 采场支架类型与支架力学特性

5.3.3.1 支架力学特性

支架性能一般指支架的支撑力与支架可缩量的关系特征。常用 P-Δs 曲线表示。

回采工作面支架主要由梁和柱组成，一般金属顶梁属于刚性结构，支柱常由活柱和底柱组成。它们之间的伸缩关系形成了支柱的可缩性。因此支架的特性主要由支柱的特性来决定。支柱的撑力指支柱对顶板的主动作用力；支柱的工作阻力则是指支柱受顶板压力作用而反映出来的力。初撑力 P'_0指支架支设时，支架对顶板的主动支撑力；应用液压支柱时，P'_0由液压泵的压力来确定；始动阻力 P_0 指在顶板压力下活柱开始下缩的瞬间，支柱上反映出来的力；初工作阻力 P_1 指在支架性能曲线中活柱下缩时，工作阻力的增长率由急剧增长转为缓慢增长的转折点处的工作阻力；最大工作阻力 P_2 指支柱所能承受的最大负载能力，又称额定工作阻力。目前所使用的支柱工作特性有如下几种，如图 5.12 所示。

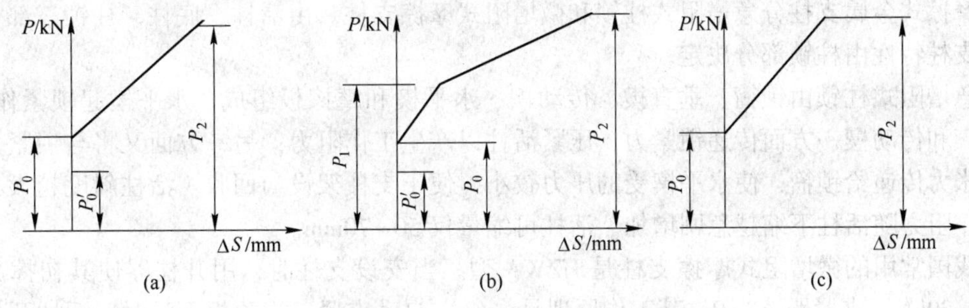

图 5.12 支柱典型的工作特性曲线

(a) 急增阻式；(b) 微增阻式；(c) 恒阻式

急增阻式支柱开始支设时，有一个极小的人为的初撑力 P'_0，当支柱在顶板压力作用下，活柱开始下缩便形成了始动阻力 P_0，而后随活柱下缩，工作阻力呈直线形急增，这种支柱的可缩量较小。

微增阻式支柱开始支设时，有一个较小的初撑力 P'_0与始动阻力 P_0，随着活柱下缩先有一个急剧增长过程，达到工作阻力 P_1 后，随着支柱继续下缩，工作阻力的增长变得极为缓慢，一直到支柱的最大可缩量，也就是支柱的最大工作阻力时为止，此类支柱具有较大的可缩量。

恒阻式随着活柱下缩，很快达到额定工作阻力 P_2，以后尽管活柱继续下缩，支柱的工作阻力保持不变。

从支柱工作阻力适应顶板压力的特点进行分析，恒阻式的支柱较为有利，但结构较复杂，成本较高；急增阻式性能比较差，但成本较低，结构较简单。

使用金属支架时，(1) 应保证支柱工作性能，及时检修失效支柱；(2) 保证升柱器有一定的初撑力，其中液压支架（柱）为20~30kN，人工支柱（如木支柱）为6kN；(3) 严禁在一个工作面应用2种或2种以上的基本支柱，因为性能不一致不便同步调整压力；(4) 金属支柱必须与金属铰接梁配套使用；(5) 不宜让支柱受偏心荷载；(6) 保证支柱支设质量，即支在完整顶、底板上，支柱成排成行。

5.3.3.2　支架类型

支架分为单体支柱和液压支架。单体支柱又分为木支柱、摩擦式金属支柱和液压支柱三类。

A　木支柱

木支架由木柱和木顶梁组成。目前金属矿山等矿井下一般不准使用。

木材是种各向异性材料，沿纹理加压比垂直纹理加压的可缩性小得多。无垫木时支柱阻力增长极快，但可缩量太小；加垫木后阻力增长又太慢，开始阶段仅体现垫木力学特性。木支柱轴向长度远大于直径，应按纵向弯曲考虑其稳定性。木支柱的直径 d 与长度 l 应满足关系：$d=(1.1-1.25)l^{1/2}$，单位都是cm。湿度10%的木材强度最大；水分每增加1%，抗弯强度降低4%；当含水达40%时，木材抗弯强度比空气中干燥木材降低1/2。木支柱的缺点：由于性能不好、损耗量大，影响回采过程实现机械化。优点：压断和折断时有声响，便于预测顶板来压。

B　摩擦式金属支柱

摩擦式金属支柱分急增阻式柱锁和微增阻式摩擦支柱。由活柱、底柱、柱锁三部分组成，支柱特性由柱锁部分决定。

急增阻式柱锁由锁箍、垂直楔、传动楔、水平楔和摩擦板组成。水平楔起锁紧作用；垂直楔和传动楔一方面传递锁紧力，压紧活柱以产生工作阻力；另一方面又将与锁紧力相反的张力传递给锁箍，使水平楔受的压力较小，便于支柱架设与回收。活柱斜度越大，支柱工作阻力随活柱下缩越急剧增加。活柱可缩量仅50~70mm。

我国常用的微增阻式摩擦支柱是HZWA型。当安设支柱时，用升柱器使其初撑力达到20~30kN，夹紧距 $\Delta s=0$。其工作原理是：(1) 自动夹紧。当顶板下沉时，活柱开始下缩，自动夹紧机构开始动作，此时支柱产生 $P_0=50\sim80$kN 的始动阻力。随着活柱继续下缩，带动滑块下移，此时楔块向下移至0或-1的位置，支柱达到初工作阻力 $P_1=(250\pm30)$kN，可缩量 $s_1=8\sim20$mm。(2) 支柱工作阻力开始上升。夹紧完成后，依据活柱斜度，支柱工作阻力缓慢上升。当可缩量达到 $s_2=400$mm 时，最大工作阻力可达到 $P_2=(350-20\text{kN})\sim(350+40\text{kN})$。(3) 支柱卸载。打松水平楔松弛柱锁，活柱依靠自重下落，自动夹紧机构又恢复到原始状态，实现支柱卸载。

摩擦支柱使用中应注意如下事项：(1) 摩擦式金属支柱的工作阻力主要依靠摩擦力。因此，为了保证工作面支柱处于正常工作状态，必须经常检查支柱是否已经失效。(2) 摩擦板与活柱、楔组间内部过小的摩擦系数，不仅使工作阻力上不去，有时还可能出现退楔现象，这是极其危险的。因此，不允许活柱和楔组间存在大量煤粉、铁锈、炮泥和油垢。

摩擦支柱的失效检查包括如下内容：(1) 水平楔小头露出量超过30mm；(2) 自动压紧弹簧锈蚀变细、压弯、断裂或丢失；(3) 特制垫圈或螺母间开焊，或由于其他原因造成螺母自由转动，从而不能保证夹紧距，导致始动工作阻力改变；(4) 应该将应用过一段时期的支柱及时运送到地面除锈、去煤粉、整修等，并检定及调整支柱的工作特性；(5) 摩擦系数小时，应调大夹紧距 Δs。目前，一般多用液压支柱替代摩擦支柱。

C　液压支柱

液压支柱分单体液压支柱、液压自移支架两种类型，其中单体液压支柱由液压支柱单独与顶梁配合使用，液压自移支架由液压支柱与顶梁、底座和移架千斤顶组合而成。

液压支柱分内注油式和外注油式两种类型，它是种典型的恒阻性支柱。

内注油式液压支柱工作介质为机油，通过摇动手把，操作支柱内的手摇泵。原理类似千斤顶。外注油式液压支柱工作介质为含1%~2%乳化油的乳化液。通过外部液压泵站，经管路系统，由注液枪向支柱供液；回收时打开卸载阀，将介质排出柱外，活柱靠自重和弹簧力回缩；其关键部件是单向阀、安全阀和卸载阀共同组成的1个三用阀。

采用单体支架工作面，落煤后必须立即支设支架，待该支架由工作面推进到靠采空区一侧时进行回柱，因此每一根支柱都将经历回采工作面空间顶板下沉的全过程。

D　液压支架

液压支架由支柱、底座和顶梁组合为整体结构。它与单体支柱相比有如下优点：支设与回撤劳动强度小、效率高；支护工序快，不至于衔接不上采煤工序；组合稳定，不易被来压推倒。

按对顶板的支撑面积与掩护面积的比值分类，液压支架可分为支撑式液压支架、支撑掩护式液压支架、掩护支撑式液压支架、掩护式液压支架四类，如图5.13所示。

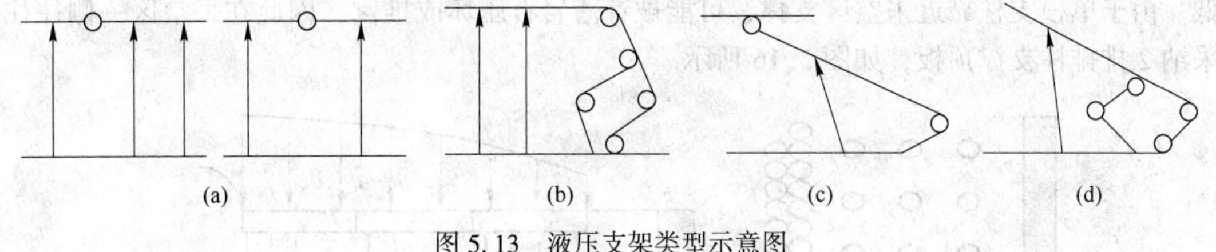

图5.13　液压支架类型示意图

(a) 支撑式；(b) 支撑掩护式；(c) 掩护支撑式；(d) 掩护式

按支架结构进行分类，可分为掩护式和支撑式两类。其中，凡是有掩护梁的液压支架统称为掩护式支架，没有掩护梁的液压支架统称为支撑式支架。我国将液压支架分为支撑式（无掩护梁，支柱直接对顶板发挥支撑作用）、掩护式（有掩护梁，但单排立柱连接掩护梁或直接支撑顶梁对顶板起支撑作用）、支撑掩护式（双排或多排立柱，有掩护梁，支柱大部分或全部通过顶梁对顶板起支撑作用）三类。掩护梁使支柱本身不承受水平力。

5.3.3.3　支柱受力与布置

单体支架顶梁所受载荷分布取决于顶梁在支柱上的布置方式，如图5.14所示。

如果工作面顶板较坚硬，周期来压比较剧烈时，通常使用切顶支架。切顶支架（布置

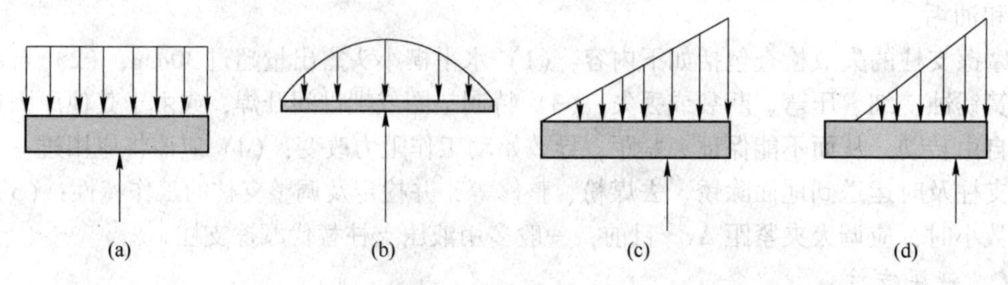

图 5.14 支柱顶梁受力分布

（a）均匀分布、前后梁 1：1 接顶良好；（b）抛物线分布顶梁两端有一定变形；（c）三角形分布前后梁 2：1；（d）三角分布、前后梁比过大部分前梁浪费

方式见图 5.15 中实心圆）的工作阻力远大于工作面正常支架，其由柱帽、立柱、底座、千斤顶、液压系统组成，其目的是利用切顶支架将直接顶沿采空区切落。这种支护方式也称为有排柱放顶，其顶梁受力如图 5.15 所示。

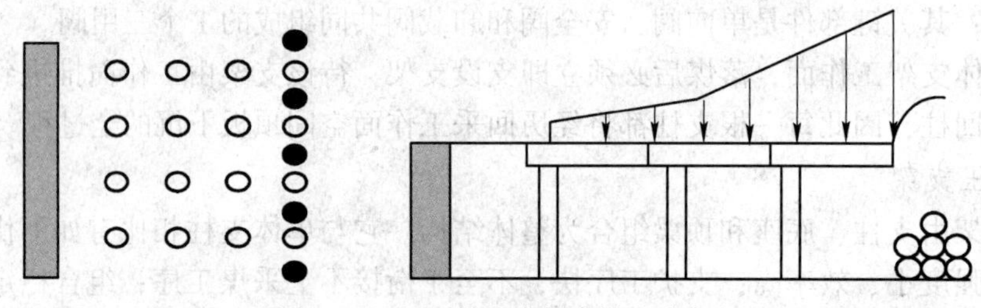

图 5.15 切顶排柱支架支撑力分布

当直接顶比较破碎时，切落直接顶已不成问题，此时不再使用切顶支架，即无排柱放顶支护。由于靠近采空区侧的直接顶比较破碎，故采空区一侧的顶板压力反因释放而降低。由于单根支柱靠近采空区支撑，可能被冒落岩石压坏或推倒，因此在采空区一侧往往采纳 2 排排柱支撑顶板，如图 5.16 所示。

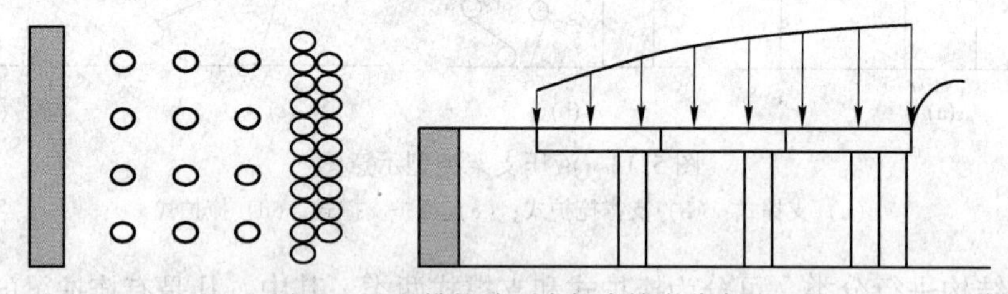

图 5.16 无排柱放顶支架支撑力分布

单根支柱布置的工作面应尽可能提高支架初撑力。为了加强机道上方维护，可打贴帮柱等。单体支架在回采工作面的布置方式，取决于直接顶的稳定性，同时也应考虑老顶来压时可能带来的危害。一般来说，单体支架的支护方式如下：

（1）带帽点柱支护。适用于直接顶比较完整，布置方式如图 5.17 所示。

（2）棚子支护。直接顶中等稳定或比较破碎时，一般为一梁二柱的棚子式支护。棚子的布置方式如图 5.18 所示。顶板压力大时采用连锁式，顶板压力小时可采用对接式。当裂隙垂直于工作面时，顶梁沿煤层倾向布置。

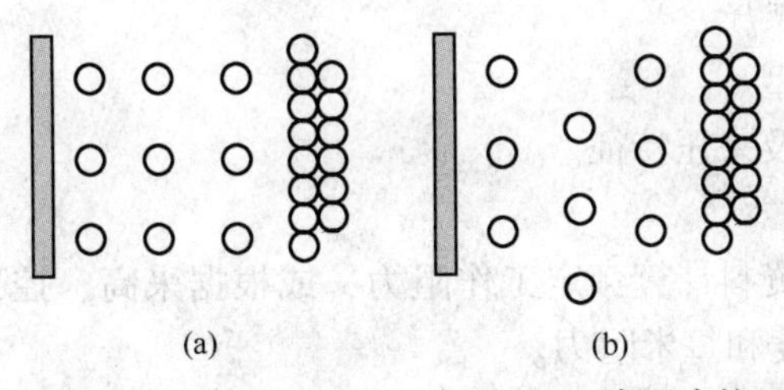

图5.17 矩形（a）、三角形（b）布置支柱

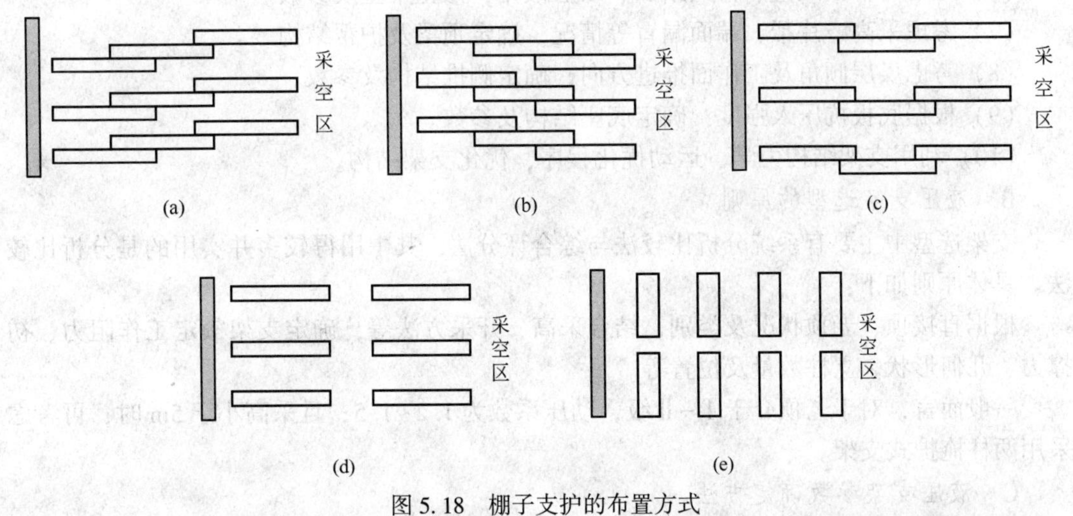

图5.18 棚子支护的布置方式

（a）梁连锁上行；（b）连锁下行；（c）连锁混合；（d）水平对接；（e）倾斜对接

（3）悬梁与支柱的关系。分正悬梁和倒悬梁两种，如图5.19所示。正悬梁时端面维护较好，倒悬梁时回柱比较安全。顶板比较坚硬、稳固时多用倒悬梁支护，因为这时采煤面一般不易塌方、冒顶，但采空区顶板悬露较长，回柱时压力较大，易发生冒顶或冲击事故，采用倒悬梁可确保安全回柱，如图5.15及图5.19(b）所示。相反，直接顶比较破碎时，采煤面易塌方、冒顶，需要正悬梁护顶（图5.19(a)），这时采空区顶板基本随回柱随冒落，顶板压力随冒落释放而降低，为了确保冒落岩体不推倒支柱，常常类似图5.16采纳2排排柱支撑采空区侧的顶梁。

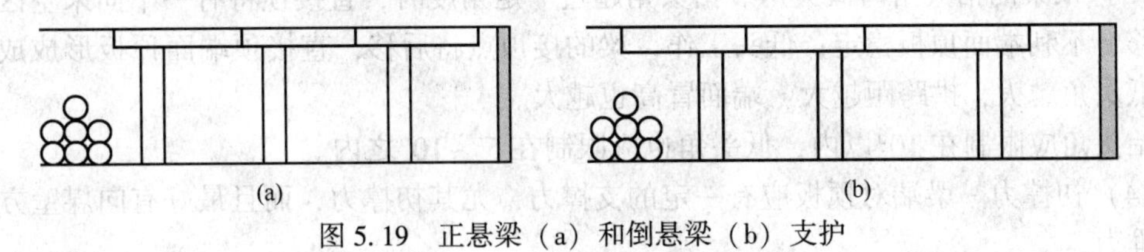

图5.19 正悬梁（a）和倒悬梁（b）支护

5.3.4 液压支架选型

液压支架架型及主要参数必须与矿山地质条件及产量规模相适应。支架选型的主要内容有架型、额定工作阻力、支护强度、顶梁形式、底座、侧推、阀组等。选型前必须掌握类似条件的工作面矿压资料及搜集足够的矿山地质资料。

A 液压支架选型顺序

（1）确定直接顶类型。

（2）确定老顶级别及来压特征。

（3）确定底板类型。

（4）根据矿压实例资料计算额定工作阻力，或根据采高、控顶宽度及周期来压步距，估算支架所需的支护强度和每米阻力。

（5）根据顶底板类型、级别与采高，初选所需的额定支护强度，初选支架形式。

（6）考虑工作面风量、行人断面、煤层倾角，修正架型及参数。

（7）考虑采高、片帮、端面漏冒等情况，确定顶梁及护帮结构。

（8）考虑煤层倾角及工作面推进方向，确定侧推结构及参数。

（9）根据底板抗压入强度，确定底座结构及参数。

（10）利用支架结构力学、运动优化程序，优化支架结构。

B 液压支架选型的原则

支架选型中主要有系统分析比较法与综合评分法，其中用得较多并实用的是分析比较法。具体原则如下：

根据直接顶、老顶状况及类别，结合采高、开采方法等，确定支架额定工作阻力、初撑力、几何形状、立柱数量及位置等。

一般而言，对于老顶介于Ⅰ-Ⅱ级，动压系数为1.2~1.5，且采高小于5m时，可考虑采用两柱掩护式支架。

C 液压支架参数确定方法

液压支架的主要参数包括液压支架工作阻力和初撑力。液压支架工作阻力的确定方法有载荷估算法、实测统计法和理论分析法。

5.3.5 影响端面顶板稳定性的主要因素

（1）老顶活动。老顶破断岩块回转将直接影响直接顶破碎程度，其中 K_m（直接顶厚度/采高）、K（冒落矸石松散系数）、C（直接顶内聚力）和 R_t（直接顶抗拉强度）均将影响直接顶的完整性。严重时，老顶来压相当于支架要过1个破碎带。

（2）端面距。端面到煤壁的距离越大，越易冒顶。

（3）顶梁的抬头角与低头角。抬头角超过一定角度时，直接顶将有一个向采空区方向的位移，不利端面顶板稳定；低头工作，梁的接顶点将后移，直接顶端面顶板形成成拱条件。低头角越大，拱跨距越大，端面冒高也越大。

抬头角应限制在10°以内，低头角也应限制在5°~10°之内。

（4）初撑力。梁端对顶板应有一定的支撑力，尤其初撑力，而且最好有向煤壁方向的水平推力。

（5）较快的工作面推进速度。这可以大幅度缩短顶板的悬空暴露时间。

（6）支架结构的改变或架型的不同，导致不同支架受力不协调，受力性能也不一致，这不利端面顶板的维护。

（7）超前支护特软端面顶板，可以改善顶板稳定性。

习 题

5-1 如何用悬臂梁原理解释长壁后退采矿法控制顶板的机理？它与空场法有何区别？与崩落法又有何区别？

5-2 怎样理解长壁后退采矿法的工作面顶板初次来压前的结构和破坏形式？老顶板结构如何破坏？

5-3 什么是老顶初次来压？什么是老顶周期来压？老顶破断对直接顶稳定性有什么影响？

5-4 影响端面顶板稳定性的因素主要有哪些？

5-5 怎样根据顶梁长度确定荷载分布状态？

5-6 为什么破碎顶板靠近采空区一侧实测的顶板压力反而降低？

5-7 液压支架的类型有哪些？液压支架选型的原则是什么？

5-8 举例说明单体液压支柱的支护方式有几种。

5-9 切顶支架的组成及作用如何？

5-10 简述急增阻、微增阻和恒阻式支架的力学特性。

5-11 工作面支柱插入底板的破坏方式有哪几种？

5-12 简述如何按初次垮落步距进行直接顶分类。

5-13 通常如何实施老顶分类？

5-14 直接顶离散、破裂的主要原因是什么？

5-15 简述老顶板结构破断的力学特征。

5-16 老顶初次来压的矿压显现特征主要有哪些？

5-17 什么是直接顶，什么是老顶？长壁后退采矿法所使用的放顶方法有哪些？

5-18 长壁后退采矿法有哪些主要的地压假说？

参 考 文 献

[1] 李俊平．矿山压力与顶板管理（课件）．鸡西大学资源与环境工程系，2006.

[2] 杜计平，汪理全．煤矿特殊开采方法［M］．徐州：中国矿业大学出版社，2003.

[3] 郭奉贤，魏胜利．矿山压力观测与控制［M］．北京：煤炭工业出版社，2005.

[4] 王家臣．矿山压力及其控制（教案第二版）．中国矿业大学（北京）资源与安全工程学院，2006.

[5] 钱鸣高，石平五，许家林．矿山压力与岩层控制［M］．徐州：中国矿业大学出版社，2010.

6 现场地压观测与分析

【本章基本知识点（重点▼，难点◆）】：掌握岩体工程观测的特点▼；了解位移、荷载、声发射和光纤探测方法，熟悉其在地压观测中的应用▼；了解围岩应力观测方法及其原理◆，熟悉其应用▼。

现场观测（亦称原位测量）及监控是研究地压问题的重要手段。对岩体地下工程稳定性进行监测与预报，是保证工程设计、施工科学合理和安全的重要措施。新奥法施工技术就是把施工过程中的监测作为一条重要原则，通过监测分析对原设计参数进行优化，并指导下一步的施工。对于竣工投入使用的重要岩体工程或采空区、生产采场，仍需对其稳定性进行监测与预报，确保安全生产万无一失。

岩体工程监测有以下的特点：(1) 时效性。由于岩体工程的服务年限一般都较长，岩体具有流变特性，因此，测试设备应保持长期稳定。(2) 环境复杂。地下工程环境恶劣，要求设备具有防潮、防电磁干扰、煤矿还需防爆等性能。(3) 监测信息的时空要求。现代大型岩体工程监测的网络化已日益显示其必要性与可能性，在监测的信息量和反馈速度上的要求日渐提高。(4) 空间制约。地下空间有限，要求监测设备微型化并尽可能地隐蔽，减少对施工的干扰，并避免施工对监测设备的损坏。

现场观测及监控工作主要包括以下几个方面：研制测试仪表及传感器、正确选择观测方案、科学分析和使用观测数据。

应当指出，测试仪器及传感器是随科学技术的不断发展而逐渐更新的，它的发展促进了测试技术的进步；同时，正确选择观测方案十分重要。对于一个具体工程，必须全面规划需要观测哪些数据，提出所用设备、仪器，选择观测点和确定观测时间或期限。否则，将造成大量浪费，甚至导致工程失事。

凡能表征地压活动的物理量与自然现象均可作为监测的对象。国际岩石力学学会实验室和现场试验标准化委员会制定的“岩石力学试验建议方法”和我国有关部门的一些规程，均有这方面的内容。由于岩石力学是一门新兴的科学，试验方法并不完全统一，方法也在不断改进和发展，因此，一般对于大型工程，均是根据具体情况专门制定监测方案和测量方法。当然，相关和相似工程的成功观测与分析经验，也值得借鉴。

当前，计算机和电子技术、光纤传感、遥感等高新技术在岩体工程监测中得到日益广泛应用。监测技术正向系统化、网络化与智能化的方向发展。目前，现场观测的内容有岩体应力、应力-应变关系、变形和位移、岩体特征参数、矿柱或支柱荷载以及锚固力等。所使用的测试方法与诸多科学技术领域相联系。以下将按观测的内容分别加以介绍。

6.1 围岩位移与变形观测

6.1.1 围岩表面位移测量

6.1.1.1 裂缝观测

岩体破坏过程中，必然出现原有裂隙的扩张或新裂隙的生产，或沿原结构面的张开滑动。观察这些裂缝的发展过程，可以圈定地压活动的范围，判断其发展趋势。

观测点可布置在易于发生移动的地段的岩体结构面上，或是在其影响范围内的其他构筑物裂缝处，选用黄泥、铅油等涂料抹在裂缝上，或用木楔插入缝中楔紧，或把玻璃条用水泥固定在裂缝两端，观测裂缝的变化。例如，在裂缝两边的稳固岩体上布置三个测点，定期测量三个点之间的距离，就可以用三角关系测定裂缝的发展速度和移动趋势。观测采矿引起的地表移动与沉陷、山体开裂与滑坡、地面建（构）筑物开裂等，可类似上述在大区域范围内布点（埋桩）形成位移监测网，配合使用经纬仪和水准仪观测或GPS定位遥测，可以精确观测采矿（煤）引起的地表移动与沉陷。

除了常规尺子测量外，滑坡裂缝观测中也采用埋桩、埋设标尺、布置地面伸长计或钢绳伸长计（图6.1）等方法。桩或伸长计可以与报警装置配合使用，例如，预先设置一个位移量，滑块滑到后触动电源开关而实施报警；也可以将位移信号转换成电信号而实现有线或无线远程遥测。

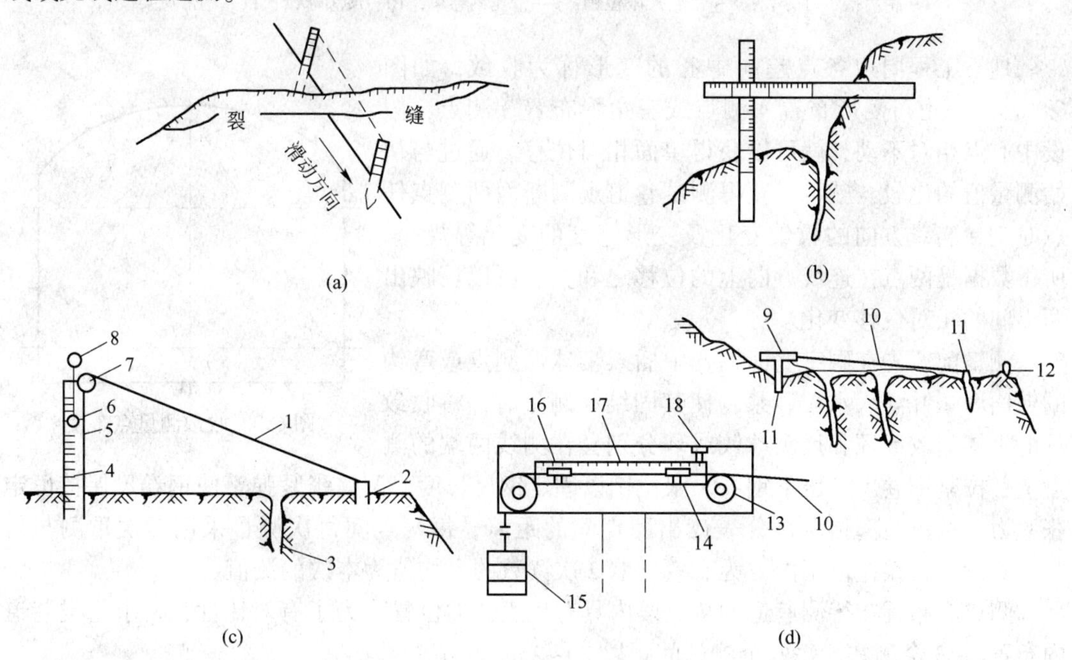

图6.1 裂缝观测装置

（a）埋桩；（b）埋标尺；（c）简易地面伸长计；（d）钢绳伸长计

1—钢丝；2，11—桩；3—裂缝；4，17—刻度尺；5—带刻度桩；6，15—平衡锤；7—滑轮；8—预设位移量报警装置；9—标尺；10—钢绳；12—遥测发射器或围栏；13—导轮；14—限位装置；16—滑块；18—报警器

6.1.1.2　巷道收敛观测

巷道收敛计是测量精度较高、使用比较方便、应用比较广泛的一种仪器。其构造如图6.2所示，它由4部分组成：（Ⅰ）壁面测点和球铰连接部分（包括壁面埋腿、球形测点、本体球铰）；（Ⅱ）张紧部分（张紧弹簧与张紧力指示百分表）；（Ⅲ）调距部分（包括调距螺母和距离指示百分表）；（Ⅳ）测尺部分（包括钢卷尺、限位销、带孔钢卷尺、尺头球铰、钢带尺架）。

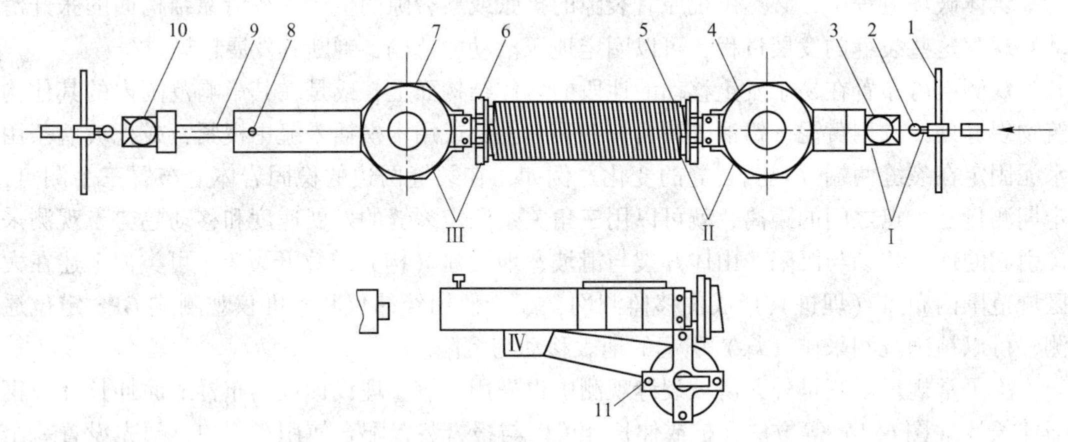

图6.2　SLJ-80型洞径收敛计结构

1—壁面埋腿；2—球形测点；3—本体球铰；4—张紧力指示百分表；5—张紧弹簧；6—调距螺母；7—距离指示百分表；8—钢卷尺限位销；9—带孔钢卷尺；10—尺头球铰；11—钢带尺架

地下工程周边各点趋向中心的变形称为收敛，如图6.3所示，也可菱形布置4测点或三角形布置3测点，假设中心点相对不动，就可以获得单面相对位移。通过与初始测量值的比较，就可以获得测试巷道观测断面两测点任意时刻在连线方向的收敛变化及变形速度的变化等规律。所得数据是两点在连线方向上的位移之和，它可以反映出两点间的相对位移变化。

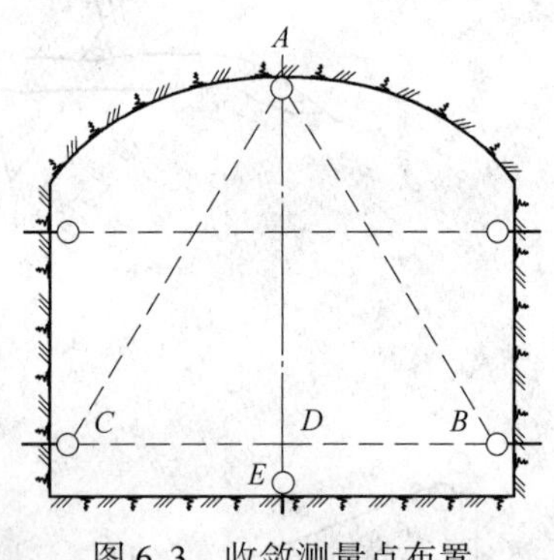

图6.3　收敛测量点布置

测量前，先在硐室壁面钻孔中插入带球形测点或弯钩的壁面埋腿并灌入水泥砂浆，使其固结。测量时，将收敛计的本体球铰或环和尺头球铰或环分别套在测线两端的测点上，拉紧钢卷尺，压下钢卷尺限位销以固定钢尺长度，调整张紧弹簧使钢卷尺保持恒定张紧力，通过距离指示百分表读出两点间的距离。每两点间每次测量采用2次重测与读数，测量值在误差范围内方为有效，取2次读数的平均值为本次的测值。

测点应布置在待测巷道的待测段内具有代表性的位置。为了有对比性，要求每类巷道内布置2~3个测站，每两个测站间距以20~25m为宜。

下面以三角形为例，介绍两点间的收敛值计算方法。如图6.3所示，收敛测量的初始基线长度 BC 为 a_1、AC 为 b_1、AB 为 c_1；任意时刻的基线长度则相应变为 a_i、b_i、c_i。假设 A、B、C 三点移动后所构成的 A'、B'、C' 仍是闭合的，且假设 D 为不动点。因为 $AD \perp BC$，则它到 A、B、C 测点的距离分别为 h、x_b、x_c，并且有：

$$\left.\begin{aligned}x_b &= (a_1^2 + c_1^2 - b_1^2)/(2a_1)\\x_c &= (a_1^2 + b_1^2 - c_1^2)/(2a_1) = a_1 - x_b\\h &= (b_1^2 - x_c^2)^{1/2} = (c_1^2 - x_b^2)^{1/2}\end{aligned}\right\} \tag{6.1}$$

同理，求出 t 时刻的 h_t、x_{bt}、x_{ct} 为：

$$\left.\begin{aligned}x_{bt} &= (a_t^2 + c_t^2 - b_t^2)/(2a_t)\\x_{ct} &= (a_t^2 + b_t^2 - c_t^2)/(2a_t) = a_t - x_{bt}\\h_t &= (b_t^2 - x_{ct}^2)^{1/2} = (c_t^2 - x_{bt}^2)^{1/2}\end{aligned}\right\} \tag{6.2}$$

于是，各点 t 时刻的位移为：

$$\Delta A_{yt} = h - h_t;\qquad \Delta B_{xt} = x_b - x_{bt};\qquad \Delta C_{xt} = x_c - x_{ct} \tag{6.3}$$

将水平两点（B、C）的位移相加，得到 t 时刻巷道的水平位移；如果断面仅布置 A、B、C 三测点，也可以三点位移累加，得到 t 时刻巷道的位移。如果断面按菱形布置 A、B、C、E 四测点，则可以直接用 t 时刻的 AE、BC 测值分别减去其初始测值而得到 t 时刻巷道的水平和垂直位移。实际测量中，四点布置时，不一定完全呈菱形，因此，测量时除了测 AE、BC 线外，常补充测量 AC、AB 线或 AC、BE 线，以便校正计算误差。四点布置时，B、C 一般布置在巷道腰线附近。根据收敛计算值，绘制巷道的收敛-时间曲线。

根据巷道收敛变化，或巷道水平和垂直方向的收敛变化，可以确定巷道的最佳支护（或二次支护）时间（收敛变化平缓期），预测或判定巷道的失稳（收敛急剧变化期）。如图 6.4 所示，湖北大冶有色金属公司丰山铜矿无底柱分段崩落采矿进路收敛观测表明，巷道开挖、素喷封闭后一个月左右，围岩大变形基本释放完毕，收敛测值保持稳定，这时是复喷或现浇钢筋混凝土或壁后注浆的最好时机。如果不补强，收敛测值明显变化，巷道开始出现开裂、片帮或喷层脱落。加锚网并复喷或浇灌混凝土并锚网、壁后注浆后，收敛测值变化一般不超过±2mm，最大变化不超过±6mm，可保持巷道稳定。

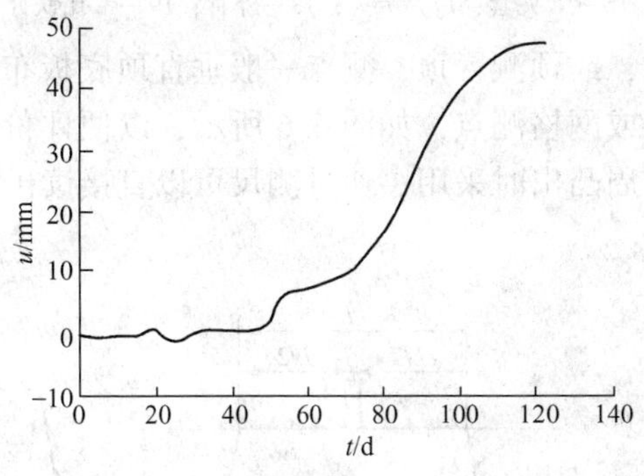

图 6.4 丰山铜矿进路收敛变形曲线

6.1.1.3 闭合测量

根据实测的闭合量，依据极限位移值与极限位移速度值预警、预报围岩（主要是顶板）冒落。这种预报方法的关键是确定合适的极限位移值或极限位移速度值。测量设备有木滑尺（简易）、多功能测枪、顶板动态仪等，如图 6.5 所示。借助光电位移传感器，可将顶板动态仪观测的位移信号转化为电信号而实施有线或无线远程遥测和预警。

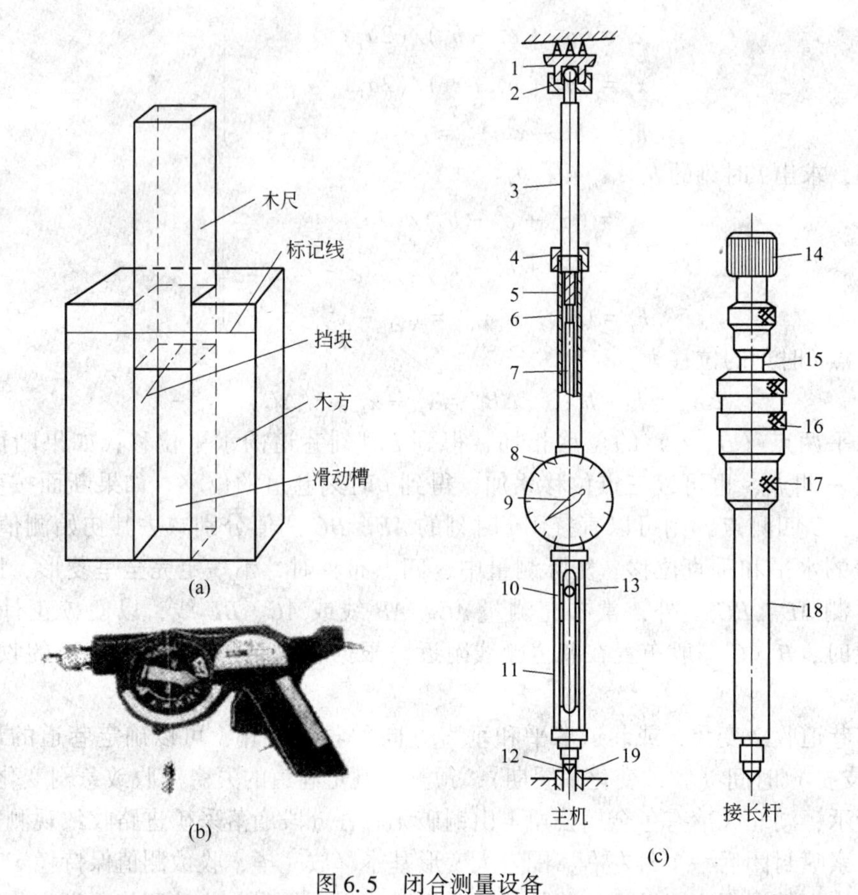

图 6.5 闭合测量设备

(a) 木滑尺；(b) 多功能测枪；(c) 顶板动态仪

1—顶盖；2，6—万向接头；3—压杆；4—密封盖；5—压力弹簧；7—齿条；8—微读数刻度盘；9—指针；10—刻度套管；11—有机玻璃罩管；12—底锥；13—粗读数游标；14—连接螺母；15—内管；16—卡夹套；17—卡夹；18—外管；19—带孔铁钎

评价顶底板闭合情况，或预测冒顶，测点一般垂直顶底板布置。应用多功能测枪、顶板动态仪，还可布置十字或网格测点，如图 6.6 所示，以便评价巷道段面的收缩。网格布置多在围岩松软、巷道四周凸出时采用。通过测尺可以直接读出垂直或水平正对的两点间的闭合量。

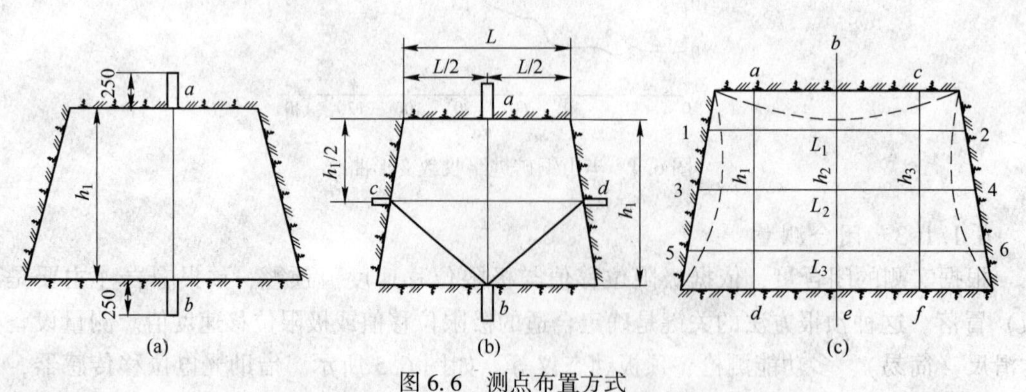

图 6.6 测点布置方式

(a) 垂直布置一对测点；(b) 十字布置；(c) 网格布置

为了便于观测及测量设备牢固安装，观测点应避免设在顶底板或两帮有破坏的地方，要求该处顶板稳定、支架完好、顶底板等接触面平坦。由于巷道周围及顶底板的移动值不全相同，且与观测点的位置有关，所以各观测界面内的空间位置应力求一致，以减小观测资料产生的偏差。

6.1.1.4 顶板状况统计观测

在采场顶板管理中，尤其煤炭开采的顶板管理中，往往要观测顶板破碎度（冒落超过10cm 以上的顶板面积占所观测区顶板面积的百分比，反映顶板的易冒落程度及管理状况。为了测量的便利，常将面积比简化为测量剖面的宽度比）、冒落敏感度（单位悬露宽度上的顶板破碎度）、片帮深度、顶板冒落高度、顶板裂隙密度、顶板台阶下沉量、采空区悬顶宽度等指标，如图 6.7 所示，用以评价采场的稳定程度。

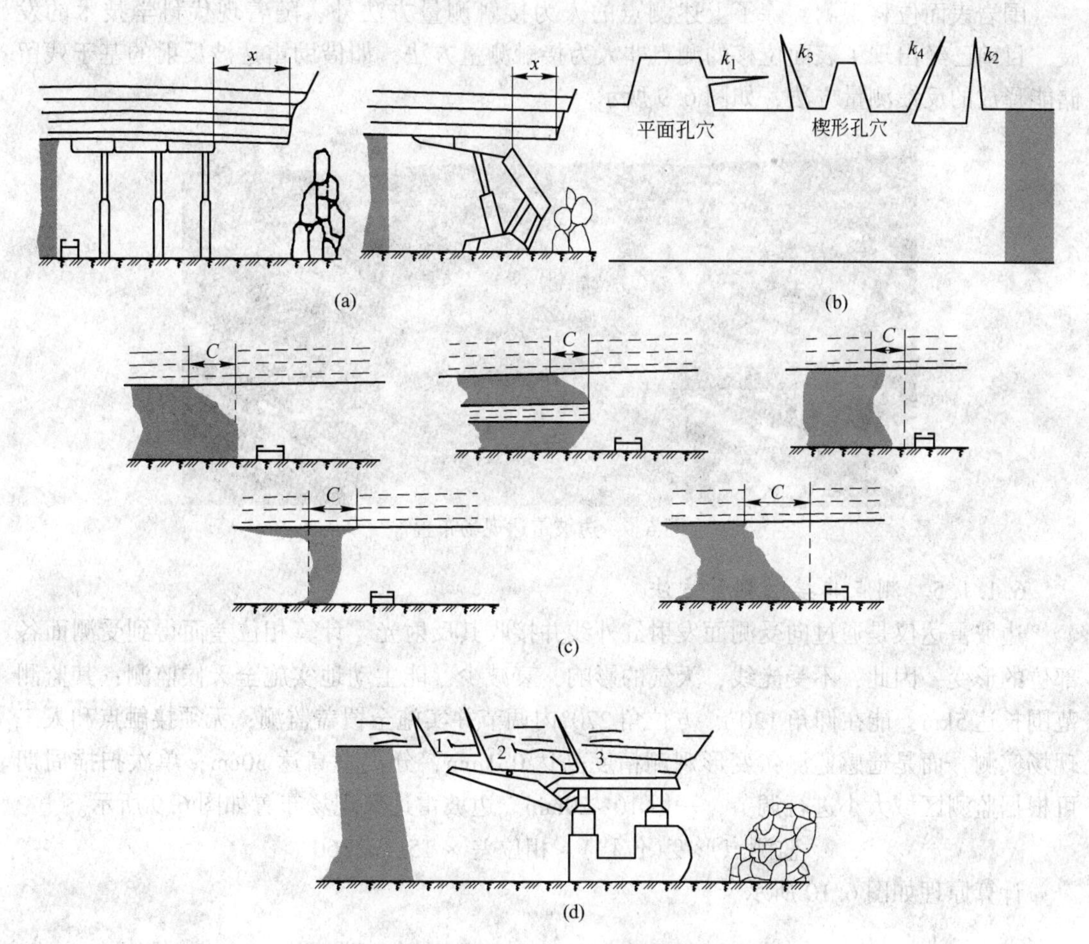

图 6.7 部分采场评价指标示意图

（a）采空区悬顶（x 为悬顶宽度）；（b）各类顶板裂隙；（c）各种片帮类型；（d）坚硬顶板下沉台阶

1~3—下沉台阶的编号

煤矿顶板管理，一般是沿被观测的工作面长度方向，每间隔 5~10m 取 1.5m 或一架自移式支架宽的一段作为观测范围。金属矿山顶板管理，往往选取几个代表性的采场，全顶板开展结构面调查统计。

顶板状况调查统计观测所应用的工具很简单，一般使用钢卷尺或木尺、地质罗盘。在采高较大的工作面，可使用图 6.8 所示的自制钳形尺。

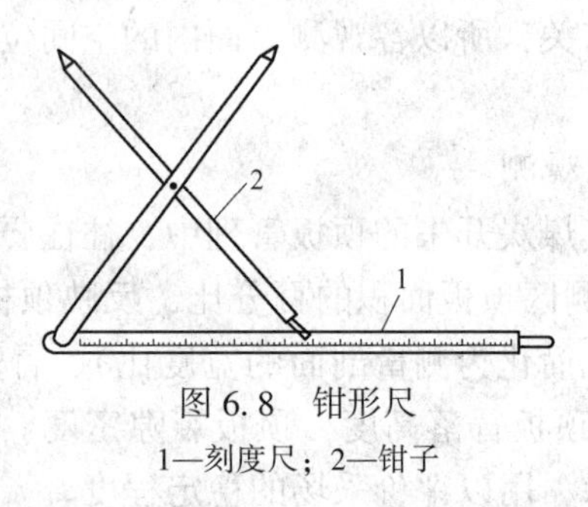

图 6.8　钳形尺
1—刻度尺；2—钳子

围岩表面位移观测，除了上述测点的人为接触测量方法外，随着现代科学技术的发展，目前已经出现了表面位移的测点非人为接触测量方法，如借助雷达波反射的基于残留储能释放的反馈测量方法，如图 6.9 所示。

图 6.9　边坡雷达现场布置

6.1.1.5　测点非接触测量方法

边坡雷达仪是通过向受测面发射红外线并接收其反射光，计算相位差而得到受测面各部位的形变，因此，不受光线、天气的影响，衰减少，能主动地实施全天候监测；其监测范围长达 5km，能在仰角 120°、方位角 270°内调节并实施全覆盖监测；无须接触点和人工现场实测，而是遥感监测；变形观测精度高达 0.1mm，分辨率高达 30cm；单次扫描周期可根据监测区域大小进行调节，一般 10~20min。边坡雷达仪现场布置如图 6.9 所示。

$$监测点形变(位移) = 相位差 \times 15mm/360°$$

计算原理如图 6.10 所示。

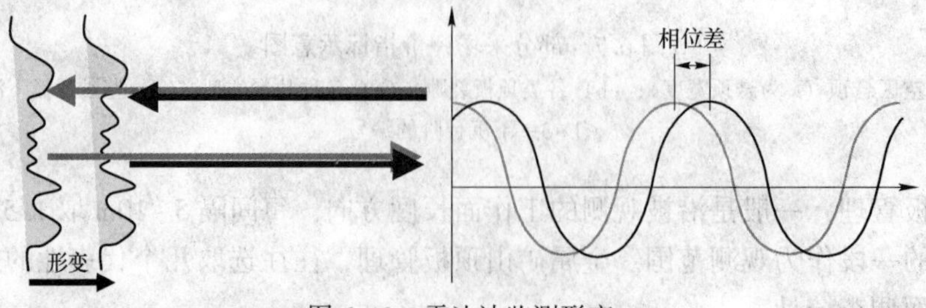

图 6.10　雷达波监测形变

6.1.2 围岩内部位移测量

围岩内部位移测量是了解其内部位移、破裂等情况最直接的方法，对于判断或预报围岩稳定性有重要意义。这种测量通常采用钻孔多点位移计、顶板离层仪、钻孔倾斜仪、声波探测、钻孔电视、深部基点观测等。

6.1.2.1 多点位移计与顶板离层仪

钻孔多点位移计的测量原理：在钻孔岩壁的不同深度位置固定若干个测点，每个测点分别用连接件连接到孔口，这样在孔口就可以测量到连接件随测点移动所发生的移动量；在孔口的岩壁上设立一个稳定的基准板，用足够精度的测量仪器测量基准板到连接件外端的距离，孔壁某点连接件两次测量的差值就是该时间段内该测点到孔口的深度范围岩体的相对位移值。通过不同深度测点测得的相对位移量的比较，可确定围岩不同深度各点之间的相对位移以及各点相对位移量随岩层深度的变化关系。钻孔多点位移计如图 6.11 所示。

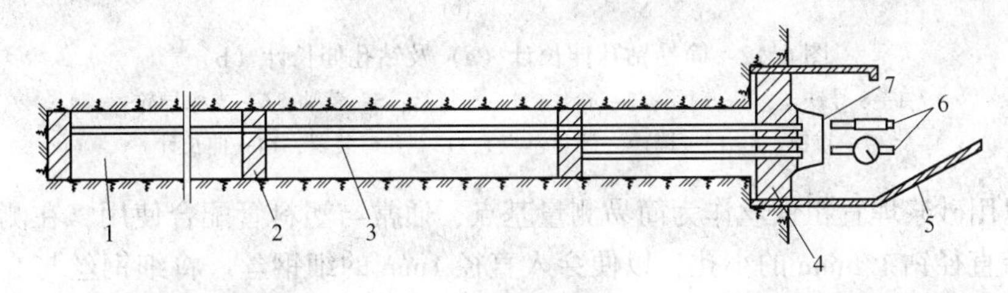

图 6.11 钻孔多点位移计测量围岩位移

1—钻孔；2—测点锚固器；3—连接件；4—量测头；5—保护盖；6—测量计；7—测量基准板

如果孔中最深的测点相对较深，即认为该点是在影响圈以外的不动点，据此计算出孔内其他各点（含岩壁面）的绝对位移量。

多点位移计主要由在孔中固定测点的锚固器（压缩木锚固器、弹簧锚固器、卡环弹簧锚固器或水泥砂浆锚固器等）、传递位移量的连接件（由钢丝、圆钢或钢管制成）和孔口测量头与量测仪器组成。

测量连接件位移量的常用方法有直读式和电传感式两种。直读式常用百分表或深度游标卡尺等量测仪器，电传感测量仪有电感式位移计、振弦式位移计和电阻应变式位移计等。

根据多点位移计的原理，可以制成“顶板离层仪”，用于测量顶板岩层间的离层（两岩层面发生脱离）量。当顶板出现过大离层时，离层仪也可报警。只要把多点位移计的两个固定测点安设在容易离层的层面两边相近处，当测出此两点相对位移（即层面位移）达到临界值，使仪器自动报警，这对于避免顶板冒落事故是非常有用的。

6.1.2.2 钻孔伸长计

根据多点位移计的原理，也可以制成简易钻孔伸长计和多钢丝钻孔伸长计。其与多点位移计的区别是：传递位移的连接件不是钢丝、圆钢或钢管，而是单根或多根细不锈钢丝(可达 6 根，连接 6 个测量基点)；测量基点不用膨胀木，而是用水泥砂浆埋置于测量部位的粗铁丝（简易钻孔伸长计）或锚栓（图 6.12)；将各点的钢丝分别安于孔口的各滑轮上，并系上悬挂平衡锤（通常重 75N)，用以平衡细钢丝的重量并赋予钢丝一定的拉力使之伸直；细钢丝可以穿插到钻孔内的外径 50mm 壁后 3mm 的塑料管里并沿塑料管连接到孔口外的平衡锤上。如果采用普通细钢丝，塑料管内要充满黄油，以防止钢丝生锈。

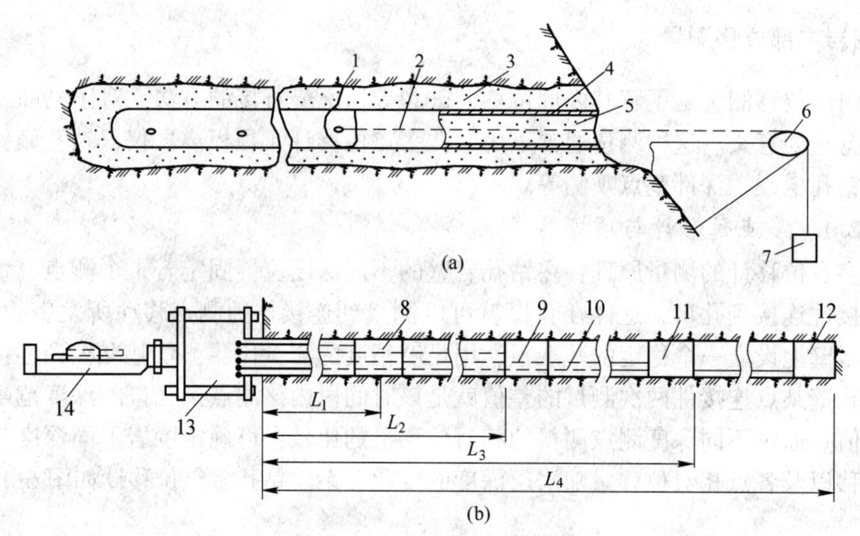

图 6.12　简易钻孔伸长计（a）及钻孔伸长计（b）

1—8 号铁丝；2—钢丝；3—砂浆；4—塑料管；5—黄油；6—支撑导轮；7—重锤；8~12—锚栓（测量基点）；13—孔口装置；14—伸长计

还可以用砂浆埋置粗铁丝作为简易测量基点，通常与塑料管配合使用，在测点处的塑料管壁上沿直径钻 1.5mm 的小孔，以便穿入直径 1mm 的细钢丝。将细钢丝与 8 号铁丝相扭在一起，并同时在塑料管外缠绕 2 圈，再将铁丝两端扭紧而制成测量基点。为了便于混凝土埋置铁丝基点而不损坏细钢丝，往往需在管外留一小段细钢丝（约 10cm），如图 6.12（a）所示。

当钻孔内部某处发生变形或位移时，就牵动钢丝，伸长计即获得读数，这样便可以知道钻孔内部岩体移动情况，测出不同深度岩体的位移。本方法多用于滑坡岩体深部的位移观测。

6.1.2.3　围岩松动圈的弹性波测定

利用弹性波在岩体内的传播特性，可以测定岩体的弹性常数，了解岩体的某些物理力学性质，测定围岩主应力的方向，判断围岩的完整性与破坏程度，检测爆破振动对围岩稳定性的影响，检测围岩的加固效果等。下面介绍声波法测定围岩松动圈。

（1）弹性波在岩体中的传播特性。弹性波在以下条件传播较快：坚硬的岩体；裂隙不发育和风化程度低的岩体；孔隙率小、密度大、弹性模量大的岩体；抗压强度大的岩体；断层和破碎带少或其规模小的岩体；岩体受压的方向。弹性波在岩体中的传播还受岩体湿度的影响，特别是裂隙中含水程度的影响。岩体声速粗略数据见表 6.1。

表 6.1　岩体声速粗略数据

岩体种类	原岩体声速/m·s^{-1}	破碎岩体/m·s^{-1}
坚硬岩体	4000~5000	2000~3000
中硬岩体	3000~4000	1000~2000
软岩体	2000~3000	<1000

（2）测试仪器。声波仪是进行声波测试的主要设备，其主要部件是发射机和接收机。

发射机能向声波测试探头输出电脉冲，接收机探头能将所探测的微量信号放大，在示波器上反映出来，并能直接测得从发射到接收的时间间隙。一些仪器具有测点自动定位与记录系统，可获得最终的统计参数与剖面图。

换能器，即声波测试探头，按其功能可分为发射换能器和接收换能器，其主要元件均为压电陶瓷，主要功能是将声波仪输出的电脉冲变为声波能或将声波能变为电信号输入接收机。

为了使换能器能很好地与岩体耦合以正常发挥其功能，在岩壁上进行声波测试时，一般用黄油作耦合剂将换能器端面紧贴于岩面，在钻孔中则用水作为耦合剂，以保证良好的耦合。

（3）围岩松动圈的弹性波测定。松动圈是设计支护强度和参数的重要依据。用弹性波测定围岩松动圈时，预先在硐室的岩壁面上打一排垂直于壁面的扇形测孔，其深度应大于松动圈的范围；将发射换能器和接收换能器构成的组合体放入充满水的测孔中，如图 6.13 所示，自孔口开始每隔一定间距测量一次岩体的声波传播时间，根据发射和接收换能器间的距离算出声波传播速度。

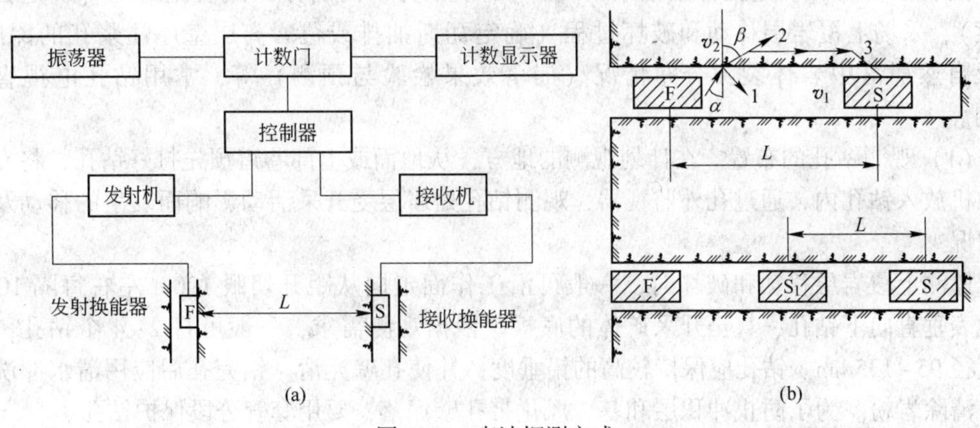

图 6.13　声波探测方式
（a）双孔法；（b）单孔法

单孔法测量时，波速满足如下关系，即：

$$\sin\alpha/\sin\beta = v_1/v_2 \tag{6.4}$$

式中，α 为入射角；β 折射角；v_1、v_2 分别为声波在水中和岩体内的传播速度。

由于 $v_1<v_2$，故 $\alpha<\beta$，因此，α 增大，β 也增大。当 α 增大到某一临界角 i 时，β 达到 90°，$\sin\beta=1$，这时折射波 2 在岩体内沿孔壁周围滑行，形成滑行波 3。

当发射换能器向多个方向发射声波时，透过水向岩体内发射的声波中总会有一束波以临界角 i 入射岩壁，于是产生沿孔壁周围传播的滑行波 3，接收换能器能接收到声波，从而实现单孔声波探测。此时 $v_1/v_2=\sin i$。

如果在水平方向或向上方向的钻孔中测试，还要加设封孔器，以便钻孔内注满水。

松动圈范围内岩体破碎，裂隙发育，波速较低；应力升高区内裂隙被压缩，波速较高；再往里是比较稳定的原岩区声速。松动圈可划定在孔口附近波速低于原岩区正常值的范围。图 6.14 所示为隔河岩水电站引水隧洞围岩松动圈测定示意图，松动圈厚度在 0.55m 附近。

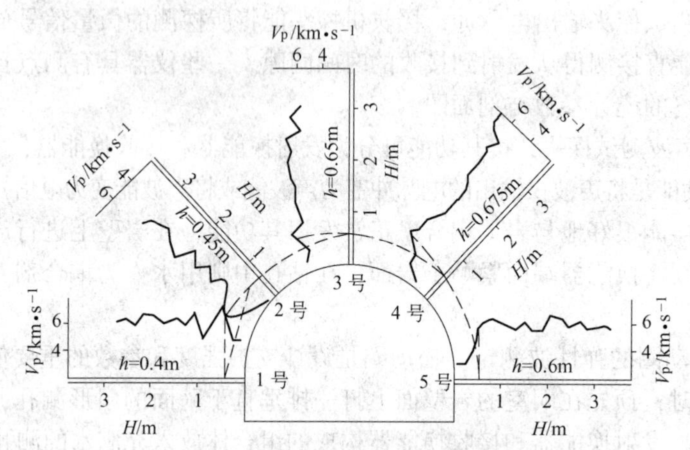

图 6.14　隔河岩水电站引水隧洞围岩松动圈测定示意图

6.1.2.4　钻孔电视观测

围岩松动圈（确定锚杆或锚索长度）、支承压力带内的分区破裂化情况（确定锚索长度）、采场上覆岩层移动和破坏过程（确定瓦斯抽排或覆岩离层壁厚注浆孔的深度）以及自然崩落中岩体裂隙分布情况（崩落效果检验与预测）等，常用钻孔电视直接观测。

（1）观测钻孔的布置。在计划观测的地方，从地面或上部巷道预先打好钻孔，将专用摄像机放入钻孔内，通过孔外监视器，观测钻孔处岩层受开采活动影响而发生的移动及破坏情况。

监测上覆岩层移动和破坏时，一般可沿工作面走向从距开切眼 100m 左右每隔 100m 自地表垂直向下钻孔，直至开采矿体的底板。根据观测需求，一般可打 2~4 个钻孔，钻孔直径 95~135mm。钻孔应保持较高的铅垂度，并使孔壁光滑。钻完孔后应用清水冲洗钻孔，清除岩粉。为了防止冲积层和基岩风化带孔壁塌落，要用套管分段保护钻孔。

（2）观测仪器与设备。主要的观测仪器是 ZS-2 型钻孔电视。它主要包括摄像机探头、控制器、监视器、电缆盘四部分，如图 6.15 所示。ZS-2 型钻孔电视观测深度可达 200m，可承受 2.5MPa 压力，图像可放大 4 倍，电源为 220V、50Hz，环境温度 4~40℃，钻孔直径要求 95~135mm。与之配套的设备还有绞车、小型汽油发电机、孔口滑轮和深度指示器等。所有观测仪器设备可全部装在一辆观测车上。

（3）观测方法。观测系统如图 6.15 所示。在工作面远离观测孔之前，要进行一次初观测。以后，从工作面距观测孔 50m 开始，每天观测一次，直到岩层运动基本稳定为止。

观测记录可以用文字描述、图像素描、电视屏幕照相、电视录像等方式。以文字描述记录为主，必要时辅助其他记录方式。

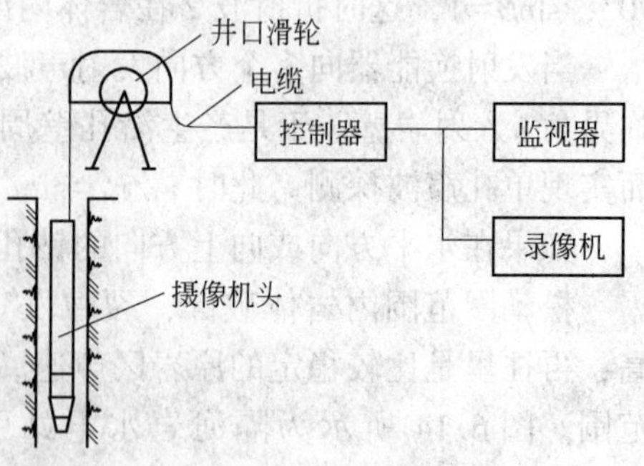

图 6.15　钻孔电视观测法示意图

进行初观测时，要详细地观测和记录顶板各岩层的位置、岩性、结构面、矿体界限、原生裂隙等原始情况，并在距矿层不同高度上找几个标志点，作为以后观测的参考对比点。初观测结果要与钻孔时的地质资料进行对比，出入较大时要重新观测核对。原始资料最好有录像记录。日常观测，主要观测受采动影响后岩层出现的裂隙、离层的位置和宽度变化及岩层的垮落高度等情况。要特别注意对各岩层分界面、弱面的观测。

整理资料时，要注意与井下矿压观测资料进行对比分析，找出岩层运动与工作面矿压显现的关系，确定采空区上方不规则垮落带、规则垮落带和弯曲下沉带的形成过程和各带的高度。图 6.16 所示是大同云冈矿 8305 工作面用钻孔电视实测的顶板不规则垮落带、规则垮落带的发展过程。图 6.17 所示是淮南丁集煤矿用钻孔电视实测的巷道分区破裂。

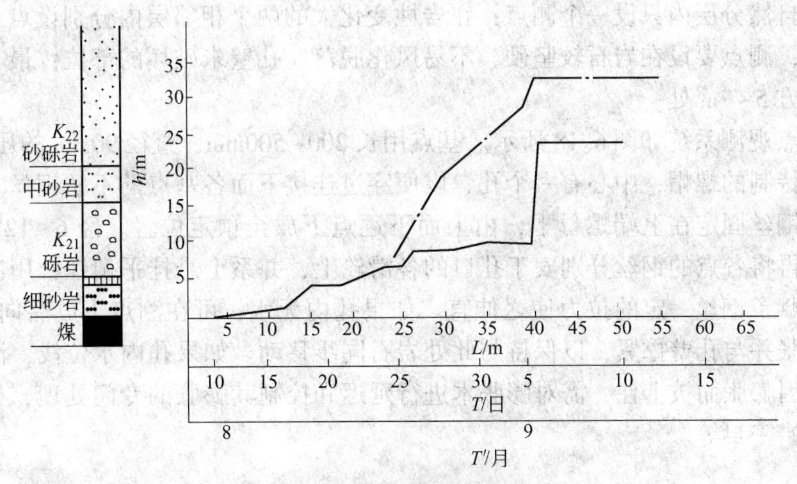

图 6.16 不规则和规则垮落带发展过程

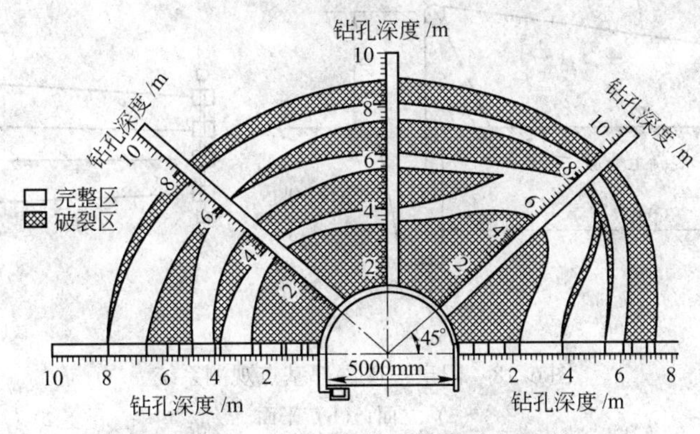

图 6.17 淮南丁集煤矿巷道分区破裂

实践证明，钻孔电视观测是研究工作面上覆岩层移动规律、支承压力带分区破裂规律的重要手段之一。具有观测直观、真实等优点，可以获得井下无法观测到的许多重要资料。钻孔电视也可以用于“三下”采矿、水文地质及其他专项观测。

目前钻孔电视观测深度只能达到 200m，对顶板岩层下沉的观测精度还很低，有待进一步改进。

6.1.2.5 覆岩“三带”的钻孔深部基点观测

在开采前，从地表或开采层上方的巷道向开采范围的矿体顶板打垂直钻孔，在孔内不同深度设计特殊的观测基点。在采矿过程中，根据观测基点位置的移动，测定基点所在岩层的移动和破坏情况，即为钻孔深部基点观测方法。它较钻孔电视观测法观测顶板岩层下沉的精度高，而且最大安装深度远远超过 200m，可以达到 500m；它不是像钻孔电视那样通过摄像观看测量裂隙变化，而是像钻孔伸长计那样直接由钢丝将膨胀木基点处的顶板下沉量传递到孔外平衡锤或观测标志。

钻孔深部基点观测方法的测孔及布置方式与钻孔电视观测法类似。必要时，也可沿工作面布置方向再设置 3 个钻孔，分别在工作面长度的 1/3、1/2、2/3 处。一般沿走向布置 2~4 个钻孔。关于钻孔内测点位置和间距的确定，除考虑岩性外，还要遵循如下原则：在一个较薄的自然分层内只设一个测点；在岩性变化大的两个相邻层内分别设点；不在分层界面处设点；测点要设在岩石较坚硬、不易风化脱落、孔壁未破坏的部位；最下边的测点在开采层上方 5~7m 处。

深部基点观测系统如图 6.18 所示。基点用长 200~500mm、直径 90mm 的压缩木制成，其两端安有特制的螺帽，中心有一个孔，以便穿过连接下面各基点的不锈钢丝。压缩木下放时，将细钢丝固定在上端螺母上，由上而下逐点下放至预定位置。经 6~12h 压缩和受潮膨胀后，再将各点的钢丝分别安于孔口的各滑轮上，并系上悬挂平衡锤，用以平衡细钢丝的重量并赋予钢丝一定的拉力使之伸直。如果孔内无水，可在测点下放后向孔内洒水，使压缩木膨胀并与孔壁撑紧，以保持与此处岩石同步移动。如果孔内水位浅，测点送不到预定深度就因膨胀而被卡住，需对膨胀木进行延迟和控制其膨胀的专门处理，如浸油、涂润滑脂、石蜡密封等。

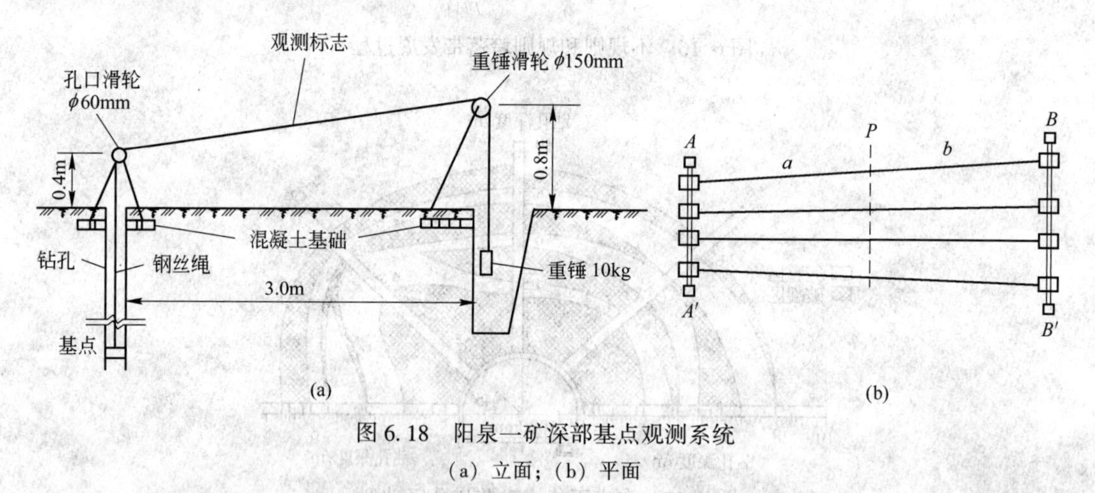

图 6.18　阳泉一矿深部基点观测系统

（a）立面；（b）平面

利用观测标尺或标志测量平衡锤的位移量，或观测标志的相对位移量，即可获得孔内各点处的岩层的相应下沉值。

按照采矿的超前影响范围开始观测。如在煤矿，从工作面距观测孔 50~100m 左右开始观测，在顶板岩层剧烈活动期间每天至少要观测一次，直到工作面采过钻孔 60~100m 时停止观测。岩移观测要与井下工作面矿压观测紧密配合。

根据观测资料及时计算各测点的岩层下沉量，并绘制各测点下沉值与钻孔至工作面距离的关系曲线，阳泉一矿 1 号钻孔的监测实例如图 6.19 所示。在同一钻孔中，一般是上部基点先受采动影响，下部基点受采动影响较晚（图 6.20），但最终是下部基点受采动影响较大。

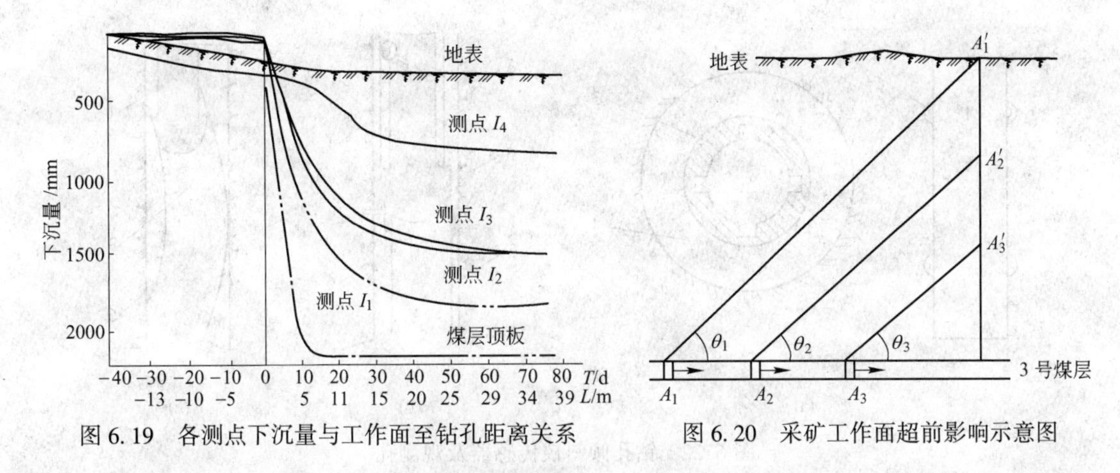

图 6.19 各测点下沉量与工作面至钻孔距离关系

图 6.20 采矿工作面超前影响示意图

各基点的移动过程大致要经历三个时期：初始期，即工作面采到钻孔以前；活跃期，即工作面采过钻孔，钻孔处于采空区；衰减期，即工作面已远离钻孔。上部基点移动较早，但剧烈活动期却滞后于下部基点。

根据各测点的绝对位移量、测点间的相对位移量和位移速率的变化，可以推断出不规则垮落带、规则垮落带和弯曲下沉带的高度以及对工作面矿压显现有明显影响的岩层范围。阳泉一矿根据深部基点观测推断的覆岩“三带”分布如图 6.21 所示。

钻孔深部基点法是采矿工作面上覆岩层移动测试的有效手段，具有简单、费用低等优点；缺点是安装麻烦，容易出现因安装质量差而影响测量结果的问题，还有待进一步改进。

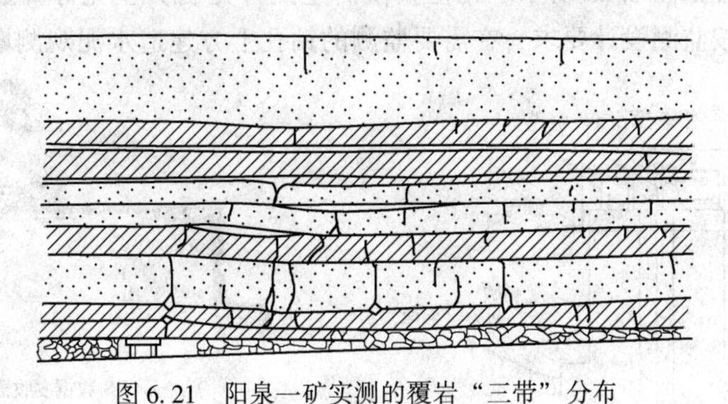

图 6.21 阳泉一矿实测的覆岩“三带”分布

6.1.2.6 钻孔倾斜仪

钻孔倾斜仪是用来观测边坡深部岩体移动规律的一种仪器。它由传感器（探杆）和读数装置组成。传感器由金属管外壳带四个导轮组成，管长 0.6~1m。被测钻孔需要安装塑料管，管径 1.25~10cm，在塑料管的内壁有两对相互垂直的键槽，如图 6.22(a) 所示。

钻孔每节塑料管长 3m，直径 5cm，各节塑料管需要紧密配合，接缝用水泥与膨润土密封，然后将地面装配好的塑料管送入孔内，再用水泥与膨润土填满孔壁间隙固定管子，形成观测孔，如图 6.22(b) 所示。

观测时，将传感器顺孔内壁塑料管的 4 个键槽徐徐下降。如果边坡深部岩体某处发生位移，传感器在该处发生偏斜或偏转，此时钻孔倾斜仪的记录器就得到读数，即可测得岩

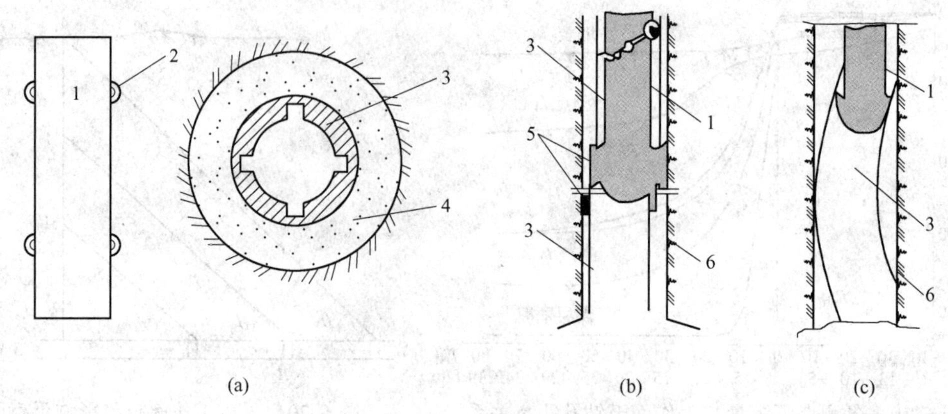

图 6.22 钻孔倾斜仪传感器及观测孔

（a）传感器及键槽；（b）测斜管被剪断；（c）测斜管弯曲

1—传感器；2—导向轮；3—塑料管（测斜管）；4—膨润土填料；5—连接管；6—孔壁

体的移动量。

在实施监测过程中，如果测斜管受到孔壁侧向岩土层推力作用产生变形或剪断（图 6.22(b)），钻孔倾斜仪就无法下到测点位置进行测量，会导致监测中断，使监测钻孔报废。特别在岩石滑坡状况下，不仅是测斜管剪断不能下入仪器，而且测斜管变形的水平位移超过 50~100mm 时，仪器滑轮会被卡（图 6.22(c)），也不能下入到测点。例如，我国三峡库区有的监测区达数百个钻孔报废，不能实施长期全过程监测。

现场测试过程如图 6.23 所示。在检查仪器主配件是否齐全完好并通电检验后，才可进行现场测试。按监测设计要求，在需要监测的钻孔上方建造水泥观测墩，现场测试时将

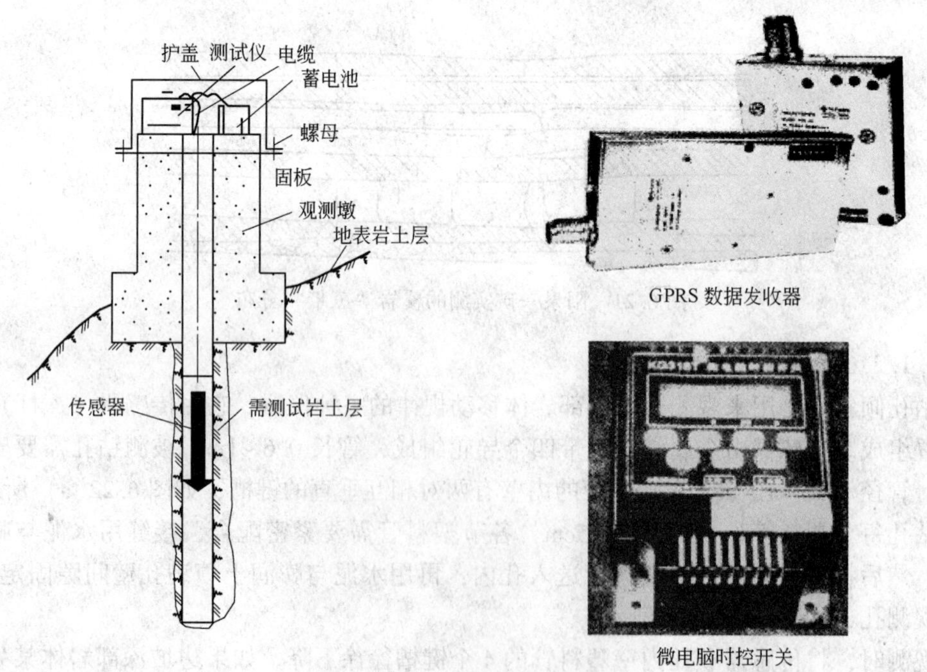

图 6.23 现场测试示意图

钻孔倾斜仪探杆下放到钻孔的测点位置，探杆上的232接口引线接水泥观测墩上的GPRS数据发收器，调准好微电脑时控开关，按设计要求定时供电和断电，采集数据并自动定时传输和网上接入。调准好测试仪后，再将全套仪器都放入水泥观测墩内，然后把护盖盖上，拧紧固定螺丝，上锁锁紧。由护盖保护仪器，以便长期实时自动监测。

6.2 支架荷载测量

6.2.1 锚杆测力计

应用锚杆或锚索进行围岩支护的地下工程，可以用锚杆测力计了解锚杆受力情况。测力计实际就是在锚杆（索）上焊接或黏结上某种应力计或应变片，如图6.24所示，把这种锚杆（索）送入钻孔内锚固后，即可通过引出线测读应变而分析锚杆的受力，如图6.25所示。

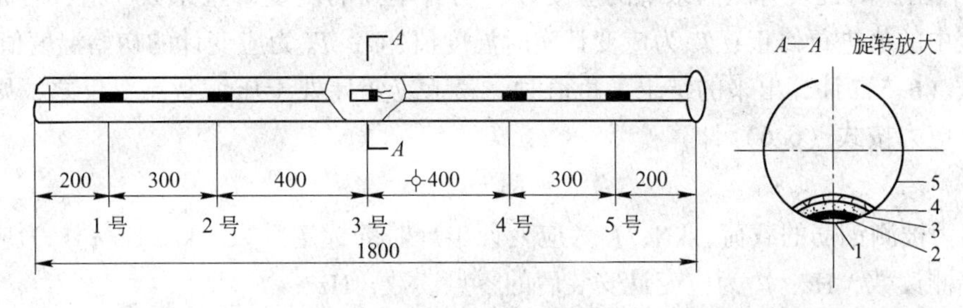

图6.24 测力锚杆

1—电阻片；2—软化环氧树脂；3—绝缘硅胶；4—固化环氧树脂；5—管缝式锚杆

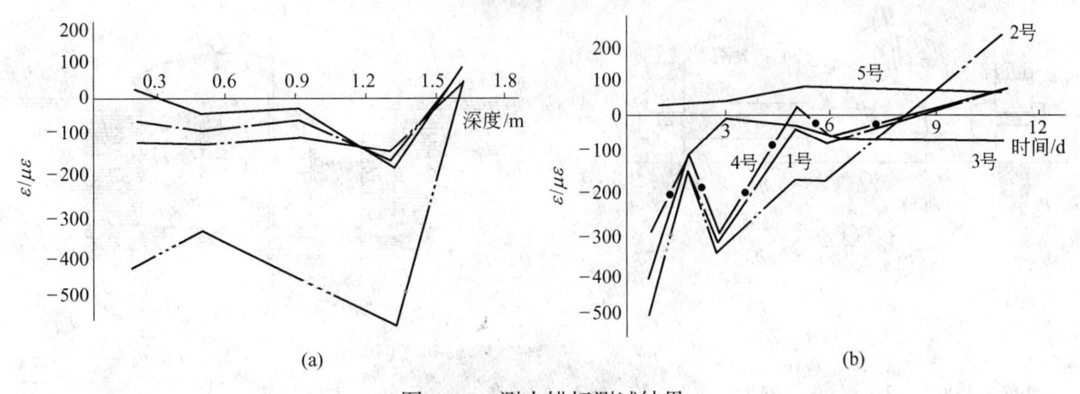

图6.25 测力锚杆测试结果

（a）应变-深度关系曲线；（b）应变-时间关系曲线

根据上述测试原理，常州金土木工程仪器有限公司开发了系列应力、应变计（图6.26），将其长期埋设在混凝土构筑物或岩土中，可用于测量坝基、桩基、梁、柱、挡土墙、衬砌、墩座、支撑及隧道、巷道、边坡、采场的关键部位的应力与应变，与锚杆、锚索、支架连接，也能测试其应力与应变。

应变计算公式如下：

$$\varepsilon = k(f_i^2 - f_0^2) + b(T_i - T_0) \tag{6.5}$$

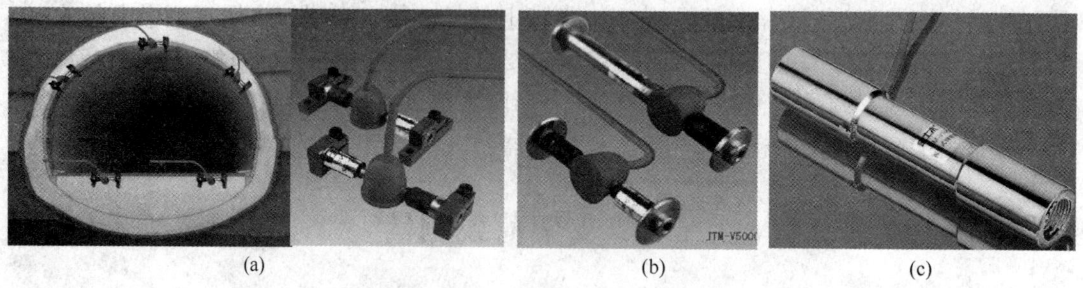

图 6.26　应力、应变计及现场布置实例

(a) 巷道表面应力测量的测点布置及表面式应变计；(b) 埋入式应变计；(c) 应力计

式中，ε 为被测物的应变量，με；k 为应变计的灵敏系数，με/Hz²；f_i 为应变计实时测量值，Hz；f_0 为应变计的初始值，Hz，一般埋入试应变计取混凝土初凝后连续 3 次以上稳定的平均测值，表面安装则取安装完成后连续 3 次以上稳定的平均测值；b 为温度修正系数，με/℃，在出厂时凡装有测温系统的应变计，均有单独的温度修正系数 b 值，否则可按技术参数表中的值进行修正；T_i 为应变计实时温度值,℃；T_0 为应变计的初始温度值,℃。

用式（6.5）计算出来的结果为负值时，表示应变计处于压缩状态；反之，则处在拉伸状态。应力按式（6.6）计算：

$$P = K(f_i - f_0) \tag{6.6}$$

式中，P 为被测钢筋的载荷，kN；K 为应变计出厂时的标定系数，kN/Hz²；f_i 为应变计受力后的当测读数，Hz；f_0 为应变计安装后的零点读数，Hz。

为了观测岩体表面变形或应力，将表面式应变计的两端用膨胀螺栓或螺丝固定在需要观测的部位（图 6.27(a)）。观测岩体内部变形或应力，要先在埋设位置造坑（孔），并应

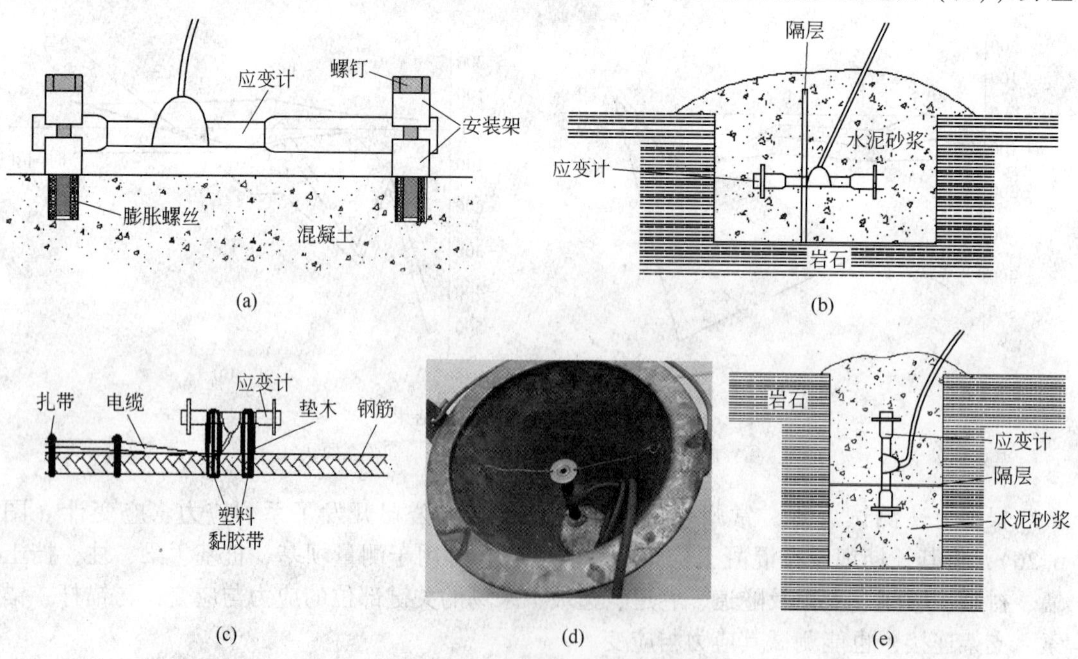

图 6.27　应变计安装或埋设

(a) 表面式应变计安装；(b) 坑式埋设应变计；(c) 埋入式应变计绑扎；(d) 埋入式应变计固定；(e) 孔内埋设应变计

用微膨胀水泥砂浆将应变计埋设在岩体内部。为了防止砂浆影响仪器变形，一般在仪器中间加一隔层。布置完后，注意频率变化，并根据试件情况调整初始值。坑埋时，须先在埋设位置挖个长、宽、深约 30cm×20cm×20cm 的不规整坑，放入绑扎钢筋或固定好的应变计，中间加层隔膜，然后填满水泥砂浆（图 6.27(b)）；钻孔内埋设时，也应将应变计绑扎在连接杆上（图 6.27(c)）或固定（图 6.27(d)），再送入不同方向和深度的钻孔中进行埋设（图 6.27(e)）。

6.2.2 锚固力拉拔试验

为了更直观地掌握锚杆的受力与位移变化关系，通常在现场选取一定数量的锚杆开展破坏性试验——拉拔试验。试验装置包括锚杆拉拔器（千斤顶）、游标卡尺、拉拔变换器（钢套筒、垫板、拉拔接头，或台架与螺母）。直接用游标卡尺测量千斤顶活塞行程，即为锚杆拔出位移；对应的压力表读数，对照仪器提供的误差修正表修正后，即为对应的拉拔力。装置及测试结果如图 6.28 所示。

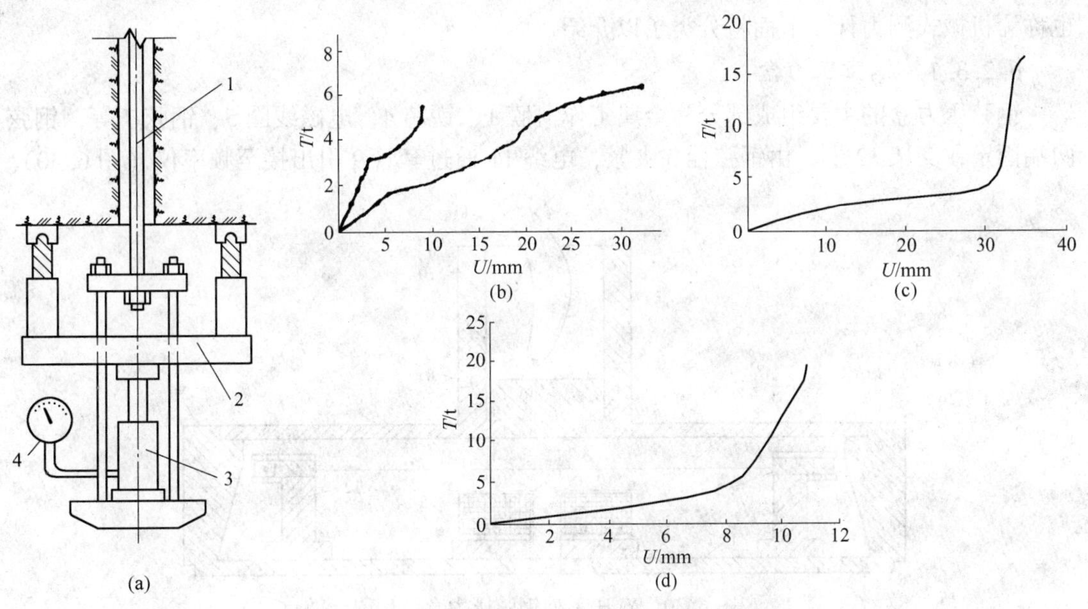

图 6.28　拉拔试验装置及测试结果

（a）拉拔试验装置；（b）管缝锚杆位移-拉力曲线；
（c）单凤须锚杆位移-拉力曲线；（d）多凤须锚杆位移-拉力曲线
1—锚杆；2—拉力变换器；3—拉拔器（千斤顶）；4—压力表

锚固力或锚杆所受的应力也能用金土木公司的应力计（图 6.26(c)）直接测试。

6.2.3 岩柱与支架压力监测

钢弦压力盒和油压枕广泛用于测定支架、支承岩柱以及充填体所承受的荷载。

拱形巷道每架支架安设测力计的数量视需要而定，一般可在两帮各安设 2~3 台测力计，在拱顶处安设 3~5 台测力计。在支架架设过程中，将测力计较均匀地安设在支架上，避开棚腿搭接处。为了提高测力计的观测精度，通常支架载荷测点与围岩移动测点布置在一起，相距约 200~300mm，以便相互修正、对比分析。

若两帮的侧压力较大，需要测定支架棚腿的受力情况时，测力计的安装如图 6.29 所示。为了防止测力计下滑，在棚腿上安一个钢板固定座或砍一个凹槽。应注意，测力计固定座和围岩之间要用金属板隔开，金属板后面必须插严背实。

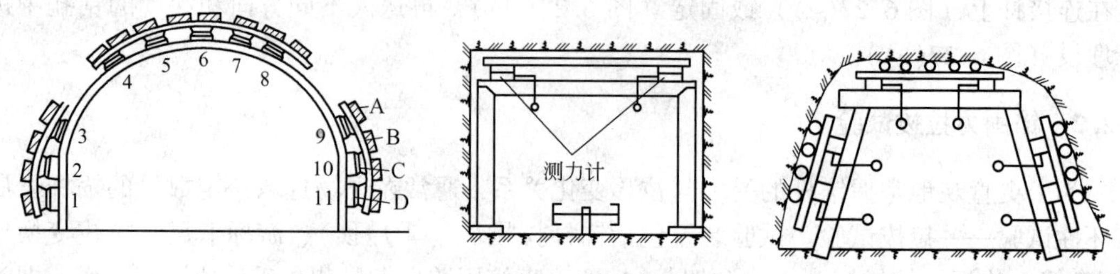

图 6.29 测力计布置及安装

A—木背板；B—测力护板；C—测力计；D—支承架

钢弦压力盒属于振弦式矿压观测仪。油压枕和油压表属于液压测力计。杠杆式测压仪也称为机械式测力计。下面将分类予以介绍。

6.2.3.1 钢弦压力盒

钢弦压力盒的主要组成部分为金属工作薄膜 1、铁芯 4、电磁线圈 5、钢弦 7 等，钢弦两端固定在支架 12 上，由钢弦栓 3 夹紧，电缆 11 通过套管 9 引出接至频率仪（图 6.30）。

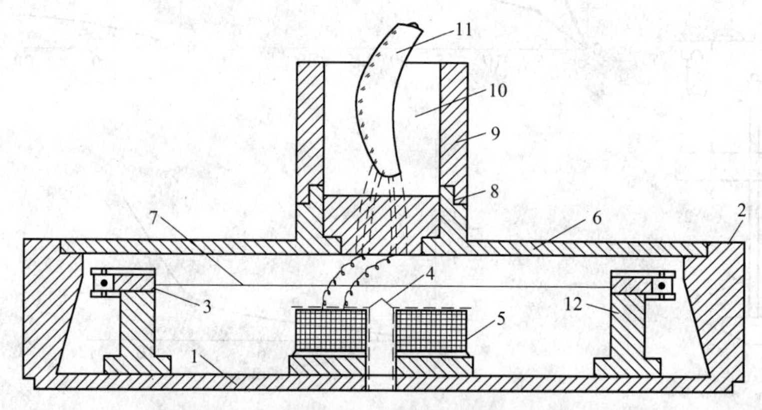

图 6.30 YLH 系列钢弦压力盒结构图

1—工作薄膜；2—底座；3—钢弦栓；4—铁芯；5—电磁线圈；6—封盖；7—钢弦；
8—塞子；9—套管；10—防水材料；11—电缆；12—钢弦支架

压力盒的工作原理是：当压力作用于压力盒底部工作薄膜上时，底膜受力向里挠曲使钢弦拉紧，钢弦内应力和自振频率则相应发生变化。根据弹性振动理论，钢弦受拉力作用的自振频率 f 可表示为压力盒底膜所受压力 P(kN) 的函数：

$$f = \sqrt{f_0^2 + RP} \tag{6.7}$$

式中，f_0 与 f 为压力盒受压前后钢弦的振动频率，Hz；R 为压力盒系数，每个压力盒均不同，须预先在实验室律定压力与频率关系。

压力盒中的钢弦自振频率是用频率仪来测定的。频率仪主要由放大器、示波器和低频讯号发生器等部件组成。从低频信号发生器的自动激发装置向压力盒中的电磁线圈输入脉冲电流，激励钢弦产生振动，该振动在电磁线圈内感应产生交变电动势，经放大器放大后送至示波器的垂直偏振板，在示波器的荧光屏上即出现波形图；调整面板上的旋钮，使信号发生器的频率与接收的钢弦振动频率相同，这时在仪器的荧光屏上将出现椭圆图形。此时数码管显示出的数值即为钢弦振动频率f_0。

目前使用的钢弦压力盒有 YLH 系列和 GH 系列。这两个系列的钢弦压力盒都是双线圈自激型，其工作原理基本相同。只是 GH 系列结构稍有差异：电缆插口是从垂直受力面的侧翼引出，而不是从上下受力面引出；受力面上增加了导向球面盖，如图 6.31 所示。

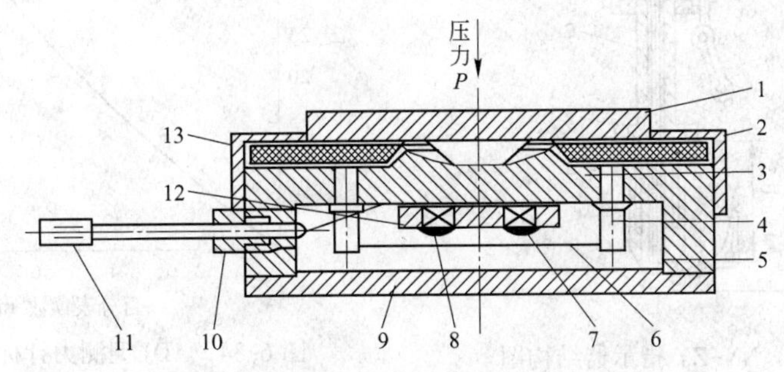

图 6.31　GH-50 型钢弦压力盒结构示意图

1—导向球面盖；2—橡胶垫；3—工作膜；4—钢弦柱；5—O 形密封圈；6—钢弦；7—激发磁头；8—感应磁头；9—后盖；10—电缆接头；11—电缆插头；12—铝座；13—护罩

6.2.3.2　机械式支柱测力计

ADJ-45 型和 ADJ-50 型机械式支柱测力计，常用于测量采掘工作面单体支柱和巷道支架承受的荷载及其工作特性等。

该类仪器的结构如图 6.32 所示，测力计的上盖受力后，使工作膜 5 承受压力并发生弹性变形，这一微小变形通过传动杠杆 13 放大，用图 6.33 所示的百分表制成的压力指示器插入测孔 17，测量得到传动杠杆自由端的位移，即为压力指示器的百分表读数。然后，由图 6.34 所示的标定曲线查得测力计上所承受的荷载。

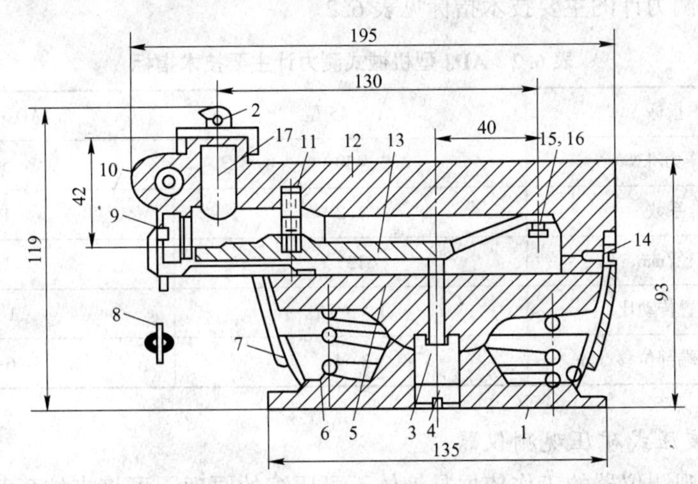

图 6.32　ADJ 型测力计

1—底座；2—保护盖；3—调整螺钉；4—螺母；5—工作膜；6—平衡弹簧；7—外套；8—保护盖链子；9—螺钉；10—小轴；11—弹簧；12—上盖；13—传动杠杆；14—固定螺钉；15，16—螺钉与垫圈；17—测孔

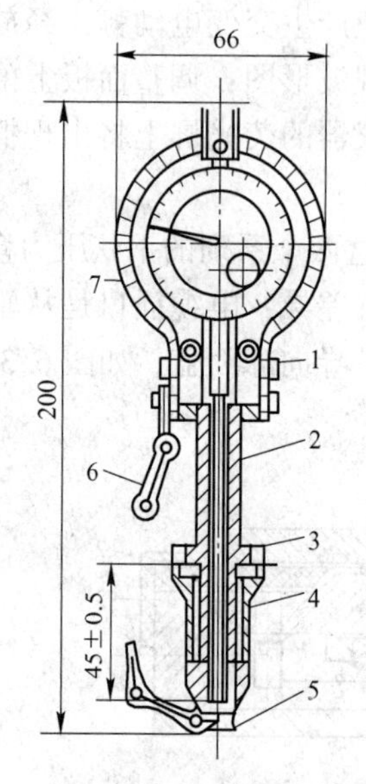

图 6.33　NN-ZY 指示器结构图

1—保护环；2—外壳；3—保护盖；4—接长杆；
5—套圈；6—链子；7—百分表

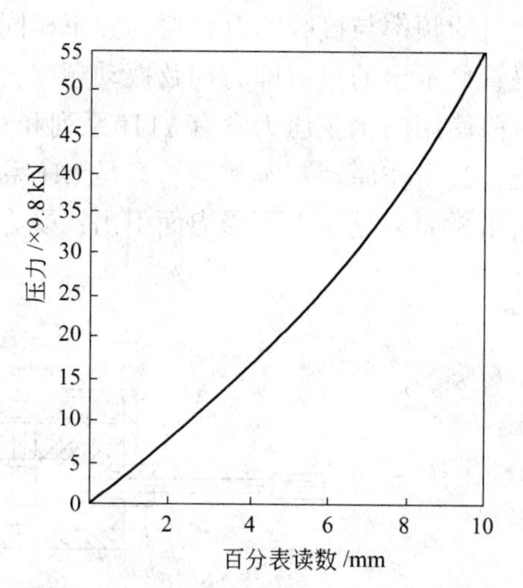

图 6.34　ADJ 型测力计标定曲线

ADJ 型机械式测力计的标定曲线是在材料试验机上获取的。在材料试验机上，首先对测力计进行加载，荷载由零均匀逐级增至最大（额定工作荷载的 1.2 倍）；同时用压力指示器测量逐级荷载下自由端的位移，每级都卸载后重新加载测试，重复测量 3 次，取其平均值作为该级荷载下的自由端位移；根据每级荷载和测得的相应自由端位移平均值，即可作出测力计的标定曲线。支柱测力计的标定曲线由生产厂家提供。由于随着使用过程中环境的变化，其工作特性可能发生变化，因此，有条件时每次观测前都应重新标定一次。

ADJ 型支柱测力计的主要技术指标见表 6.2。

表 6.2　ADJ 型机械式测力计主要技术指标

主要技术指标	ADJ-45 型	ADJ-50 型
设计工作压力/kN	450	500
过载安全系数	1.2	1.2
工作膜直径/mm	135	180
杠杆传动装置传动比	1∶3.25	1∶3
最大压力时杠杆端部位移/mm	3~4	6~7

6.2.3.3　液压式矿压观测仪器

液压式矿压观测仪器的工作依据是液体不可压缩的原理，可将支柱荷载或矿柱等应力转换成液压腔或液压囊的压力值。其测量元件有弹簧管、波纹管、波登管及柱塞螺旋弹簧等。目前，用于矿压观测的液压式仪器有压力表、液压测力计和液压自动记录仪。

A 压力表

压力表结构简单，测量范围宽，使用维修方便，制造实现了标准化和系列化。各类压力表中，以弹簧式压力表为主，其中又以单圈弹簧管应用最广。外径尺寸大部分在 ϕ60~250mm 之间，精度等级一般为 1%~2.5%。

近年来出现了精密压力表、超高压力表、微压计、耐高温压力表及特殊用途的压力表。

B 液压测力计

a ZHC 型钻孔油压枕

压力枕（囊）由两块厚约 1.5mm 的薄钢板对焊而成，枕体可分为腹腔、枕环、进油嘴和排气阀 4 部分（图 6.35），密封的腹腔内充满一定压力的油。将压力枕置入土壤、混凝土中，或放入凿好的岩石狭缝中，并紧密接触，作用在压力枕上的围岩（土）压力通过压力油传递给油压表，测出油压，对比事先率定的压力枕的油压 q 与外压 P 之间的关系曲线，即可求得外压力。如压力枕安设在支架上，则测量的压力即为支架在该处承受的压力。

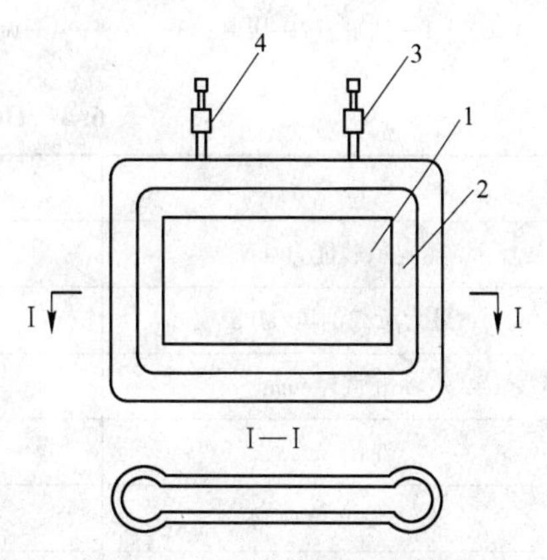

图 6.35 压力枕结构示意图

1—腹腔；2—枕环；3—进油嘴；4—排气阀

油压枕在钻孔中的安装方式有充填式、预包式和双楔式三种。首先，在安装仪器的地方按设计要求用风动设备钻孔，并用风或水冲洗钻孔凿眼碎屑。如用充填式油压枕，把搅拌好的砂浆加适量水玻璃或速凝剂（三乙醇胺 0.5%，食盐 0.5%），用送灰器送入孔内，然后插入油压枕，待砂浆达到凝固强度后即可加初压。使用预包式油压枕时，一般要求孔径只能比包体外径大 2mm。使用双楔式油压枕时，钻孔直径为 ϕ36~54mm。仪器的主要技术特征见表 6.3。

表 6.3 ZHC 型钻孔油压枕主要技术特征

指标	长度/mm	宽度/mm	厚度/mm	额定内压/MPa	枕壳厚度/mm	表量程/MPa	精度/%	质量/kg
数值	250	43	9.8	20	1.0	0~25	1~1.5	0.6

油压枕主要用于测量围岩和充填体的支撑压力，围岩应力测量中偶尔采用。

b HC 型液压测力计

HC 型液压测力计结构如图 6.36 所示，主要用于测量采掘工作面支柱阻力。该类测力计有两种规格，HC-45 型适用于单体金属支柱和液压支柱；HC-25 型适用于木支柱和各种巷道支架。

当测力计的调心盖 4 承压时，活塞 3 向下压迫油体，产生与支柱工作阻力相应的油压，压力经管接头 7 传至压力表，表的读数即为支柱工作阻力或作用在支柱上的荷载。阻尼螺钉 6 的作用是防止突然卸载而损坏压力表。排气孔 8 是为注油时排放油缸和管路中的气体而设置的。它的主要技术指标见表 6.4。

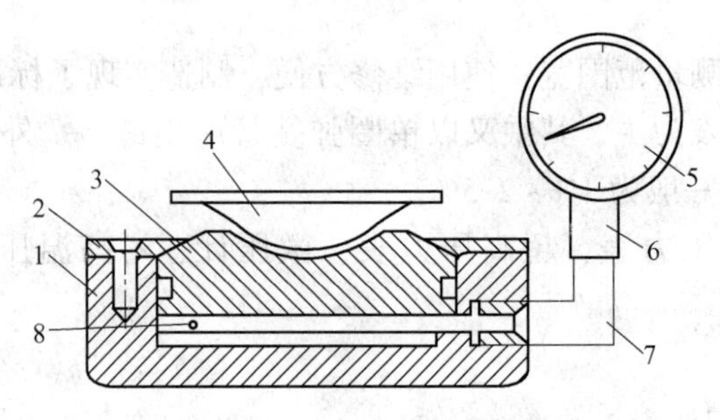

图 6.36　HC 型液压测力计

1—油缸；2—压盖；3—活塞；4—调心盖；5—压力表；6—阻尼螺钉；7—管接头；8—排气孔

表 6.4　HC 型液压测力计主要技术指标

主要技术指标	HC-25 型	HC-45 型
额定承载能力/kN	250	450
最大承载油压/MPa	31.8	57.3
油缸直径/mm	100	100
外径/mm	146	146
最大偏心角/(°)	6	6
1kN 荷载的压力表读数	1.27	1.27
质量/kg	9	20

C　液压自动记录仪

液压自动记录仪是测量并记录液压支架、单体液压支柱及各种液压设备工作阻力变化的仪器。由于它能够自动记录液体压力变化的过程，故得到广泛应用。

a　YTL-610 型圆图压力记录仪

该仪器主要用来测量和记录液压支架和各种千斤顶的压力变化，可在圆形记录纸上绘出支架 p-t 特性曲线，即支护强度 p 在采煤循环过程中随时间 t 而变化的关系。

(1) 结构原理。该仪器由测量和记录两大部分组成，如图 6.37 所示，高压液体 9 进入测量机构的弹簧管 8 后，使其自由端产生弹性位移，经传动杆放大后带动记录笔 10 沿圆盘形记录纸 3 的半径方向摆动，从而指示出压力值，并把它记录在记录纸上。记录纸固定在托纸盘上，由钟表机构驱动，每 24h 旋转一周。因此，记录纸上记录的信息能够反映 24h 内支护强度 p 与时间 t 的关系。

(2) 主要技术参数见表 6.5。

表 6.5　YTL-610 型圆图压力记录仪主要技术特征

指标	外形尺寸 /mm	记录纸转速 /r·d^{-1}	连续纪录时间 /h	测量范围 /MPa	精度等级	质量 /kg
数值	ϕ272×125	1	24	0~100	1.5 或 2.5	6

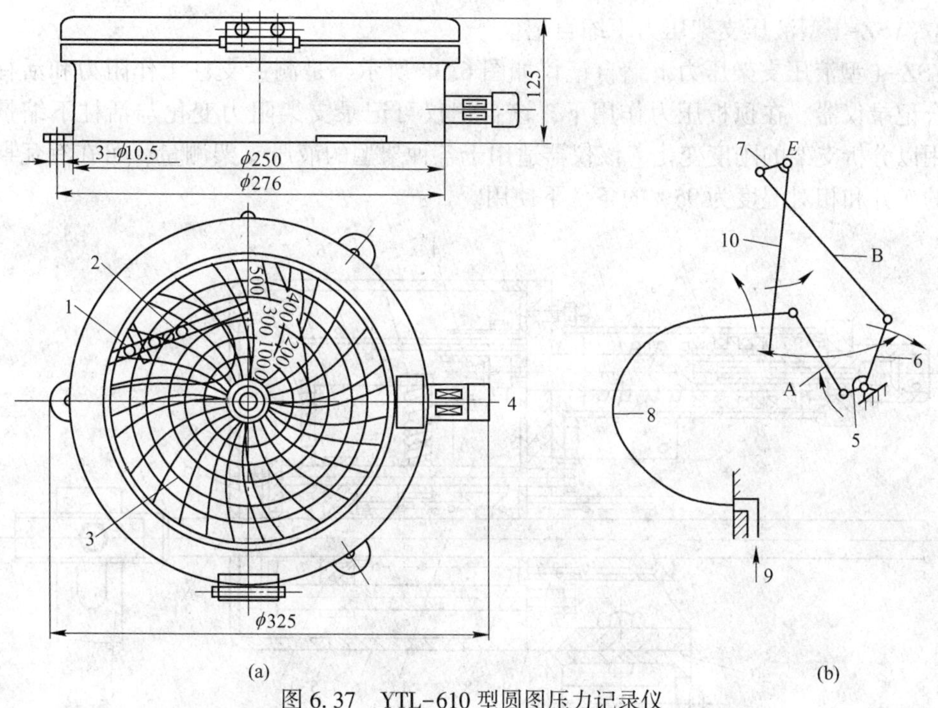

图 6.37 YTL-610 型圆图压力记录仪

（a）压力记录仪外形图；（b）压力记录仪测量结构简图

1—调零；2—滚花螺母；3—圆盘形记录纸；4—高压管接头；5~7—杠杆；8—弹簧管；9—高压液体；10—记录笔；A，B—拉杆

（3）仪器的使用与维护。该仪器是悬挂式仪表，具体操作步骤如下：

1）按动表门右侧按钮，打开表门。

2）安装纪录墨水瓶。墨水瓶用两个孔的瓶塞塞住，一个为通气孔，一个为插入带有毛细管的不锈钢管的孔。安装后，先在记录纸上垫一纸片，用手堵住瓶塞上的通气孔，再挤压墨水瓶，重复数次，直到记录笔尖出现墨水，并排除毛细管中的空气。移动垫在记录纸上的纸片，纸片应划有清晰线条。记录墨水瓶的位置需根据瓶中墨水的多少进行调整，当墨水较多时，墨水瓶应往下调整；反之，则往上调，以免产生断水和漏水现象。采用新型记录纸和记录笔的仪器不使用墨水，可以省略此步。

3）按顺时针方向上紧发条，铺好记录纸，压紧旋钮（左螺纹），将记录纸插入托纸盘的三个导纸槽内，铺放平整后略拧紧旋钮，逆时针方向转动记录纸，使记录笔对准时间刻度，随后拧紧记录纸的压紧旋钮，按下抬笔架。

4）调节记录纸上的调整螺母，使笔尖对准零位。

5）记录笔对记录纸的压力可用记录笔上的滚花螺母调节。此压力不宜过大，以记录笔在全刻度内能划出清晰的线条为准。

仪器应定期清洗和维修。维修过的仪器须经调整和校验后才能继续使用。检验在压力泵上进行，采用标准表对比读数法。所用标准表的误差应小于被检表基本误差的 1/3。

该仪器测量结构如图 6.37(b) 所示，杆 5、7 和拉杆 A 用于粗调，杆 6 和拉杆 B 用于微调。当杆 5、7 长度减小，杆 6 长度增加时，示值将均匀增加；反之，则减小。当拉杆 A、B 加长时，示值将先大后小；反之，则先小后大。

b　YSZ-1 型液压支架压力下缩自记仪

YSZ-1 型液压支架压力下缩自记仪如图 6.38 所示，是测量支柱工作阻力和活柱下缩的联合记录仪器。在顶板压力作用下，该自记仪可记录支架阻力变化与活柱下缩量的关系，用以分析支架的刚度变化。该仪器适用于各种架型的液压支架测量，可在有瓦斯爆炸危险的矿井和相对湿度为 95%的条件下使用。

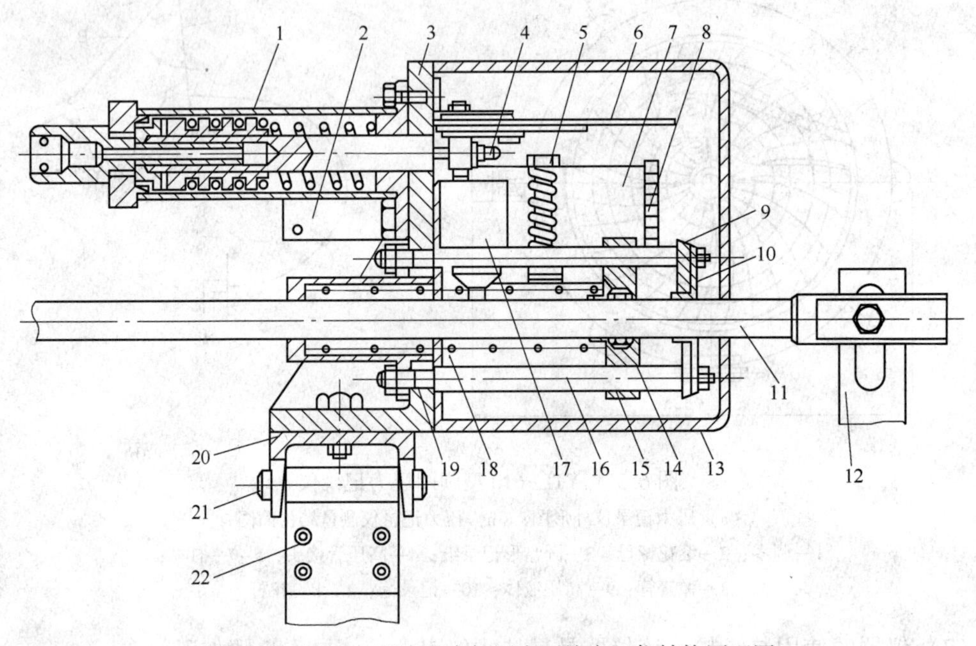

图 6.38　YSZ-1 型液压支架压力下缩自记仪结构原理图

1—压力传感器；2—快速接头；3—底盘；4—调解螺钉；5—制动弹簧；6—四连杆放大机构；7—自记钟；8—防尘盖；9—顶盘；10—上轴套；11—活杆组；12—上夹板；13—静机壳；14—制动闸带；15—滑动块；16—导向杆；17—松闸油缸；18—复位弹簧；19—下轴套；20—槽钢；21—柱销；22—钢带

(1) 压力记录部分。立柱工作阻力的纪录是通过安装在仪器底部的压力传感器来实现的，其原理如图 6.39 所示，当被测介质进入压力传感器时，在高压液体推动下，标杆 6

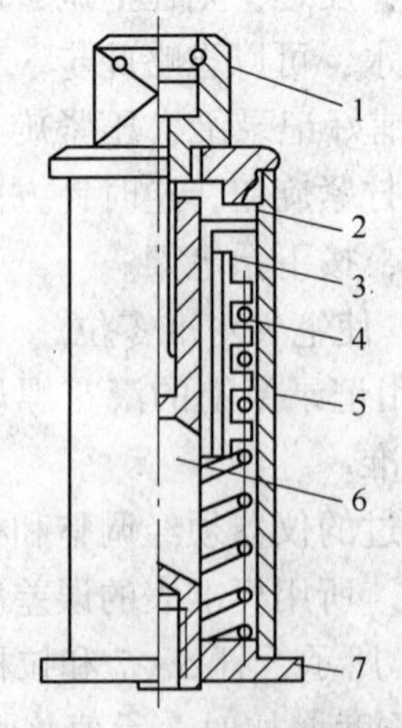

图 6.39　压力传感器原理图

1—接头；2—外套；3—调节螺栓；4—弹簧；5—弹簧螺头；6—标杆；7—底座

克服弹簧4的张力，沿底座7的导向孔做直线运动。标杆的最大位移为20mm。标杆带动四连杆放大机构，使记录笔作相应的移动，并在记录纸上划出压力值。

（2）下缩量纪录部分。测量时，活杆与液压支架活柱联成一体，当活柱在压力作用下下缩时，带动活杆向下移动。由于制动弹簧的作用，使制动闸带与活杆间有足够大的摩擦力，随着活杆的移动，制动器带动记录笔，在记录纸上计下活柱下缩量。

（3）液压支架降柱。当降柱时，在高压液体作用下，松闸油缸克服制动弹簧的张力推动制动闸轴，使制动闸带与活柱分离，制动闸带在复位弹簧作用下复位。等移架结束后，仪器又处于正常记录状态，开始记录下一循环的压力与下缩量。

（4）仪器的安装。利用仪器附设的钢带将仪器安装在被测立柱上，活杆与支架活柱相连接，压力传感器与立柱控制阀的高压腔接通。仪器还附有标准快速三通接头，国产液压支架可以直接使用。对于进口支架，可以根据接头尺寸，自行制造过渡接头。YSZ-1型液压支架压力下缩自记仪的安装如图6.40所示。

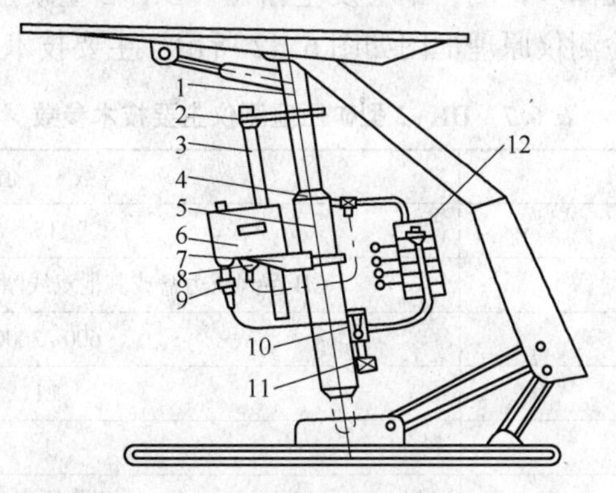

图6.40 YSZ-1型液压支架压力下缩自记仪安装示意图

1—活柱；2—悬臂梁；3—活杆；4—降柱进油孔；5—柱体；6—机体；7—钢带；8—松闸油缸；9—压力传感器；10—控制阀；11—升柱进油孔；12—操纵阀

该仪器主要技术指标见表6.6。

表6.6 YSZ-1型液压支架压力下缩自记仪技术指标

主要技术指标	数值	误差
压力量程/MPa	0~60	<5%
下缩量程/mm	0~80	0.5%
连续记录时间/h	24	<0.5%

6.2.4 矿压遥测仪

将监测的矿压信号、位移信号或其他应力、应变、温度等岩石物理力学参数转化为电信号，输入给巡回检测仪，再经中继站（盒）调制后有线或无线传入给地面接收机，可以实现计算机控制的远程遥测或预警。在地面滑坡监测中多使用无线遥测。使用比较广泛的井下有线巡回检测遥测仪有DK-2型矿压遥测仪，其原理框图如图6.41所示。它可以接收15只GH系列钢弦式压力盒。由于巡回检测仪内安装有GSJ-1型频率计使用的高效钢弦激发器，故凡是双线圈自激型钢弦式传感器均可匹配使用。

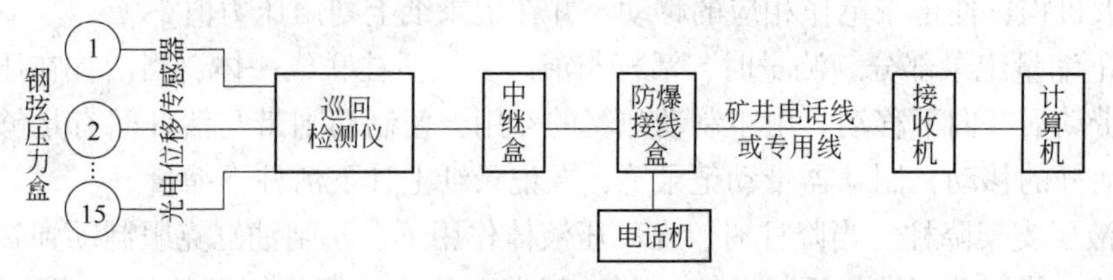

图 6.41　DK-2 型矿压遥测仪原理框图

该遥测仪的工作方式选择有手动挡、自动挡、间断挡和连续挡。手动挡主要用于检查巡回检测仪的工作是否正常；也可与频率计配合使用，就地检测各传感器的频率。常规监测一般应用间断挡和连续挡，仅在特殊情况下才拨到自动挡和连续挡。

与 DCC-2 型巡回检测仪的差别是，DK-2 型矿压遥测仪无换位信号，而是由井下时钟和地面同步跟踪电路保证同步检测，不会发生错位。DK-2 型矿压遥测仪主要技术参数见表 6.7。DCC-2 型巡回检测仪原理框图如图 6.42 所示，主要技术参数见表 6.8。

表 6.7　DK-2 型矿压遥测仪主要技术参数

项　目	数　值
监测点个数/个	15
传感器	CH 系列压力盒或其他双线圈自激型钢弦式传感器
频率范围/Hz	600~3000
仪器误差/Hz	±1
分辨率/Hz	1
检测速度/s	每个测点 10
接收机灵敏度/mV	30
载波频率/Hz	100
巡回检测仪电源盒	6V120mA，充电一次可连续使用 24h，间断使用 5d 以上

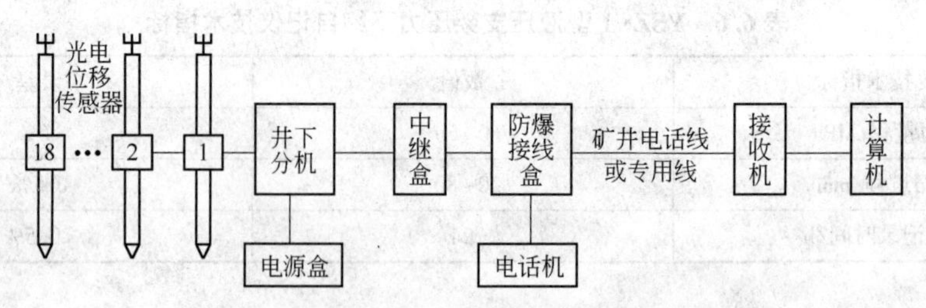

图 6.42　DCC-2 型巡回检测仪原理框图

表 6.8　DCC-2 型顶板动态仪主要技术参数

项　目	数　值
监测点个数/个	6~18
量程/mm	200
分辨率/mm	0.02

续表 6.8

<table>
<tr><th colspan="2">项　目</th><th>数　值</th></tr>
<tr><td colspan="2">精度/%</td><td>2.5</td></tr>
<tr><td colspan="2">动态响应/mm · min^{-1}</td><td>≥4</td></tr>
<tr><td colspan="2">遥测距离/km</td><td>8~10（矿用电话线，专线更远）</td></tr>
<tr><td colspan="2">发送数据周期/min</td><td>1~10</td></tr>
<tr><td colspan="2">计算机</td><td>CE-158、PC-1500 或任何具有 RS-232 接口的微机</td></tr>
<tr><td rowspan="3">电源</td><td>分机电源盒</td><td>10V，120mA，充电一次可连续使用 24h</td></tr>
<tr><td>中继盒</td><td>36V，50Hz</td></tr>
<tr><td>其他</td><td>220V，50Hz</td></tr>
<tr><td colspan="2">防爆类型</td><td>传感器、分机、电源盒为本质安全型，中继盒、接线盒为防爆型</td></tr>
</table>

除了上述矿压观测仪器外，还有电阻应变式检测仪、超声检测仪、地球物理类探测仪器（如电磁辐射监测仪、红外线探测仪以及后面将要论述的岩体声发射监测仪），都可监测或评价矿压变化规律。

6.3　围岩应力测量

岩体绝对应力的测量方法在《矿山岩石力学》中专门有介绍，在此不再论述应力恢复法、应力解除法、应变恢复法、应变解除法、水压致裂法、声发射法等绝对应力的测量方法。况且，绝对应力测量成本高、费时长，测量过程复杂。某些情况下，并不需要岩体的绝对应力，只需要及时了解围岩应力的变化情况。这时可以采用一些简单易行的方法，如应用光应力计或光应变计迅速、准确地观测围岩的应力变化情况，而且观测技术容易把握。普通工人经过简单培训就可以自如地观测应力变化的情况。此外，光应力计或光应变计成本低廉，容易现场安装。

由弹性力学理论可知，对于平面弹性问题，在体积力很小的情况下，应力分布的方程中并不包含材料的弹性常数，表明应力分布与材料无关。也就是说，只要是各向同性的弹性体、几何形状和受力状况相同，不论是金属还是玻璃材料，它们的应力分布状态完全一样。根据这一规律，借助光学方法，研究清楚透明材料的应力分布规律，然后把结论应用到某些不透明材料中去，如金属、岩石，评价不透明材料的应力分布状态，这种方法称为光测弹性法。它是一种光学和弹性力学相结合的应力分析方法，其理论称为光测弹性力学。

光弹方法分为两类。一类是室内光弹模拟方法，解决已知荷载条件下物体内的应力分布问题；另一类是现场测试所使用的光应力计或光应变计法，它是上述方法的逆过程，即通过观测到的应力条纹反求受力状态（荷载）。应力条纹发生变化反应受力状态也发生变化，可为研究工作提供明显的信息。下面分别介绍光应力计或光应变计（片）。

6.3.1　光弹应力计

光弹应力计是一个具有反射层的玻璃中空扁圆柱体，也称光弹片。使用时将其黏结在钻孔里的岩壁上，当岩体应力发生变化时光弹应力计处于受力状态，用反射式光弹仪可观测到光弹应力计上的等差条纹，把它与经过标定的标准条纹进行比较，就可方便地确定应力变化的比值与方向；再经过有关测定与计算，即可求出岩体所受的最大应力的数值，即：

$$\tau_{max} = (\sigma_1 - \sigma_2)/2 = Kn = fn/t \tag{6.8}$$

式中，σ_1、σ_2 为光应力计中某点的主应力；K 为模型条纹值；n 为条纹数；f 为材料条纹值；t 为光应力计厚度。

应用弹性力学的极坐标解答，可进一步导出光应力计中 1、2 两点的最大剪应力与岩体应力的关系为：

$$\left.\begin{aligned}\tau_{max(1)} &= A(p + q)/4 + B(p - q)/4\\ \tau_{max(2)} &= A(p + q)/4 - B(p - q)/4\end{aligned}\right\} \tag{6.9}$$

式中，A、B 为两个常数，与岩体及玻璃的弹性模量、泊松比以及应力计的内外径比值有关。

联立式（6.8）与式（6.9），可得：

$$\left.\begin{aligned}p &= [(n_1 + n_2)/A + (n_1 - n_2)/B]f/t\\ q &= [(n_1 + n_2)/A - (n_1 - n_2)/B]f/t\end{aligned}\right\} \tag{6.10}$$

式中，n_1、n_2 分别为 1、2 两点对应的条纹数，代入即可求出测点处的垂直应力 p 和水平应力 q。

长沙矿山研究院研制的光弹应力计由普通玻璃制作测片，测片外径 50mm，内径 10mm，厚度 20mm，配以反射镀层、木锥陀和防潮密封层组装而成，如图 6.43 所示。

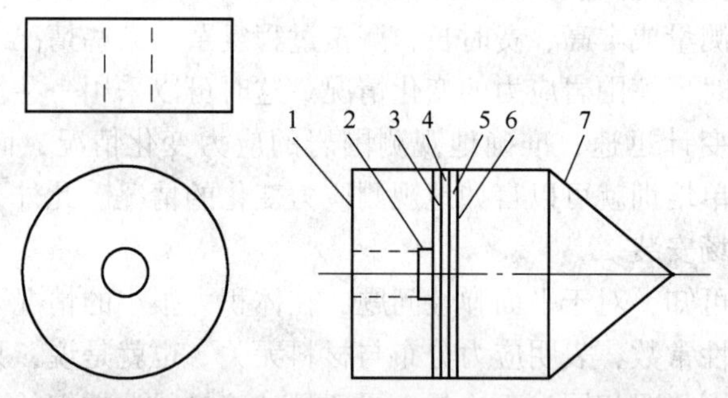

图 6.43　光弹应力计的测片及其组装
1—测片；2—石蜡；3—镀层；4—冷凝剂；5—红丹漆；6—玻璃片；7—木锥陀

光应力计的布点与埋设必须根据实际情况因地制宜，按照地压观测总体方案的要求进行。只要观测人员便于出入而又不招致危险的井下巷道、矿柱、矿壁以至采场均可布置观测线。布点处岩石的完整性要好，破碎或节理发育地段不宜设点。埋设应力计的测孔要尽量达到圆、平、直、高低适宜，适当增大孔口直径，以利埋点和观测。根据现有观测仪器的性能和玻璃片的规格，孔深以 1m 左右为宜，最终孔径应不大于 60mm。

埋设时，在孔底填塞约 10cm 左右的水泥砂浆，然后借助专用工具将应力计徐徐送入孔底，使木锥陀部分插入水泥砂浆。应力计正确定位后，取出送入工具，代以前端垫有多层草纸的木棒，并于另一端用小锤缓缓敲击，随着木锥陀的不断插入，被挤压的水泥砂浆填满应力计与孔壁间的间隙，从而将应力计与孔壁黏结成整体。

6.3.2 光弹应变计

由长沙矿冶研究院研制的光弹应变计，有单向光应变计和双向光应变计两种。它和电阻应变花一样，也是一种应变传感器，只不过依据的原理不同。电阻应变花依据电阻-应变-应力之间的转换关系，实测应变以求应力；光应变计却依据应变-应力-光学之间的转换关系来确定应力。

光弹应变计如图6.44所示，光弹性双向应变计是由环氧树脂做成的中空薄圆板，其主要指标为：材料条纹值$f=75\sim110$N/(cm·条纹)，弹性模量（3.8~4.0）$\times10^3$MPa；泊松比0.38，外径30~50mm，内径为外径的1/5~1/6，厚3~8mm，可以根据不同的要求选用不同的尺寸。在环氧树脂的后面涂上反光层如铝箔等。使用时，用粘结剂（如KH-501胶水）将应变计外周一圈粘结在用砂轮磨平的岩体表面，使之成为一体。

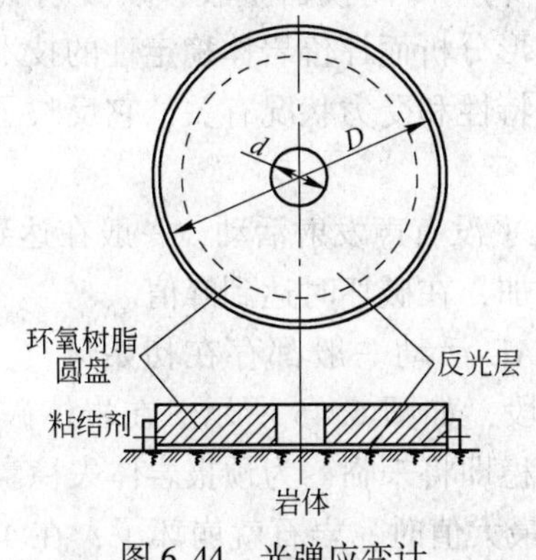

图6.44 光弹应变计

粘结应变计的局部岩体表面，可视为处于均匀平面应力场中。当粘贴光应变计后，岩体表面上主应力值为p、q。因光应变计的圆环形边界部分是用粘结剂牢固地粘在岩体表面上，所以可以假定粘结部分的对应点处，应变计的位移和岩体的表面位移相同，但是它们的弹性常数不同。根据弹性力学原理和上述假设，类似地可以得到：

$$\tau_{\max} = E_G \cdot \lambda n / [2(1+\mu_G) \cdot 2K't] = G_G \lambda n / (2K't) \tag{6.11}$$

式中，E_G为应变计材料的弹性模量；G_G为应变计材料的剪切模量；λ为光源波长；n为条纹数；μ_G为应变计材料的泊松比；K'为应变-光学常数；t为光应变计厚度。

根据弹性力学的圆孔应力公式，可得当$\theta=0°$、$90°$时，$\tau_{r\theta}=0$，这时有：

$$(\sigma_r - \sigma_\theta)/2 = G_G \lambda n / (2K't) = \tau_{\max} \tag{6.12}$$

因此，测出应变计中两点的条纹n_1、n_2，就可以类似应力计那样计算σ_r、σ_θ，进而根据圆孔应力公式反求σ_1、σ_2和p、q。

在实际应用中，多使用实验室事先律定好的标准条纹，与所观测的条纹进行对比，像光应力计那样确定岩体表面上的主应力值p、q及其方向。

武汉安全环保研究院吕乃碧等根据上述原理，受玻璃光弹应力计的启发，于1988年研制成了光弹应变片。该应变片由2片宽1cm、厚3mm、长5~10cm的玻璃条粘合而成，在玻璃条之间涂有反光水银。该应变片的研制成功，使得应变计不再仅是一种应力解除法的传感器，而是也可以像光应力计那样成为一种测力元件。

玻璃光弹应力计和光弹应变片的区别是：光应力计安装在孔内，直接测岩体的应力；而光应变片是直接粘贴在打磨平整的岩体表面，通过测量岩体表面的位移反演、评估岩体的应力变化。

6.4　岩体声发射监测预报技术

6.4.1　概述

岩体开挖引起应力重新分布，将导致岩体内部出现局部应力集中，使岩体内部局部因应力超过强度而出现微破裂，或原有裂隙的进一步扩展；同时，岩体内积累的变形能随破裂或裂纹扩展而释放，以应力波的形式向外传播。这种向外传播的应力波被称作岩体声发射信号，也称为岩音或地音。利用专门仪器接收该声发射（AE）信号，并转换成事件、能率、频率等特征值或进行波形分析而评价岩体稳定性的技术，叫岩体声发射技术。

声发射信号的强弱与岩体特性和受力状况有关，它反映了岩体微破裂的统计特征。笔者研究表明：

（1）岩石在低应力阶段几乎没有声发射活动，一般在达到其强度的60%~80%，临近破坏时，声发射活动才显著增加，在破坏时达到峰值。

（2）岩（石）体破坏的AE活动一般都存在初始区（Ⅰ）、剧烈区（Ⅱ）、下降区（Ⅲ）和沉寂区（Ⅳ）四个阶段，如图6.45所示。在岩体破裂过程中，声发射高潮比宏观位移早出现，预示了围岩失稳即将来临，为预报岩体失稳赢得了时间。有的岩石的破坏呈现出崩坏，即AE活动达到最大值时，岩石就崩坏了；在48h浸泡软化后，又可重现完整的AE变化过程。

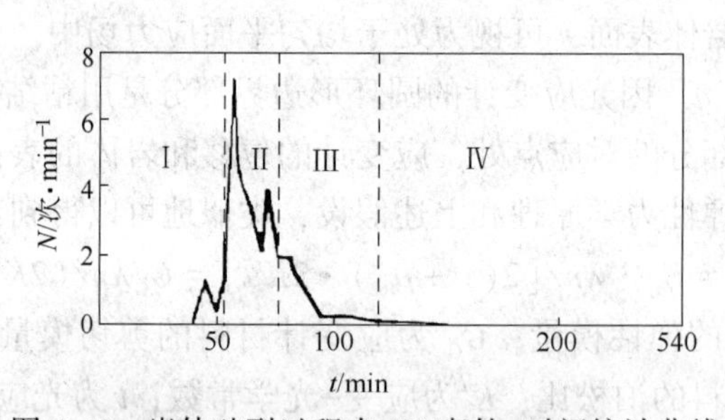

图6.45　岩体破裂过程中AE事件-时间统计曲线

阶段（Ⅰ），声发射信号稀少；随后进入活动期（Ⅱ），声发射频度逐渐达到峰值，渐次下降后形成次峰值；然后进入频度呈单调下降的下降期（Ⅲ），同期岩体的宏观破坏裂纹在本区出现；最后进入沉寂期（Ⅳ），可见到岩体的破坏裂纹贯通或垮塌。

（3）李俊平等、熊庆国都在岩体中试验证明了高频（>3kHz）AE信号在岩体中传播时衰减迅速；应用高频AE现场监测时，在离声源3m以外基本不能接收到AE信号。邹银辉等从理论和实际中进一步证明了AE信号传播的衰减特征。他们推断AE波在传播过程中振幅U的变化服从如下规律：

$$U=\exp[-\pi fd/(vQ)] \tag{6.13}$$

式中，U为AE波形的振幅变化率，%；f为AE频率，Hz；d为AE波形传播的距离，m；v

为 AE 波传播的速度，m/s；Q 为材料品质因子。

由式（6.13）可知，声发射波形（信号）在传播过程中的衰减主要取决于声发射频率、传播速度、传播距离以及材料的品质因子等。

1）声发射传播速度越低，AE 振幅衰减越大。结构面的存在使岩体中波动过程变得复杂化，即使 AE 信号产生断层效应，如反射、折射、绕射、散射、吸收等现象，从而导致波速变慢。

2）AE 传播距离越远，AE 振幅衰减越大。400Hz 信号在较完整稳定的岩体中传播 80m 尚有较高的振幅值。

3）品质因子 Q 与 AE 频率无关，而与岩体本构方程有关。对金属材料，$Q>1000$；完全弹性体 Q 为无穷大；不稳定的松散岩体，通常 $Q<8$；较稳定、裂隙不太发育的岩体 $Q=8\sim15$；裂隙不发育且较坚硬致密岩体，通常 $Q>15$。

4）假定岩体传播速度、传播距离和品质因素为确定值，波的振幅随频率变化规律如图 6.46 所示。可知，高频（>1kHz）AE 信号在岩体中传播时衰减迅速。

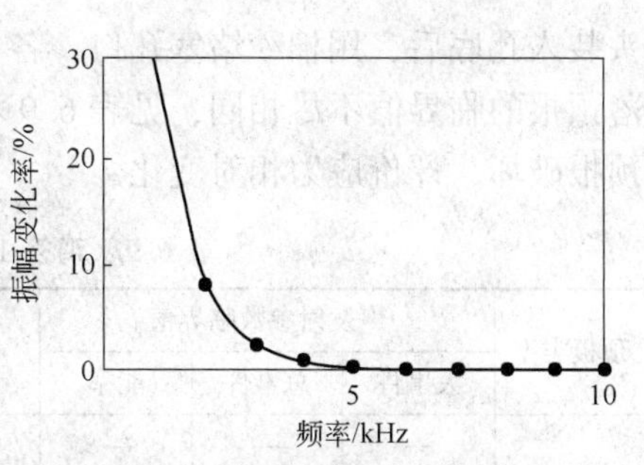

图 6.46　振幅衰减与频率的关系

（4）应用 50kHz 采样频率的 SBQ 处理系统研究岩体破裂全过程的 AE 频率统计特征，发现在岩体破裂的各个阶段，约 1kHz 的 AE 信号占同阶段总信号量的 50%以上；应用采样频率 2MHz 的 AE21C 声发射仪器自动采集和记录了岩石破裂全过程的声发射信号，发现主频为 0.24~0.73kHz 的 AE 信号至少占同阶段总信号量的 60%，一般达到 80%；有些岩石，如加渗流或长期浸泡的高含矿矽卡岩和坚硬大理岩，在破坏前后其主频的最大值变化不很明显；但不加渗流或不浸泡的含矿矽卡岩、坚硬大理岩，其主频最大值在破坏前、后发生了突变。

因此，应用 0.24~0.73kHz 的低频探头采集岩体 AE 信号，一般情况下可能是确保主要 AE 信号不丢失、不失真的有力保障。工程开挖扰动后，及时布置 AE 监测点，是不丢失重要区段的 AE 信号的关键。清晰认识复杂地质环境中岩体的 AE 特征，是准确监测评价复杂岩体稳定性的基础。在 AE 监测仪器中增加频率参数，是复杂岩体稳定性监测预报（如岩爆）的有益补充。在增加有频率参数的高频宽频 AE 仪器监测中，要根据初期低频监测和定位分析的结果，尽可能将高频宽频探头布置在声源点附近，尽可能确保在传播中 AE 信号少被衰减。YSS 等 AE 仪器的 50Hz 的信号采集频率可能偏低，有待改进。

6.4.2　声发射测试

武汉安全环保研究院研制的岩体声发射监测仪器如图 6.47 所示，它主要由信号采集系统（探头）和主机两部分组成。通过岩体声发射（AE）监测仪对孔底探头的监测信号实施随机抽样，记录大事件（单位时间内振幅较大的声发射事件次数）、总事件（单位时间内振幅达到一定量级的声发射事件总数）与能率（单位时间内声发射活动释放能量的累计值）等参数。

监测孔一般布置在完整岩体上，孔间距 15~20m，钻孔倾角不超过 15°，孔径 36~42mm，孔深 1.8~2.0m。钻孔后一般用压风清洗钻孔碎屑。为了避免噪声干扰，一般在探

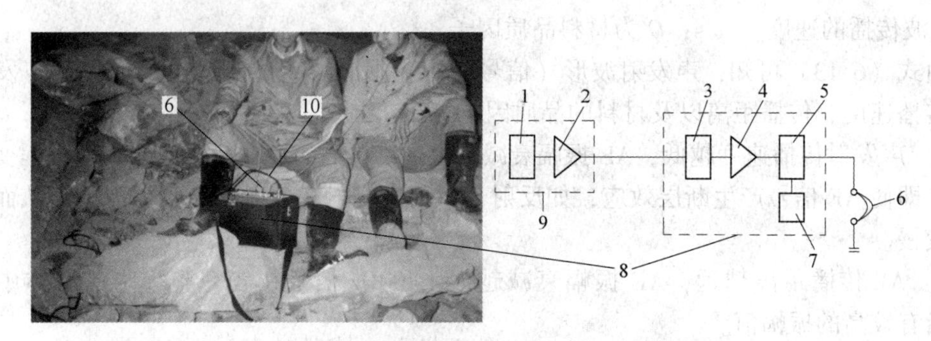

图 6.47 YSSB 型岩体声发射监测仪及结构简图

1—拾震器（换能器）；2—前置放大器；3—输入接口；4—主机放大器；5—滤波器；6—耳机；7—显示窗口；8—主机；9—探头（传感器）；10—连接探头的电缆

头装入孔底后，用棉纱堵塞孔口。各类监测预报实例可参看文献 11，不同地区不同岩体冒落预报的临界值不尽相同，见表 6.9 和表 6.10。应用岩体声发射技术可评价岩体稳定性、预报破坏、评价应力相对变化。

表 6.9 鸡笼山金矿岩体冒落预报的 AE 临界值

顶板类型	声发射参数临界值			岩性特征	说明
	大事件	总事件	能率		
1	—	—	—	大理岩及新鲜斑岩，裂隙较少，强度高	每 2~3 天监测一次
2	≥4	≥11	≥750	大块状矽卡岩及其含矿体，风化蚀变不严重，强度较高，整体性好	每 1~2 天监测一次，变化较大时加密
3	≥4	≥16	≥350	小块状矽卡岩及其含矿体，风化蚀变严重，强度中等，滴水严重，整体性差	每天监测一次
4	≥1~2	≥9	≥150	小块状斑岩及其含矿体，风化蚀变严重，强度中等，滴水严重，整体性差	每天监测一次
5	数值很小或无，微岩音一般均在 10 多次，有连音，高达 3 次/min			强风化大理岩、斑岩，强度低，成碎块状或松散状，受地下水的作用发生软化	每 8 小时或每天监测一次

表 6.10 三鑫金铜股份公司鸡冠咀金矿部分岩体发生局部冒落的 AE 临界值

岩性	大事件	总事件	能率	备注
白云质大理岩	≥3	≥5	≥200	长期暴露，岩体较破碎
含矿大理岩	≥9	≥9	≥237	完整、稳固
含矿大理岩	≥3	≥4	≥154	长期暴露，岩体较破碎

注：表中参数均为取每次监测中的最大值作为特征值。

目前已研制出各种智能型便携式地音（岩体声发射）仪，可对监测网进行定点定期监测，有的可运用灰色理论和自适应神经网络方法对获得的声发射参数进行时序预测和分形分析，有的可实施定位计算与监测。

声发射监测具有灵敏度高、测试范围广、可实现远距离遥测、定时或全天候连续监测，简便适用，较位移更能提前准确预测岩体失稳等优点。

研究岩石（体）的 AE 特征时，通常需采集岩体应力、应变或波形特征，以便充分研究岩石（体）破坏全过程的 AE 特征，为现场监测评价提供依据。试验研究系统框图如图 6.48 所示。

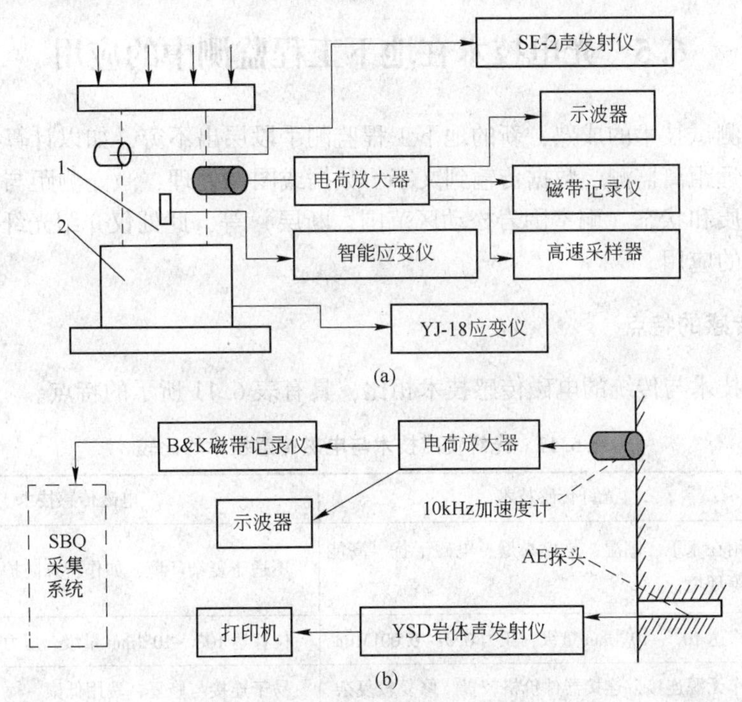

图 6.48 声发射特征研究的试验系统框图

（a）实验室试验；（b）现场岩体试验

1—试件；2—压力传感器

采样频率 2MHz 的 AE21C 声发射仪器自动采集和记录系统的出现，大大方便了岩石（体）AE 特征试验研究。图 6.48 中除应力、应变加载、测试外的其他仪器的功能，都可以由 AE21C 声发射仪器替代，如图 6.49 所示。

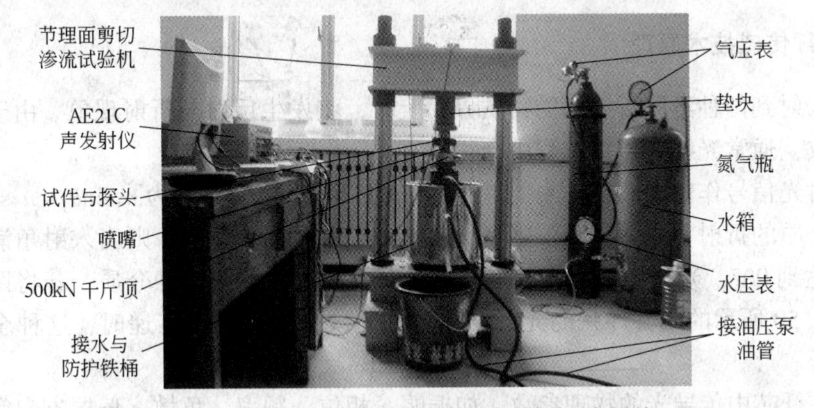

图 6.49 渗流应力耦合的岩石 AE 测试研究系统

当前，应用岩体声发射技术预报冲击地压的成功率尚不高，“三高”（高地应力、高渗透压力、高地震烈度）环境中声发射成功预报与评价的实例还不多见，说明岩体破坏形态与声发射特性之间的关系还有待深入研究，尤其复杂岩体环境中AE特征研究更要引起重视。

6.5 光电技术在地下工程监测中的应用

随着现代测试技术的成熟，新的地下工程监测手段层出不穷，如以计算机和电子技术为基础的各种远距离监测、数据传输到文字、数据或图像处理、激光测距与定位、探地雷达探测地层性质和状态（硐室围岩松动区范围、断层）等，此处仅介绍光纤传感技术在地下工程监测中的应用。

6.5.1 光纤传感的特点

光纤传感技术与传统的电磁传感技术相比，具有表6.11所示的特点。

表6.11 光纤传感技术与电磁传感技术的比较

比较项目	光纤传感技术	电磁传感技术
监测环境	可用在水下、潮湿、易燃易爆、电磁干扰、高能辐射等环境	不适于复杂环境，如作特殊防护，可作短期监测
灵敏度	位移达10^{-2}~10^{-4}mm量级，压力0.01~0.001MPa	位移达10^{-2}~10^{-4}mm量级，压力0.01~0.001MPa
联接成网	需作无源连接，连接器件价格较贵，修复较复杂	易于连接与修复，费用低廉
区域控制	易于作大范围联网监测，无需作前置放大或中继放大，并可作分布式监测	大于200m的信号传输需作前置放大，远距离传输需作中继放大
施工干扰	体积小易于隐蔽，元件损坏难于修复	设备需要空间较大，故障易于排除
服务年限	>10年	1~2年
监测费用	在同一精度与测试量程内，为电磁法的1/2~1/3	较高

6.5.2 光纤传感技术原理

当光入射到两种不同折射率的物质界面上时，将发生反射与折射现象。由于导光介质对光的吸收，通常光线在传输过程中会很快衰减。

光纤对光信号作低衰减传输主要是利用光的全反射原理。因为$n_1\sin\theta_1=n_2\sin\theta_2$，若传输入射光介质的折射率$n_1$大于第二种介质（包层）的折射率$n_2$，则当入射角满足一定条件时，$\theta_2$达到90°，光在界面$L$将发生全反射而不会透射到第二种介质；若将两种介质制作成如图6.50所示的同心环状的光纤结构，则光线折线式向前传递时，这种全反射的条件得以保证。

光纤在纤芯中传导光的物理参数，如振幅、相位、频率、色散、偏振方向等，具有良好的光敏感性，因此，光纤可构成新型的传感器。光纤传感器可以探测的物理量已有100多种，具有结构简单、体积小、重量轻、抗电磁场和地球环流干扰的能力强、可靠性高、

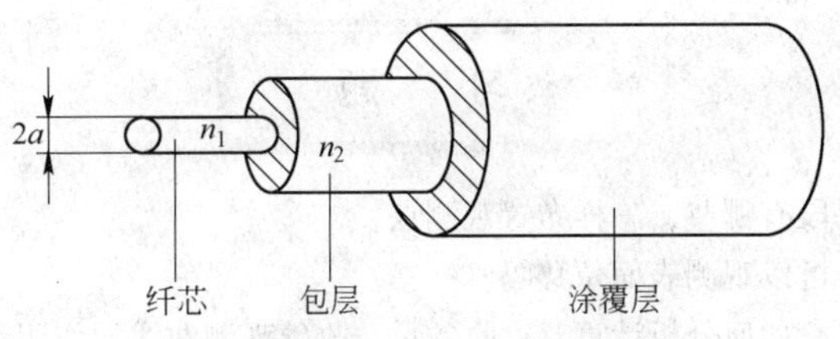

图 6.50　光纤芯内的光传递示意图

安全、可长距离传输等优点，并可使传感系统向网络化和智能化的方向发展。

6.5.3　光纤传感技术在岩体地下工程监测中的应用

6.5.3.1　光纤钢环式位移计

武汉理工大学研制的光纤钢环式位移计的变形传感器属于光强调剂型光纤传感器，采用控制光纤曲率变化的方法调剂光的强度，其工作框图如图 6.51 所示。位移计外形尺寸 ϕ19～200mm，灵敏度已达 10^{-3}mm/nW 数量级，量程达 10～20mm，性度良好，结构牢固，已用于坝体内部位移监测。类似地，还可以制成光纤测力计。

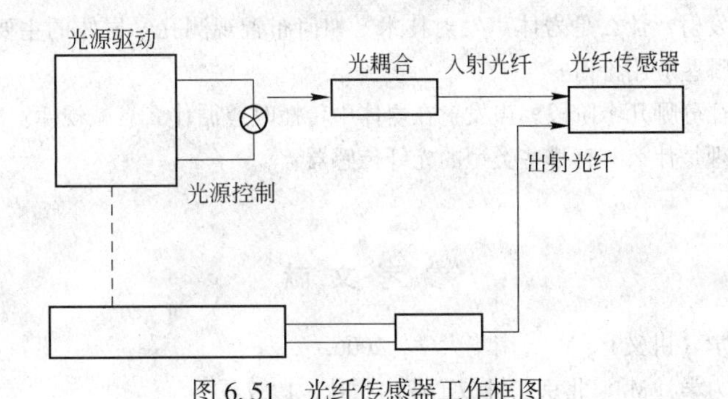

图 6.51　光纤传感器工作框图

6.5.3.2　光纤钢弦传感器

利用光纤的低衰减光导特性，可增大遥测距离。光纤钢弦传感器就是利用了光纤传输钢弦测力计信号的原理，用光纤向钢弦照射入射光，钢弦振动时，接收到的反射光为脉冲式的，由接收光纤传输到光脉冲计数器，计量脉冲次数（弦的振频），即可换算出钢弦承受的压力。

6.5.3.3　分布式光纤传感技术

沿光纤传输的光，在纤芯折射率不匹配或不连续等情况下会产生后向反射光；如局部受到扭剪损伤甚至断裂，会产生菲涅尔反射；纤芯折射率微观不均匀，产生瑞利散射。这些后向光有一部分可为纤芯俘获而返回光纤的入射端，并为“时域反射计”接收。因此，敷设在地下岩石工程监测区域内的分布光纤，就能获取因外场作用导致光纤产生这类缺陷的物理效应。这对控制岩体深部滑动等内容的监测是很有成效的。

了解各类矿压观测仪器的特点和功能，便于针对不同的地压研究问题和研究目的，合理设计现场监测系统及监测的具体参数，正确、经济、合理地选用现场地压观测仪器。

习　题

6-1　岩体表面位移观测手段有哪些，怎样布置观测点？

6-2　经纬仪和水准仪联合可以观测表面位移吗？

6-3　怎样布置收敛观测点，如何分析计算巷道收敛量，收敛观测曲线的作用是什么？

6-4　多点位移计的监测原理是什么，顶板离层仪、钻孔伸长计、深孔基点观测与多点位移计有何区别与联系？

6-5　如何观测围岩的松动圈，如何观测分区破裂化现象？

6-6　如何应用钻孔倾斜仪观测岩体深部移动？

6-7　声波测试仪的主要组成是什么？它观测围岩的松动圈与钻孔电视观测有何差异？声波测试与岩体声发射有何差异？

6-8　深孔基点观测主要应用在什么领域？

6-9　荷载观测有哪些手段？如何安装测力计？

6-10　如何观测岩体的相对应力？在观测岩体相对应力时怎样比较岩体相对应力的变化？

6-11　光弹应力计和光弹应变计有何区别与联系？光弹应变片与光弹应力计有何联系？

6-12　什么是岩体声发射？什么是岩体声发射技术？如何布置观测孔？岩体的主要声发射特征有哪些？声发射技术有哪些应用价值？

6-13　岩体声发射特征分哪几个阶段？声发射在岩体中传播时遵循什么衰减规律？

6-14　光纤传感的原理是什么？有哪些类型的光纤传感器？

参考文献

[1] 丁德馨．岩体力学（讲义）[M]．南华大学，2006.

[2] 高磊．矿山岩石力学 [M]．北京：机械工业出版社，1987.

[3] 李兆权，张晶瑶，王维刚．应用岩石力学（讲义）[M]．东北工学院采矿系岩石力学教研室，1990.

[4] 李俊平，彭家斌，吕天才，等．丰山铜矿难采矿体地压显现与控制技术 [J]．岩石力学与工程学报，2001，20（增1）：910~913.

[5] 冯开旺．华泰龙边坡观测雷达-GroundProbe公司SSR介绍（课件），2017年8月．

[6] 郭奉贤，魏胜利．矿山压力观测与控制 [M]．北京：煤炭工业出版社，2005.

[7] 李术才，王汉鹏，钱七虎，等．深部巷道围岩分区破裂化现象现场监测研究 [J]．岩石力学与工程学报，2008，27（8）：1545~1553.

[8] 汤国起，周策．采用钻孔倾斜仪监测滑坡深部水平位移方法和仪器的研究 [J]．探矿工程（岩土钻掘工程），2008（12）：19~22.

[9] 李俊平，汪晓霖，刘炳扬，等．凤须锚杆的研制 [J]．有色金属（矿山部分），1996（5）：47~48.

[10] 常州金土木工程仪器有限公司．JTM-V5000系列振弦式应变计安装使用说明书 [R]．2006.

[11] 李俊平，周创兵，冯长根．矿山岩石力学——缓倾斜采空区处理的理论与实践 [M]．哈尔滨：黑龙江教育出版社，2005.

[12] 李俊平．岩体声发射特征综述 [J]．科技导报，2009，27（7）：91~96.

[13] 李俊平，余志雄，周创兵，等．水力耦合下岩石的声发射特征试验研究 [J]．岩石力学与工程学报，2006，25（3）：492~498.

[14] http：//hi. baidu. com/wyxinfo/blog/item/13ca35e854386637b90e2d79. html（光信号在光纤中的传输原理）．